高等职业院校设计学科新形态系列教材

上海高等教育学会设计教育专业委员会“十四五”规划教材

丛书主编 江滨　丛书副主编 程宏

影视
后期制作

陈文君 李启龙 彭湘 臧公道　编著

中国电力出版社
CHINA ELECTRIC POWER PRESS

内 容 提 要

影视后期制作是影视及相关专业方向的一门基础课。本书以影视后期制作的项目实践为核心，讲述影视后期制作的相关理论、实践以及项目解析，突出影视专业方向与学科特色。全书共分三部分：第一部分为第一～三章，介绍影视后期制作的基础知识、视听语言和软件介绍；第二部分为第四、五章，详细介绍 PR 软件基础和 AE 软件基础；第三部分为第六～八章，通过宣传片、电视广告和短视频 6 个项目制作解析，帮助读者掌握影视后期制作技能。

书中附数字化教学资料，包括教学课件、视频、资料工具包、微课等。本书适合作为高等院校影视及相关专业教材、各类培训用书，同时也适合影视后期制作初学者和爱好者自学使用。

图书在版编目（CIP）数据

影视后期制作 / 陈文君等编著. —北京：中国电力出版社，2024.1

高等职业院校设计学科新形态系列教材

ISBN 978-7-5198-8167-2

Ⅰ.①影… Ⅱ.①陈… Ⅲ.①视频编辑软件－高等职业教育－教材 Ⅳ.① TN94

中国国家版本馆 CIP 数据核字（2023）第 183027 号

出版发行：中国电力出版社
地　　址：北京市东城区北京站西街 19 号（邮政编码 100005）
网　　址：http://www.cepp.sgcc.com.cn
责任编辑：王　倩　（010-63412607）
责任校对：黄　蓓　于　维
书籍设计：王红柳
责任印制：杨晓东

印　　刷：北京瑞禾彩色印刷有限公司
版　　次：2024 年 1 月第一版
印　　次：2024 年 1 月北京第一次印刷
开　　本：787 毫米 ×1092 毫米　16 开本
印　　张：11
字　　数：322 千字
定　　价：58.00 元

高等职业院校设计学科新形态系列教材

上海高等教育学会设计教育专业委员会“十四五”规划教材

丛书编委会

序一

党的二十大报告对加快实施创新驱动发展战略作出重要部署，强调“坚持面向世界科技前沿、面向经济主战场、面向国家重大需求，面向人民生命健康，加快实现高水平科技自立自强”。

高校作为战略科技力量的聚集地、青年科技创新人才的培养地、区域发展的创新源头和动力引擎，面对新形势、新任务、新要求，高校不断加强与企业间的合作交流，持续加大科技融合、交流共享的力度，形成了鲜明的办学特色，在助推产学研协同等方面取得了良好成效。近年来，职业教育教材建设滞后于职业教育前进的步伐，仍存在重理论轻实践的现象。

与此同时，设计教育正向智慧教育阶段转型，人工智能、互联网、大数据、虚拟现实（AR）等新兴技术越来越被应用到职业教育中。这些技术为教学提供了更多的工具和资源，使得学习更加多样化和个性化。然而，随之而来的教学模式、教师角色等新挑战会越来越多。如何培养创新能力和适应能力的人才成为职业教育需要考虑的问题，职业教育教材如何体现融媒体、智能化、交互性也成为高校老师研究的范畴。

在设计教育的变革中，设计的“边界”是设计界一直在探讨的话题。设计的“边界”在新技术的发展下，变得越来越模糊，重要的不是画地为牢，而是通过对“边界”的描述，寻求设计更多、更大的可能性。打破“边界”感，发展学科交叉对设计教育、教学和教材的发展提出了新的要求。这使具有学科交叉特色的教材呼之欲出，教材变革首当其冲。

基于此，上海高等教育学会设计教育专业委员会组织上海应用类大学和职业类大学教师们，率先进入了新形态教材的编写试验阶段。他们融入校企合作，打破设计边界，呈现数字化教学，力求为“产教融合、科教融汇”的教育发展趋势助力。不管在当下还是未来，希望这套教材都能在新时代设计教育的人才培养中不断探索，并随艺术教育的时代变革，不断调整与完善。

同济大学长聘教授、博士生导师
全国设计专业学位研究生教育指导委员会秘书长
教育部工业设计专业教学指导委员会委员
教育部本科教学评估专家
中国高等教育学会设计教育专业委员会常务理事
上海高等教育学会设计教育专业委员会主任

2023年10月

序二

人工智能、大数据、互联网、元宇宙……当今世界的快速变化给设计教育带来了机会和挑战，以及无限的发展可能性。设计教育正在密切围绕着全球化、信息化不断发展，设计教育将更加开放，学科交叉和专业融合的趋势将更加明显。目前，中国当代设计学科及设计教育体系整体上仍处于自我调整和寻找方向的过程中。就国内外的发展形势而言，应当如何评价设计教育的影响力，设计教育与社会经济发展的总体匹配关系如何，这是设计教育的价值和意义所在。

设计教育的内涵建设在任何时候都是设计教育的重要组成部分。基于不断变化的一线城市的设计实践、设计教学，以及教材市场的优化需求，上海高等教育学会设计教育专业委员会组织上海高校的专家策划了这套设计学科教材，并列为“上海高等教育学会设计教育专业委员会‘十四五’规划教材”。

上海高等院校云集，据相关数据统计，目前上海设有设计类专业的院校达60多所，其中应用技术类院校有40多所。面对设计市场和设计教学的快速发展，设计专业的内涵建设需要不断深入，设计学科的教材编写需要与时俱进，需要用前瞻性的教学视野和设计素材构建教材模型，使专业设计教材更具有创新性、规范性、系统性和全面性。

本套教材共30册，后续还将逐步增加，适用于设计领域的主要课程，包括设计基础课程和专业设计课程。专家组针对教材定位、读者对象，策划了专用的结构“四大模块：设计理论、设计实践、项目解析、数字化资源”。这是一种全新的思路、全新的模式，也是由高校领导、企业专业骨干，以及教材编写者共同协商，经专家多次论证、协调审核后确定的。教材内容以满足应用型和职业型院校设计类专业的教学特点为目的，整体结构和内容构架按照四大模块的格式与要求来编写。“四大模块”将理论与实践结合，操作性强，兼顾传统专业知识与新技术、新方法，内容丰富全面，教授方式科学新颖。书中结合经典的教学案例和创新性的教学内容，图片案例来自国内外优秀、经典的设计公司实例和学生课程实践中的优秀作品，所选典型案例均经过悉心筛选，对于丰富教学案例具有示范性意义。

本套教材的作者来自上海多所高校设计类专业的骨干教师。上海一线城市众多设计院校师资雄厚，使优选优质教师编写优质教材成为可能。这些教师具有丰富的教学与实践经验，上海国际大都市的背景为他们提供了大量的实践机会和丰富且优质的设计案例。同时，他们的学位背景交叉，遍及理工、设计、相关文科等。从包豪斯到乌尔姆到当下中国，设计学作为交叉学科，使得设计的内涵与外延不断拓展。作者团队的背景交叉更符合设计学科的本质要求，也使教材的内容更能达到设计类教材应该具有的艺术与技术兼具的品质。

希望这套教材能够丰富我国应用型高校与职业院校的设计教学教材资源，也希望这套书在数字化建设方面的尝试，为广大师生在教材使用中提供更多价值。教材编写中的新尝试可能存在不足，期待同行的批评和帮助，也期待在实践的检验中，不断优化与完善。

丛书主编 江滨

2023年10月

前言

《影视后期制作》是为高等学校影视及相关专业方向编写的一本教材，旨在帮助同学们掌握影视后期制作领域的核心知识和技能。

如今，影视后期制作已成为一个充满活力和创意的行业，吸引着越来越多的年轻人投身其中。作为影视制作的关键环节，影视后期制作在整个创作过程中扮演着至关重要的角色。它不仅仅是简单地编辑和修饰影片，更是艺术和技术的完美结合。通过后期制作，我们能够改变画面的色调和氛围，添加令人惊叹的视觉特效，调整音频以提升观众的听觉体验。这些技术手段为影片赋予了生命和魔力，使观众们能够沉浸在故事中，感受其中的情感和力量。

本教材包含影视后期制作的相关理论、影视后期制作的实践以及影视后期制作的项目解析三个部分，其中的知识点涉及常见的电视制式、帧、分辨率等基础知识概述，影像、场景、光的运用等视听语言元素，Premiere Pro 2022和After Effects 2022的软件简介与安装、功能与实践，以及使用Premiere Pro 2022和After Effects 2022制作宣传片、电视广告和短视频的项目解析。每个环节中，都详细介绍相关工具和技术，并结合实际案例进行分析，让同学们能够将所学知识运用到实际项目中，为未来的职业发展做好准备。

Adobe Premiere Pro和Adobe After Effects是目前影视后期制作中最具代表性，也是最为普及的两个软件工具。以往教材都是以介绍其中某一个软件为主，但是考虑到两者在影视后期制作中各具特色，各有分工（Adobe Premiere Pro的功能以剪辑视频为主，而Adobe After Effects的功能以制作特效为主），两者一并介绍，有助于学习过程中两者相互渗透、相互补充，为实践中一个完整的项目提供软件支持。本教材详细介绍了影视后期制作的相关理论、视听语言、Premiere Pro和After Effects软件，并结合宣传片、电视广告和短视频的项目解析，形成一整套影视后期制作流程的闭环，“理论+实操+项目”的结合让同学们的思路更清晰、目标更明确、专业性更强，形成真正意义上的项目化教学模式。

在编写本教材时，我们汇集了来自行业专家、教育工作者和实践经验丰富的专业人士的知识和经验。本人主要编写第二章、第五章和第七章，彭湘副教授主要编写第四章，李启龙高级工程师主要编写第一章、第三章和第六章，企业负责人臧公道为本教材提供了部分企业素材，并参与编写第七章和第八章。此外，郑博文、燕妮、倪彬、方文鑫和戚若懿进行了素材收集、实例编写和编排校对工作，王佳琪和朱航德进行了视频制作工作。本人对全书进行了大纲构思和最后的汇总与编排。由于编写时间仓促，加之本人水平有限，如有不足，望专家和同行指正。

最后，感谢所有为本教材付出辛勤努力的人员，包括编写团队、审稿人，以及中国电力出版社。没有他们的专业知识、敬业精神和无私奉献，本教材无法面世。

感谢您选择本教材，希望本教材能够成为同学们学习和实践的指南，激发大家对影视后期制作的热爱和创造力，为职业发展奠定坚实的基础。愿本教材帮助您在影视后期制作的世界中探索、学习和成长。

陈文君

2023年10月

各章节实例一览

章节名称		实例
第三章　软件介绍	第一节　PR软件简介与安装	1
	第二节　AE软件简介与安装	1
第四章　PR软件基础	第一节　关键帧动画	1
	第二节　视频过渡	6
	第三节　视频效果	7
	第四节　音频效果与音频过渡	2
	第五节　语音自动生成字幕	1
第五章　AE软件基础	第一节　图层	2
	第二节　蒙版	2
	第三节　常用视频效果	6
	第四节　过渡效果	1
	第五节　颜色校正	1
	第六节　抠像	2
	第七节　文字效果	1
第六章　宣传片		2
第七章　电视广告		2
第八章　短视频		2

本书配套资源包中提供了本书实例的源文件、素材和输出文件，以及实例的多媒体教学视频，可扫描二维码获取。

目录

序一
序二
前言

第一部分
影视后期制作设计理论

第一章　基础知识概述 / 001
第一节　影视后期制作的流程 / 002
第二节　常见的电视制式 / 002
第三节　帧 / 003
第四节　分辨率 / 004
第五节　像素 / 004
第六节　文件格式 / 005
本章总结 / 课后作业 / 思考拓展 / 课程资源链接

第二章　视听语言 / 007
第一节　影像 / 008
第二节　场景 / 008
第三节　光的运用 / 009
第四节　色彩的运用 / 009
第五节　构图 / 010
第六节　镜头 / 010
第七节　场面调度 / 010
第八节　蒙太奇 / 011
第九节　长镜头 / 011
第十节　声音 / 012
本章总结 / 课后作业 / 思考拓展 / 课程资源链接

第三章　软件介绍 / 013
第一节　PR软件简介与安装 / 014
第二节　AE软件简介与安装 / 018
本章总结 / 课后作业 / 思考拓展 / 课程资源链接

第二部分
影视后期制作设计实践

第四章　PR软件基础 / 023

第一节　关键帧动画　/ 024

第二节　视频过渡　/ 025

第三节　视频效果　/ 037

第四节　音频效果与音频过渡　/ 055

第五节　语音自动生成字幕　/ 060

本章总结 / 课后作业 / 思考拓展 / 课程资源链接

第五章　AE软件基础 / 063

第一节　图层　/ 064

第二节　蒙版　/ 072

第三节　常用视频效果　/ 074

第四节　过渡效果　/ 090

第五节　颜色校正　/ 093

第六节　抠像　/ 096

第七节　文字效果　/ 099

本章总结 / 课后作业 / 思考拓展 / 课程资源链接

第三部分
影视后期制作的项目解析

第六章　宣传片 / 103

第一节　概念与特征　/ 104

第二节　综合实训　/ 104

本章总结 / 课后作业 / 思考拓展 / 课程资源链接

第七章　电视广告 / 130

第一节　概念与特征　/ 131

第二节　综合实训　/ 131

本章总结 / 课后作业 / 思考拓展 / 课程资源链接

第八章　短视频 / 138

第一节　概念与特征　/ 139

第二节　综合实训　/ 139

本章总结 / 课后作业 / 思考拓展 / 课程资源链接

附录　常用快捷键 / 155

参考文献 / 159

第一部分

影视后期制作设计理论

第一章 基础知识概述

本章主要介绍影视后期制作的流程、常见的电视制式、帧、分辨率、像素和文件格式等内容。通过本章的学习，读者可以熟悉和掌握影视后期制作的基础知识和课程目标，进而开始学习软件工具并进行影视后期制作。

知识目标

（1）了解影视后期制作的流程。

（2）认识常见的电视制式、帧、分辨率、像素和文件格式。

能力目标

（1）掌握影视后期制作涉及多个环节。

（2）熟悉影视后期制作的流程。

影视后期制作是指电影、电视等影视作品在拍摄完成后进行的剪辑、特效、调色等处理工作，以及声音、音效等后期制作工作。影视后期制作是影视制作流程中不可或缺的一个环节，可以说影视作品最终的呈现效果和质量很大程度上取决于后期制作的质量和水平。下面是影视后期制作的基础知识概述。

（1）**剪辑：**剪辑是指将拍摄好的素材进行整理、筛选、拼接、调整等处理，形成完整的故事情节和画面流畅的影片。

（2）**特效：**特效是指运用计算机技术对影片画面进行加工处理，创造出虚拟的效果，如爆炸、飞行、火灾等。

（3）**调色：**调色是指对影片画面的色彩进行加工处理，提高画面的色彩饱和度、明度等，使画面更加生动、自然、逼真。

（4）**音效：**音效是指对影片中的声音进行加工处理，如配乐、音效设计等。

（5）**字幕：**字幕是指对影片进行文字排版处理，如翻译、字幕设计等。

（6）**输出：**输出是指将影片输出到指定的格式和媒介上，如数字电影院、电视、网络等。

（7）**包装：**包装是指对影片进行整体形象的设计和呈现，如片头、片尾设计等。包装要与影片内容相符合，增强影片的观赏性和艺术性。

（8）**后期管理：**后期管理是指对影片后期制作过程进行统筹和管理，包括制作进度、质量控制、团队协作等方面。

（9）**软件技术：**影视后期制作需要运用各种软件技术，如剪辑软件、特效软件、调色软件、音效软件等。常用的软件包括Adobe Premiere Pro、Adobe After Effects、Final Cut Pro、剪映、DaVinci Resolve Studio、Avid Media Composer等。

（10）**人员组成：**影视后期制作需要配备专业的人员，如剪辑师、特效师、调色师、音效师、字幕师、包装师等。团队合作精神和高效率是影视后期制作团队必备的素质。

影视后期制作是一项综合性很强的工作，需要专业的技术和丰富的经验。在影视制作过程中，影片的后期制作质量直接影响影片的观赏效果和口碑评价。

第一节　影视后期制作的流程

影视后期制作是指在影视制作完成后进行的一系列加工工作，包括视频编辑、特效制作、音频处理等等。下面是一般的影视后期制作流程。

（1）**剪辑：**将拍摄的素材进行筛选、排序、裁剪、拼接等操作，形成影片的基本结构和故事情节。

（2）**调色：**调整影片色彩、亮度、对比度等，使得画面更加鲜明、生动、统一。

（3）**特效制作：**根据影片需要，添加各种视觉效果、图形元素、虚拟场景等，提高影片质量和观赏性。

（4）**音频处理：**包括对配乐、音效、配音等进行剪辑、合成、混音等处理，使得声音更加清晰、饱满、立体。

（5）**字幕制作：**根据影片需要，添加中英文或其他语言的字幕，提供更好的观看体验。

（6）**完成与输出：**完成后期制作后，将影片输出成各种格式，如电影、电视、网络播放等。

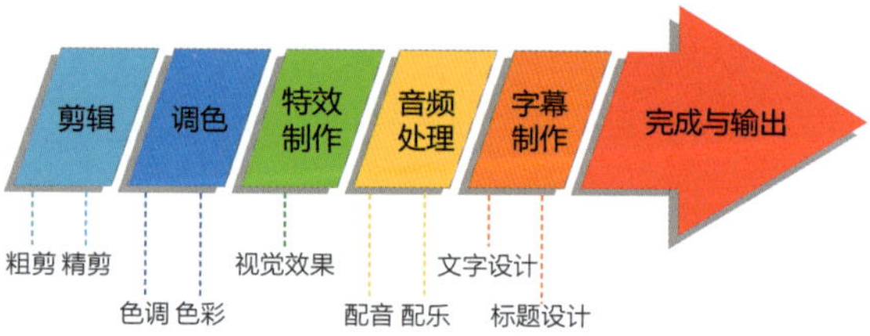

图1-1　影视后期制作流程

以上是一般的影视后期制作流程（图1-1），具体的流程可能因为不同的影片类型、工作流程、团队规模等原因而有所不同。

第二节　常见的电视制式

电视制式指的是一种规范，用于指导电视节目制作、传输和接收过程中的信号格式和技术规范。电视制式包括视频信号的分辨率、帧率、扫描方式、色彩编码方式等技术参数，以及音频信号的编码方式、声道数、采样率等技术规范。不同的电视制式在信号格式和技术规范上存在差异，因此需要不同的接收设备和播放设备进行处理，以确保电视节目的正常播放和观看效果。电视制式的制定和应用，是电视技术和产业发展的重要组成部分，对于提高电视节目的质量和观众的视听体验具有重要的作用。

常见的电视制式包括以下几种。

（1）NTSC制式： 全称National Television System Committee，是北美地区采用的制式，每秒钟播放30帧（帧率为30fps），每帧525个可见线，分辨率为720×480。

（2）PAL制式： 全称Phase Alternating Line，是欧洲、澳洲、亚洲等地采用的制式，每秒钟播放25帧（帧率为25fps），每帧625个可见线，分辨率为720×576。

（3）SECAM制式： 全称Sequential Color with Memory，是法国和苏联等国家采用的制式，每秒钟播放25帧（帧率为25fps），每帧625个可见线，分辨率为720×576。

（4）ATSC制式： 全称Advanced Television Systems Committee，是美国和加拿大数字电视广播采用的制式。它采用8VSB调制方式，分辨率从480i到1080p不等。

（5）DVB制式： 全称Digital Video Broadcasting，是欧洲数字电视广播采用的制式。它分为DVB-T、DVB-C和DVB-S等多种标准，分别用于地面、有线和卫星数字电视广播，分辨率从480i到1080p不等。

（6）ISDB制式： 全称Integrated Services Digital Broadcasting，是日本数字电视广播采用的制式，也被一些南美国家采用。它分为ISDB-T、ISDB-C和ISDB-S等多种标准，分别用于地面、有线和卫星数字电视广播，分辨率从480i到1080p不等。

（7）T-DMB制式： 全称Terrestrial Digital Multimedia Broadcasting，是韩国数字多媒体广播采用的制式，采用MPEG-4 AVC/H.264视频编码和AAC音频编码，适用于移动电视和数据广播。

（8）DTMB制式： 全称Digital Terrestrial Multimedia Broadcast，是中国数字多媒体广播采用的制式，采用MPEG-2、AVS等多种编码方式，支持高清视频和多种语言音频，适用于地面数字电视广播。

（9）CMMB制式： 全称China Multimedia Mobile Broadcasting，是中国移动多媒体广播采用的制式，采用MPEG-4 AVC/H.264视频编码和HE-AAC音频编码，适用于移动电视和数据广播。

（10）DRM制式： 全称Digital Radio Mondiale，是数字广播技术标准，可用于短波、中波和长波广播，支持语音、数据和图像传输，具有更好的传输质量和覆盖范围。

不同的电视制式适用于不同的地区和广播环境。电视制式的选择和采用，需要考虑到多方面的因素，如地理环境、技术成本、信号传输效果等等。此外，不同的电视制式在信号传输、分辨率、帧率、色彩编码等方面存在差异，影响着电视节目的观看效果和信号传输质量。随着数字技术的发展和应用，数字电视、高清电视、移动电视等新型电视制式也日益普及，电视制式的发展与进步为观众提供了更加丰富、清晰的视听体验。

第三节　帧

在电影或视频制作中，“帧”是指连续的图像序列中的单个静止图像。视频是由许多帧构成的，每秒钟播放的帧数称为“帧率”。例如，常见的电影帧率为每秒24帧，而常见的电视帧率为每秒30帧或60帧。

在影视后期制作中，帧是一个非常重要的概念，因为它们是剪辑、特效和调色等后期制作技术的基础。通过对每个帧进行编辑和调整，制作人员可以控制图像的外观、颜色、对比度、亮度等各种方面，以创造出最终的电影或视频作品。

在数字化的影视后期制作中，每个帧都被存储为数字图像，可以使用各种软件工具进行编辑和处理。由于帧的数量通常非常大，因此需要强大的计算机和存储设备来处理和管理这些图像。

此外，在影视后期制作中，还有一个重要的概念是“关键帧”。关键帧是指在动画或特效制作中，为了减少制作工作量，只制作某些帧，而其他帧则由计算机生成的技术。这些制作的帧称为“关键帧”，而由计算机生成的帧称为“中间帧”。通过这种方式，制作人员可以在较短的时间内制作出更为复杂的动画或特效效果。

在后期制作中，还有一个与帧相关的概念是“时间码”。时间码是一种独特的标记方式，用于标识视频或音频素材中每个帧的时间位置。时间码通常包括小时、分钟、秒和帧数等信息，以确保在后期制作中，不同素材之间的时序和同一素材中的不同部分的时序都可以被准确地对齐和编辑。

总之，“帧”是影视制作中非常重要的概念，它不仅是影片的基本组成单元，也是各种后期制作技术的基础。了解帧的概念和相关术语对于从事影视制作和后期制作的人员都是必要的。

第四节　分辨率

在影视后期制作中，“分辨率”（Resolution）通常是指在数字图像或视频中，图像或视频的大小和清晰度的描述。它是通过像素数量来计算的，表示每个图像或视频帧包含多少个像素。

例如，一个分辨率为1920×1080的视频表示每个视频帧都包含1920个像素的宽度和1080个像素的高度。通常使用“宽×高”（Width×Height）来表示分辨率，例如720p（1280×720）、1080p（1920×1080）、4K（3840×2160）等（表1–1）。

表1–1　视频分辨率

类型	分辨率	长宽比
144p	192×144	4：3
240p	320×240	4：3
480p	640×480	4：3
720p	1280×720	16：9
1080p	1920×1080	16：9
2K	2560×1440	16：9
4K	3840×2160	16：9
8K	7680×4320	16：9

分辨率的选择取决于许多因素，包括用途、目标受众、可用的设备和技术等。较高的分辨率通常会产生更清晰、更详细的图像，但需要更高的存储空间和处理能力，这可能会导致更高的成本和更长的处理时间。

在电影制作中，通常使用更高的分辨率来捕捉更多的细节和信息，以便在后期制作过程中有更多的灵活性和控制。然而，在电视广播和流媒体服务中，分辨率的选择通常取决于最终播放平台和观众的设备。例如，对于在智能手机上观看的视频，较低的分辨率可以更好地适应小屏幕和较慢的网络连接。

需要注意的是，分辨率不应该与图像质量混淆。虽然分辨率是影响图像质量的重要因素之一，但图像的质量还受到其他因素的影响，如色彩深度、对比度、饱和度、曝光等。因此，在影视后期制作中，制作人员需要综合考虑各种因素来确定最终的图像质量。

此外，分辨率还可以影响图像的处理和编辑速度。较高的分辨率需要更多的计算能力和存储空间来处理和编辑，因此需要更强大的计算机或处理器。在制作过程中，通常会使用代理文件来加速处理和编辑，代理文件通常会使用较低的分辨率。当完成编辑后，再使用原始高分辨率文件进行最终输出和渲染。

在数字影院和家庭影院中，高分辨率的格式也越来越流行，如4K和8K。这些格式具有更高的分辨率和更丰富的细节，可以提供更加逼真的视觉效果。然而，为了获得这些格式的优势，需要使用支持这些格式的高端设备和技术。

总之，分辨率在影视后期制作中起着重要的作用，影响着图像和视频的大小、清晰度、处理速度和输出格式等方面。在选择分辨率时，需要综合考虑用途、目标受众、可用设备和技术等因素。

第五节　像素

在影视后期制作中，“像素”（Pixel）是一个非常重要的概念，它是指图像显示和处理的最小单元。

图像由许多小的方格组成，每个方格就是一个像素。每个像素都有自己的颜色信息，这些颜色信息组成了整个图像。例如，一个1080p分辨率的电视屏幕有1920个像素（宽）×1080个像素（高），总共2073600个像素。

在影视后期制作中，处理像素是非常重要的，因为影视后期制作的许多过程都需要处理和调整像素的颜色、亮度、对比度、锐度等参数，以达到最终的视觉效果。例如，颜色校正和色彩分级就是影视后期制作中最重要的技术之一，而这些技术都是基于对像素的精确处理和调整来完成的。

此外，像素的数量和大小也直接影响到图像的清晰度和细节表现。更多的像素意味着更高的分辨率和更多的细节，但也会增加图像处理的复杂度和文件大小。相反，更少的像素则会导致分辨率较低、细节较少，但处理和传输时更加方便（图1-2）。

图1-2　像素对比

在数字影视制作中，常用的像素格式有RGB和YUV两种。RGB像素格式是将颜色信息分为红、绿、蓝三个通道进行存储，每个像素包含三个颜色通道的数值，用于显示彩色图像。而YUV像素格式则是将亮度和色度信息分别存储，其中亮度信息表示图像的明暗程度，色度信息则表示颜色信息，通过对这两个信息的处理和组合，可以显示出彩色图像。

随着科技的不断发展，像素的数量和大小也在不断变化。例如，现在普遍使用的4K和8K分辨率就比传统的1080p分辨率更高，其中4K分辨率指的是屏幕水平像素数达到4000以上，而8K则是水平像素数达到8000以上。这些高分辨率的屏幕需要更多的像素来显示更清晰、更细节丰富的图像，同时也需要更高的计算能力和存储空间来处理和存储这些像素。

除此之外，像素也是游戏图形学、计算机视觉等领域中的重要概念，例如，计算机视觉中常常使用像素级别的图像处理技术来进行图像识别、物体检测、图像分割等任务。

因此，了解像素的概念和应用范围，对于从事数字媒体、计算机视觉等领域的人员来说，也是非常必要的。

第六节　文件格式

在影视后期制作中，文件格式是指用于存储影像、音频、字幕等数据的编码方式和文件类型。选择正确的文件格式可以确保影片在后期制作和分发中保持高质量和可兼容性。

1. 几种常见的文件格式

（1）视频文件格式：MP4、AVI、MOV、WMV、MKV等。这些格式的选择取决于需要的视频质量、分辨率、压缩等级和所需的可兼容性。

（2）音频文件格式：WAV、MP3、AAC等。这些格式的选择取决于所需的音频质量和可兼容性。

（3）图像文件格式：JPEG、PNG、GIF等。这些格式的选择取决于需要的图像质量和文件大小。

（4）字幕文件格式：SRT、ASS、SUB等。这些格式的选择取决于所需的字幕格式和可兼容性。

在选择文件格式时，需要考虑到兼容性、压缩质量、文件大小、支持的功能等因素。如果文件格式不兼容或质量不佳，可能会导致后期制作的问题或影响最终产品的质量。因此，选择正确的文件格式对于影视后期制作非常重要。

2. 常见的文件格式及其特点

（1）MP4（MPEG-4 Part 14）：这是一种常见的视频文件格式，它可以存储视频、音频和字幕。它具有广泛的兼容性和良好的压缩效果，适用于在各种设备上播放。

（2）MOV（QuickTime电影）：这是由苹果公司开发的一种视频文件格式，它可以存储多种类型的媒体数据，包括视频、音频、文本和特效。它适用于在Mac和iOS设备上播放。

（3）WAV（Waveform Audio File Format）：这是一种无压缩音频文件格式，它可以提供高质量的音频，适用于音频制作和后期制作。

（4）MP3（MPEG-1 Audio Layer III）：这是一种常见的有损音频文件格式，它具有较小的文件大小和广泛的兼容性，但相对于无损格式，音质会有所降低。

（5）PNG（Portable Network Graphics）：这是一种无损图像文件格式，它可以提供高质量的图像，并支持透明背景和图像的alpha通道。

（6）SRT（SubRip Text）：这是一种常见的字幕文件格式，它可以存储时间码和字幕文本，适用于各种视频播放器和字幕编辑软件。

在实际的影视后期制作中，还可能会使用其他的文件格式，具体的选择取决于具体的需求和环境。同时，不同的文件格式之间也可以进行转换和处理，例如可以将一个MP4视频文件转换为MOV格式，或者将一个WAV音频文件压缩为MP3格式，以适应不同的需求和设备。

本章总结

影视后期制作的基础理论知识是在学习后期制作之前需要了解的内容，对于学习软件工具有更多的帮助。

重点

了解影视后期制作的流程，认识常见的电视制式、帧、分辨率、像素和文件格式。

难点

影视后期制作涉及多个环节，任务复杂，需要熟悉影视后期制作的流程，并能够灵活应对各种情况。

课后作业

电影赏析：观看电影，对其剪辑、音效、特效等方面进行分析，并从影视后期制作的角度出发，写一篇影评。

思考拓展

从新思潮、新理念、新技术的角度对影视后期制作的基础理论进行拓展思考，以便更好地理解本课程，并在实践中应用。

课程资源链接

课件

第二章 视听语言

本章主要介绍影像、场景、光的运用、色彩的运用、构图、镜头、场面调度、蒙太奇、长镜头和声音等内容。通过本章的学习，读者可以了解视听语言的基础知识和课程目标，进而开始学习软件工具并进行影视后期制作。

知识目标

（1）认识视听语言。

（2）了解影像、场景、光的运用、色彩的运用、构图、镜头、场面调度、蒙太奇、长镜头和声音这些有关视听语言的知识。

能力目标

（1）影视作品的成功往往取决于其视听语言的创意和创新，要求创作者在表现手法和叙事结构等方面进行创新。

（2）视听语言的审美标准是影视作品成功与否的重要因素之一，需要把握观众的审美需求，提高视听语言的审美水平。

（3）影视作品的视听语言往往受到文化背景的影响，应当学会理解和运用不同文化背景下的视听语言。

（4）影视后期制作的学习需要与视听语言的知识相结合，如摄影、音效、音乐和字幕等技术的运用。

视听语言是影视作品中通过图像、声音等手段传达信息的语言形式，具有直观、感性、符号化等特点。其表现手法包括镜头语言、音效语言、音乐语言、字幕语言等。这些手法可以通过不同的组合和运用，达到不同的表现效果。影视作品的叙事结构是影片中事件的时间、空间、情节、人物等元素的组织方式，影响着观众对影片的理解和感受。视听语言不仅是影视作品的重要组成部分，也是文化传承和社会意识形态的重要表现形式，具有重要的意义和价值。

第一节　影像

影像制作是影视后期制作的一个重要环节，它需要通过技术手段将拍摄得到的原始素材进行剪辑、合成、特效处理、调色等，使得影片的表现效果更加出色。其中，剪辑是影像制作的核心，通过对原始素材的选取、排序、组合等处理，达到最终效果的呈现。特效处理则是指通过数字合成技术，将虚拟图像和实际拍摄的素材相结合，创造出虚拟的世界和场景，增强影片的视觉效果。调色则是对影片的色彩进行处理，使得影片的色调更加鲜明、生动、逼真。

在影视后期制作中，影像的处理通常需要使用一系列的软件工具，如Adobe Premiere Pro、Adobe After Effects、Final Cut Pro、剪映、DaVinci Resolve Studio、Avid Media Composer等。这些软件工具提供了丰富的功能和效果，可以帮助制作人员完成各种复杂的影像处理任务。

影像制作的目的是提高影片或电视节目的质量，营造出更好的视觉效果，加强故事情节的表现力，让观众更好地理解和接受作品的主题和情感。在现代电影和电视制作中，影像已经成为一种非常重要的表现手段和语言，对于制作出优秀的作品具有至关重要的作用。

第二节　场景

在影视后期制作中，“场景”通常指的是拍摄现场的背景和环境，包括道具、布景、灯光、音效等元素，以及演员和摄影机的位置和动作等因素。在后期制作中，制作人员可以根据需要对场景进行一系列的处理，例如剪辑、特效、音效等，以达到视觉和听觉效果的最佳化。此外，场景还可以指电影或电视剧中的一个场景或场景转换，这通常是在剧本中定义的一个具有独特主题和氛围的场所。在后期制作中，制作人员可以利用编辑和特效技术来使场景更加生动、真实，并且符合故事的整体节奏和情感氛围。

在影视后期制作中，场景的处理通常需要从以下五个方面进行考虑。

（1）**剪辑**：在剪辑过程中，制作人员可以选择不同的镜头和拍摄角度来突出场景中的关键元素，如主角、道具、特效等。

（2）**特效**：特效可以帮助制作人员创造出更加逼真和令人印象深刻的场景效果，例如CGI技术、绿幕合成等。

（3）**音效**：音效可以增强场景的真实感和氛围感，如环境声、音乐、音效等。

（4）**颜色分级**：颜色分级可以使场景的色彩更加丰富，同时帮助制作人员达到视觉上的统一和连贯性。

（5）**色彩校正**：色彩校正可以调整场景的整体色调和色彩饱和度，以达到更好的视觉效果。

在影视后期制作中，场景的处理对于整个影片或电视剧的成功至关重要。只有通过合适的后期处理手段，才能使场景更加生动、真实，并且符合故事的整体节奏和情感氛围，从而提高影片或电视剧的艺术价值和观赏性。

另外，在处理场景时，还需要考虑到以下因素。

（1）**故事需求**：场景需要符合剧情和角色设定，能够支持故事的发展和人物的塑造。

（2）**质量标准**：场景需要符合影片或电视剧的质量要求，包括高清晰度、流畅的画面和良好的音质等。

（3）**节奏掌控**：场景需要与整个影片或电视剧的节奏保持一致，避免过长或过短的场景，从而影响观众的视觉体验。

（4）**费用和时间**：场景处理需要一定的费用和时间投入，制作人员需要在合理的预算和时间范围内完成相关工作。

（5）**团队合作**：场景处理是一个团队合作的过

程，需要制作人员之间的紧密配合和沟通，确保场景处理的质量和效率。

因此，场景是影视后期制作中一个非常重要的环节，需要制作人员根据故事需求和质量标准，以及考虑节奏掌控、费用和时间、团队合作等多方面因素来进行处理。只有通过合适的处理手段，才能使场景更加生动、真实，并且符合故事的整体节奏和情感氛围，从而提高影片或电视剧的观赏性和艺术价值。

第三节　光的运用

影视后期制作中的“光的运用”是指在后期制作阶段通过灯光的调整和特效的添加来营造出不同的氛围和效果，增强影视作品的表现力和感染力。以下是一些常见的光的运用技巧。

（1）**色调调整**：可以通过调整色彩来改变影片的整体色调和氛围，比如将蓝色调整为暖色调可以营造出温暖的感觉，而将色调变冷则可以营造出冷峻的氛围。

（2）**光源添加**：在后期制作中可以添加灯光效果，比如阳光照射、月光映照等，来改变画面的光线和气氛。

（3）**特效添加**：可以添加不同的特效，如镜面反射、灰尘、雾气等，来增强画面的真实感和立体感。

（4）**调整光源角度**：可以通过调整光源的角度来改变画面的光线和阴影，从而营造出不同的气氛。

（5）**调整光线亮度和对比度**：可以通过调整光线的亮度和对比度来改变画面的明暗程度和层次感，从而让画面更加生动、丰富。

（6）**调整光源的色温**：色温是指光源的色调，不同的光源有不同的色温，比如暖色调的光源会让画面显得温馨，而冷色调的光源则会让画面显得冷峻。在后期制作中可以通过调整光源的色温来改变画面的氛围和感觉。

（7）**点亮暗部细节**：在拍摄时，有些部分可能会因为光线不足而出现暗部，这时可以通过后期制作中的光影调整来点亮这些暗部，使画面更加明亮、细节更加清晰。

（8）**调整景深效果**：景深是指画面中不同距离物体的焦距，可以通过调整景深来突出画面的主体和背景，营造出不同的视觉效果。

（9）**制作光影特效**：光影特效是后期制作中常用的一种技巧，可以通过添加阴影、高光等效果来增强画面的立体感和质感，使画面更加逼真。

（10）**运用光的反差**：光的反差指在画面中增加明暗对比度，可以通过调整光源的位置、角度和亮度来营造出强烈的明暗对比效果，增加画面的冲击力和视觉效果。

第四节　色彩的运用

在影视后期制作中，色彩的运用是非常重要的。色彩不仅能够对影片的氛围和情感产生深远的影响，而且还能够增强观众的感知和认知。以下是一些常见的色彩运用技巧。

（1）**色彩调整**：在后期制作过程中，可以通过调整色彩的饱和度、亮度、对比度等参数，来改变影片的色调和氛围。例如，将色调偏向蓝色可以制造出冷酷、神秘的氛围，而将色调偏向黄色可以制造出温暖、舒适的氛围。

（2）**色彩分级**：色彩分级可以通过对不同的色调进行调整，来表达不同的情感和氛围。例如，将场景分为蓝色调和黄色调两部分，蓝色调代表冷色调。

（3）**对比色彩**：对比色彩的运用可以制造出强烈的视觉效果，增强影片的表现力。例如，在黑色背景上使用白色文字，可以制造出强烈的视觉对比效果，使文字更加醒目。

（4）**色彩渐变**：色彩渐变可以制造出柔和、流畅的过渡效果。例如，在电影中使用的经典的“日落渐变”效果，可以将影片从明亮到暗淡的过渡渲染得非常流畅。

（5）**色彩特效**：色彩特效可以通过后期制作软件的滤镜和特效功能来实现。例如，可以通过添加色彩噪点、模糊、镜头扭曲等效果来制造出独特的视觉效果，增强影片的表现力。

在影视后期制作中，色彩的运用非常重要。不同的色彩运用技巧可以帮助制作人员实现不同的表现目的，提高影片的艺术价值和观赏性。

第五节 构图

“构图”是指在影片的后期制作阶段，通过对影片画面的排列、组合、剪辑等手段，来达到更好的视觉效果和情感表达的目的。构图是影片制作中非常重要的一环，它直接影响到影片的观感和观众的情感体验。

影视后期制作中的构图包括以下几个方面。

（1）**画面的分割和排列：**通过对画面的分割和排列，可以将画面分成多个区域，每个区域呈现不同的内容，从而增强画面的层次感和丰富性。

（2）**画面的比例和尺寸：**通过对画面的比例和尺寸的调整，可以通过调整画面的比例和尺寸，来突出画面中的重点内容，或者增强画面的氛围和情感。

（3）**画面的色彩和光影：**通过对画面的色彩和光影的调整，可以通过调整画面的色彩和光影，来增强画面的氛围和情感，或者突出画面中的重点内容。

（4）**画面的剪辑和转场：**通过对画面的剪辑和转场的处理，可以通过剪辑和转场的处理，来增强画面的节奏感和情感表达，或者突出画面中的重点内容。

影视后期制作中的构图是非常重要的一环，它直接影响到影片的观感和观众的情感体验。只有通过精心的构图处理，才能让影片达到更好的视觉效果和情感表达的目的。

第六节 镜头

在影视后期制作中，“镜头”是指摄影机在拍摄过程中所捕捉到的画面。在影视剪辑中，镜头是最基本的单位，通常会根据剧情需要和艺术效果的要求进行剪辑和组合，形成一个完整的影片。在剪辑过程中，制作人员需要根据镜头的内容、角度、长度、运动等因素进行选择和组合，以达到最佳的叙事效果和视觉效果。同时，镜头的剪辑也需要考虑到节奏、节拍、音乐等因素，以使得整个影片更加流畅自然。因此，镜头的选择和剪辑是影视后期制作中非常重要的环节。

除了在剪辑过程中进行选择和组合，镜头在影视后期制作中还有很多其他的应用。例如，在调色过程中，制作人员可以对每个镜头进行色彩、亮度、对比度等方面的调整，以达到最佳的视觉效果。在特效制作中，制作人员也可以根据镜头的内容和特点，添加各种特效，如爆炸、火焰、雨雪等，以增强影片的视觉冲击力。此外，在音效制作中，镜头的剪辑也会对音效的处理产生影响，例如在镜头切换时，音效也需要进行相应的过渡和处理，以使得整个影片的音效更加自然流畅。因此，镜头在影视后期制作中扮演着非常重要的角色，对影片的质量和效果有着至关重要的影响。

第七节 场面调度

场面调度是影视后期制作中的一个重要环节，它是指根据影片的剧情需要和视觉效果，对拍摄素材进行合理的剪辑和组合，使得影片的场景、角色、动作、音效等元素能够有机地结合在一起，形成一个完整的故事情节和视觉效果。

场面调度包括以下几个方面。

（1）**剪辑：**将拍摄素材进行剪辑，去除无用的镜头和画面，保留有意义的部分，并按照剧情需要进行组合和排列，形成一个连贯的故事情节。

（2）**音效：**根据剧情需要和视觉效果，添加合适的音效，如背景音乐、环境音、特效音等，增强影片的氛围和情感表达。

（3）**色彩调整：**对影片的色彩进行调整，使得画面更加鲜明、生动，同时也能够表达出影片的情感和主题。

（4）**特效添加：**根据剧情需要，添加合适的特效，如CGI、绿幕合成等，增强影片的视觉效果和观赏性。

场面调度还需要考虑观众的接受度和情感共鸣，通过合理的剪辑和处理手段，使观众能够更好地理解和感受故事情节，产生情感共鸣，从而提高影片的观赏性和口碑。场面调度需要考虑以下几个方面。

（1）**故事情节：**根据剧本要求，将素材按照故事情节进行组合，使其呈现出完整的故事线索和情感表达。

（2）视觉效果：通过剪辑、调色等处理手段，使素材呈现出符合剧情要求的视觉效果，如色调、光影、画面风格等。

（3）节奏控制：根据剧情需要，控制场景的节奏和速度，使其符合故事情节的发展和高潮部分的呈现。

（4）音效处理：对素材中的音效进行处理，如音量调整、音效剪辑、音乐配合等，使其与画面相协调，增强视听效果。

（5）特效制作：根据剧情需要，制作特效，如爆炸、火灾、飞行等，增强视觉效果和故事表现力。

通过场面调度，制作人员能够将拍摄素材进行合理的剪辑和组合，使得影片的故事情节和视觉效果更加完整和生动，从而提高影片的质量和观赏效果。

第八节　蒙太奇

蒙太奇是一种电影后期制作技术，它是由俄国电影导演谢尔盖·爱森斯坦在20世纪20年代初期发明的。蒙太奇的基本原理是通过将不同的镜头和场景组合在一起，来创造出一种新的意义和情感效果。这种技术可以通过剪辑、叠加、分割屏幕等手段来实现。蒙太奇技术的目的是通过创造出一种新的视觉和情感效果，来增强电影的表现力和感染力。它可以用来表达复杂的思想和情感，也可以用来创造出一种独特的艺术风格。在电影制作中，蒙太奇技术被广泛应用于剧情片、动作片、科幻片等各种类型的电影中，成为一种重要的电影制作技术（图2-1）。

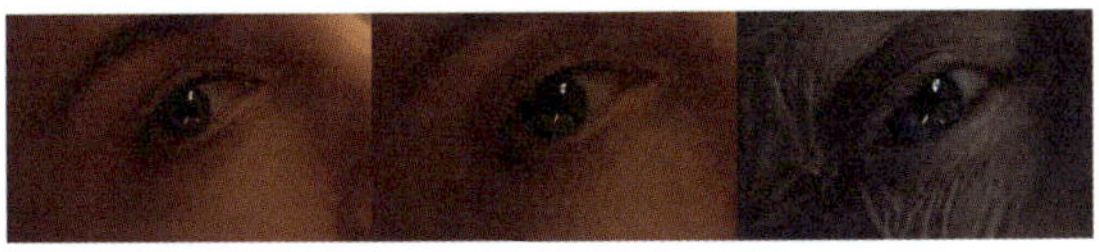

图2-1　蒙太奇式拍摄（来源于电影《泰坦尼克号》）

蒙太奇技术的应用范围不仅限于电影制作，它也可以应用于电视剧、广告、MV等影视作品的后期制作中。在电视剧中，蒙太奇技术可以用来表现人物内心的情感变化，增强剧情的紧张感和悬疑感；在广告中，蒙太奇技术可以用来创造出一种独特的品牌形象和风格；在MV中，蒙太奇技术可以用来表现歌曲的情感和节奏感。

蒙太奇技术的应用需要具备一定的技术和创意能力。在使用蒙太奇技术时，需要考虑到镜头的选择、镜头的顺序、镜头的长度、音效的运用等因素，以达到最佳的效果。同时，还需要具备一定的创意能力，能够将不同的镜头和场景组合在一起，创造出一种新的意义和情感效果。

除了技术和创意能力，蒙太奇技术的应用还需要考虑到影视作品的整体风格和主题。不同的影视作品有着不同的风格和主题，需要根据具体情况来选择合适的蒙太奇技术应用。例如，在一部动作片中，可以使用快速剪辑和分割屏幕等技术来表现激烈的打斗场面；而在一部文艺片中，则需要更加注重情感的表达和镜头的美感。

第九节　长镜头

长镜头是指在电影或电视剧中，摄影机持续拍摄同一场景或同一角色的镜头时间较长的镜头。这种镜头通常会持续几十秒甚至几分钟，通过这种方式来展现角色的情感、环境的氛围等。长镜头需要摄影师和导演精心设计和安排，以确保镜头的流畅性和连贯性，同时也需要演员的配合和表演技巧。长镜头在电影和电视剧中被广泛使用，可以增强观众的沉浸感和情感共鸣（图2-2）。

图2-2　长镜头（来源于电影《芳华》）

长镜头的使用可以让观众更好地感受到角色的情感和内心世界，同时也可以增强场景的真实感和紧张感。在电影中，长镜头通常被用来展现复杂的动作场面，如《无间道》中的电梯战斗场面，或者是展现角色的情感变化，如《爱在日落黄昏时》中的长镜头表现了男女主角之间的情感纠葛。在电视剧中，长镜头也被广泛使用，如《权力的游戏》中的长镜头表现了战争场面和角色之间的复杂关系。长镜头的使用需要考虑到镜头的稳定性、焦距、光线等因素，同时也需要考虑到剪辑和后期制作的因素。在后期制作中，可以通过剪辑和特效来增强长镜头的效果，如加入音效、配乐、颜色调整等。

第十节　声音

在影视后期制作中，“声音”是指影片中的音频元素，包括对话、音效和音乐等。声音在影视作品中扮演着非常重要的角色，它可以增强观众的情感体验，营造出更加真实的场景氛围，同时也可以帮助观众更好地理解故事情节。

（1）对话：影片中最基本的声音元素，它可以让观众听到角色之间的对话和交流，从而更好地理解角色的性格和情感。

（2）音效：影片中的各种环境声音和特效音效，如汽车驶过的声音、枪声、爆炸声等，它们可以增强场景的真实感和紧张感。

（3）音乐：影片中的背景音乐和主题曲等，它们可以营造出不同的情感氛围，增强观众的情感体验。

在影视后期制作中，声音的处理和制作也非常重要。制作人员需要对对话、音效和音乐进行混音、剪辑和调整，以达到最佳的效果。同时，还需要考虑到声音的立体感和环绕感，以让观众更好地感受到影片中的声音效果。

除了声音的处理和制作，影视后期制作中还有一些与声音相关的技术和工具。其中，最常用的是音频编辑软件，如Adobe Audition、Pro Tools等。这些软件可以对声音进行剪辑、混音、调整音量和音调等操作，以达到最佳的效果。此外，还有一些专业的音频设备，如麦克风、音频接口、音频处理器等，它们可以帮助制作人员捕捉更好的声音和进行更精细的处理。例如，不同类型的麦克风可以用于不同的场景和角色，以达到最佳的录音效果。

本章总结

视听语言是影视专业及相关专业方向的学生必须掌握的基础知识，本教材主要从影视后期制作的角度概括介绍了视听语言的内容。

重点

认识视听语言，了解影像、场景、光的运用、色彩的运用、构图、镜头、场面调度、蒙太奇、长镜头和声音这些有关视听语言的知识。

难点

（1）影视作品的成功往往取决于其视听语言的创意和创新，要求创作者在表现手法和叙事结构等方面进行创新。

（2）视听语言的审美标准是影视作品成功与否的重要因素之一，需要把握观众的审美需求，提高视听语言的审美水平。

（3）影视作品的视听语言往往受到文化背景的影响，应当学会理解和运用不同文化背景下的视听语言。

（4）影视后期制作的学习需要与视听语言的知识相结合，如摄影、音效、音乐和字幕等技术的运用。

课后作业

电影赏析：观看电影，对其视听语言元素进行分析，例如镜头运用、音效、音乐、色彩等，写一篇影评。

思考拓展

在视听语言的学习中，可以通过学习不同文化的视听语言，来拓展自己的视野和理解能力。同时，可以将不同文化的视听语言融合到影视作品中，以满足不同观众的需求。

课程资源链接

课件

第三章 软件介绍

本章主要介绍Premiere Pro 2022软件和After Effects 2022软件的简介、安装、基础操作以及操作界面等内容。通过本章的学习，读者可以初步认识Premiere Pro 2022软件和After Effects 2022软件，进而开始学习软件工具并进行影视后期制作。

知识目标

（1）认识Premiere Pro 2022和After Effects 2022。

（2）掌握Premiere Pro 2022和After Effects 2022的安装和基本操作。

能力目标

（1）熟悉Premiere Pro 2022的操作界面。

（2）熟悉After Effects 2022的操作界面。

第一节　PR软件简介与安装

一、简介

Premiere Pro（简称PR），是Adobe公司出品的一款软件，其功能强大、简单易学、应用广泛，主要用于影视的后期制作。本书讲授Premiere Pro 2022版本（简称Premiere Pro 2022）。

Premiere Pro 2022提供了采集、剪辑、调色、添加字幕、编辑音频、输出等一整套流程，被广泛应用于电影、电视剧、电视节目、广告片、宣传片、微电影、短视频和vlog等领域的后期制作。Premiere Pro 2022可以与Adobe公司旗下的软件进行联动，如配合After Effects、Photoshop等软件使用，便可制作出一部精美的视频作品。

二、安装

首先，需要注意的是Premiere Pro 2022仅支持Windows10以上的版本系统。

打开安装文件，进入Premiere Pro 2022安装程序，“语言”选择“简体中文”，“位置”可以自行选择，也可以“默认位置”。点击“继续”，等待安装成功即可，如图3-1所示。

图3-1　PR安装程序

三、基本操作

Premiere Pro 2022的基础操作主要有：新建项目、新建序列、导入素材和导出视频等。

1. 新建项目

双击Premiere Pro 2022图标，打开软件后，在菜单栏中依次点击“文件”/“新建”/“项目”命令（快捷键Ctrl+Alt+N）（图3-2）。在导入模式中对“项目名”进行重命名，点击“选择位置”，为项目选择合适的路径文件夹。完成设置后，点击“创建”按钮，完成新建项目操作，如图3-3所示。

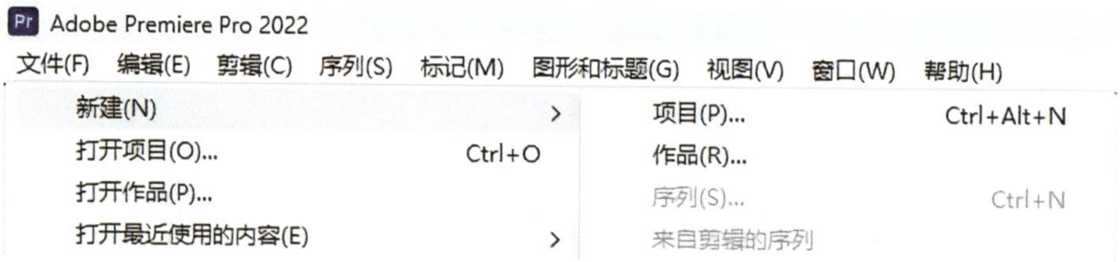

图3-2　新建项目

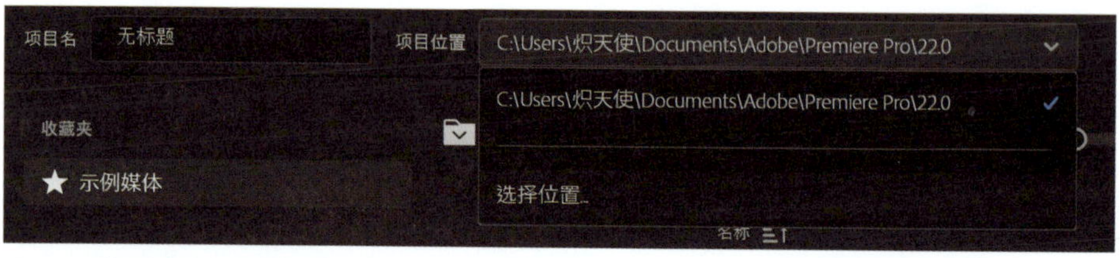

图3-3　“新建项目”界面

2. 新建序列

在菜单栏中依次点击“文件”/“新建”/“序列”命令，如图3-4所示，快捷键Ctrl+N。

在“新建序列”界面中选择“序列预设”/“AVCHD”/“1080P”/“AVCHD 1080P25”，最后点击“确定”。

也可以点击素材箱下方的“新建项”选择“序列”，如图3-5所示，在“新建序列”界面中选择“设置”进行参数设置，完成后点击“确定”，如图3-6所示。

3. 导入素材

方法1：直接将素材拖入“项目”面板，如图3-7所示。

方法2：双击“项目”面板空白处，弹出“导入”窗口，选择素材进行导入，如图3-8所示。

方法3：右键“项目”面板空白处点击“导入”选项，弹出“导入”窗口，选择素材进行导入，如图3-9所示。

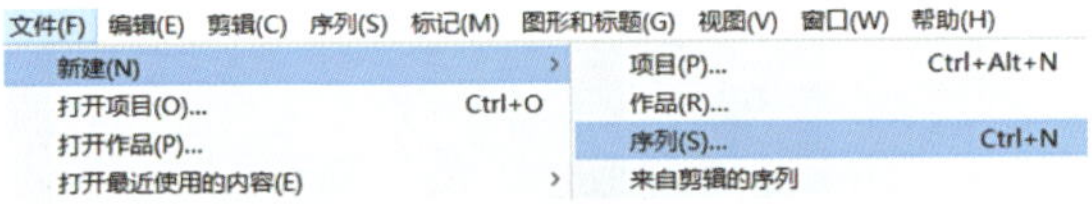

图3-4 新建序列

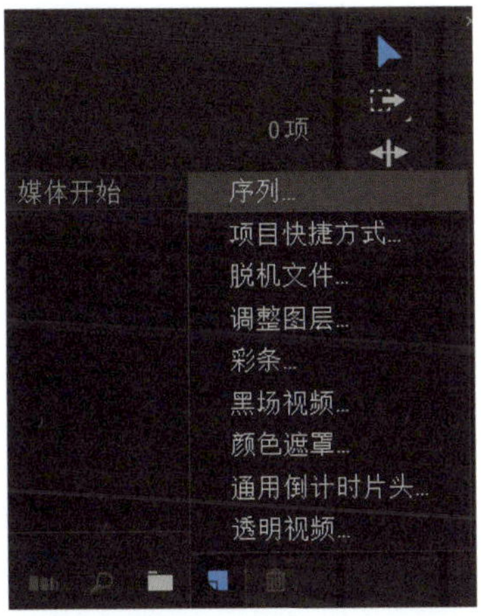

图3-5 新建序列

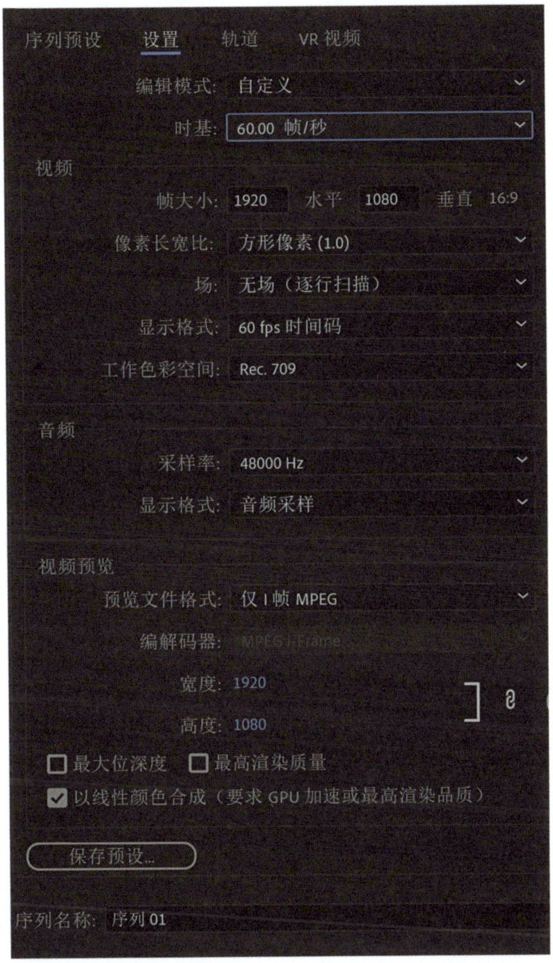

图3-6 参数设置

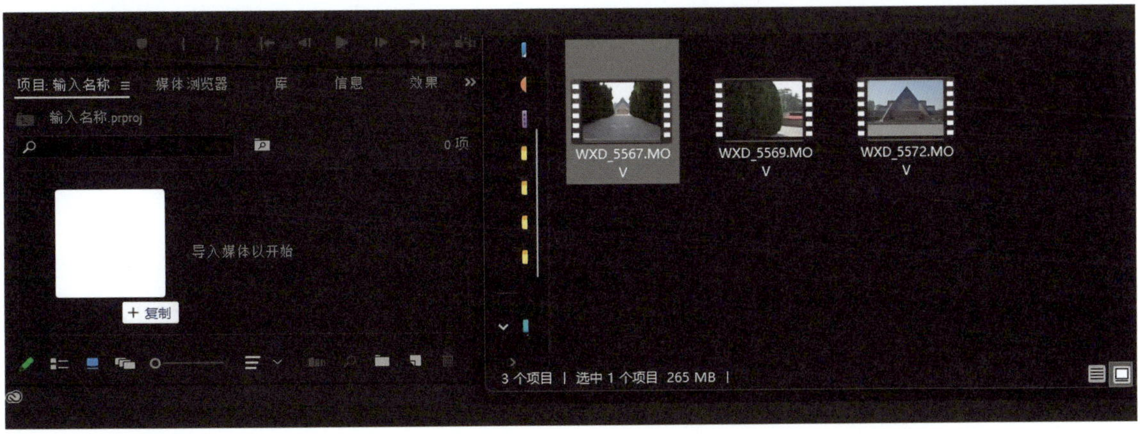

图3-7 导入素材方法（1）

图3-8　导入素材方法（2）

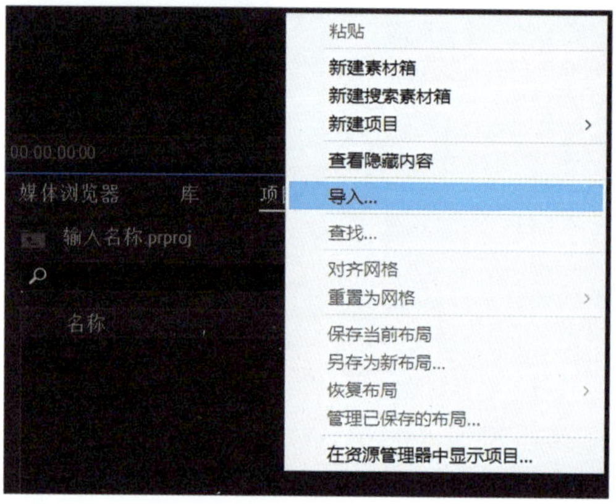

图3-9　导入素材方法（3）

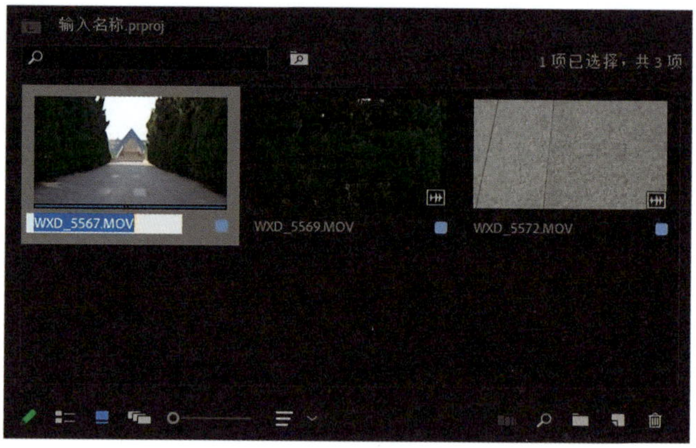

图3-10　素材分类方法（1）

支持视频格式：MP4、MOV、AVI、MPG；不兼容：FLV。

导入素材后，可对其进行重命名，通过新建“素材箱”的方式对其进行分类管理，如图3-10、图3-11所示。

4. 导出视频

选择“文件”/“导出”/“媒体”，快捷键Ctrl+M，在“导出设置”中可以设置“文件名”“位置”“预设”和“格式”。按需求设置“文件名”和“位置”，“预设”可控制文件大小，“格式”为视频编码格式，制作视频基本选择H.264，设置完成后勾选“使用最高渲染质量”，单击“导出”，即可完成导出操作，如图3-12所示。

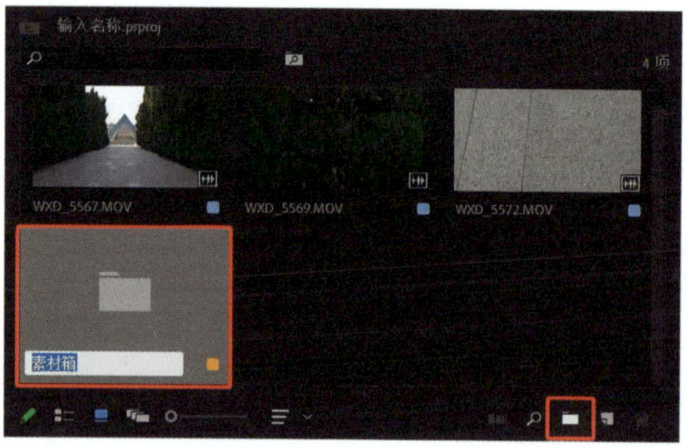

图3-11　素材分类方法（2）

四、认识操作界面

Premiere Pro 2022的操作界面主要有：“源”面板、“效果控件”面板、“节目”面板、“项目”面板、“时间轴”面板和“音频仪表”面板。

1. “源”面板

“源”面板主要用来查看素材的原始状态，并对素材进行粗剪。

将素材导入后，双击“项目”面板中的某个素材，可在“源”面板中进行预览，可进行如下操作：

图3-12　视频参数设置

添加标记（M）、标记入点（I）、标记出点（O）、转到入点、后退一帧（左侧）、播放-停止切换（空格键）、前进一帧（右侧），如图3-13所示。

2. “效果控件”面板

“效果控件”面板主要用于设置效果的参数，如图3-14所示。

3. “节目”面板

“节目”面板可以预览素材、查看剪辑效果，如图3-15所示。

4. “项目”面板

“项目”面板主要用来管理素材，对素材进行导入、删除、分类等操作，如图3-16所示。

图3-13 “源”面板

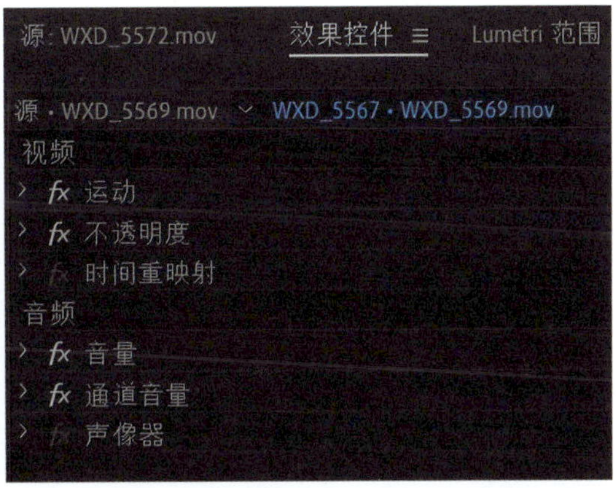

图3-14 “效果控件”面板

图3-15 “节目”面板

图3-16 “项目”面板

5. “时间轴”面板

“时间轴”面板主要用来对素材进行拼接、剪辑等操作，如图3-17所示。

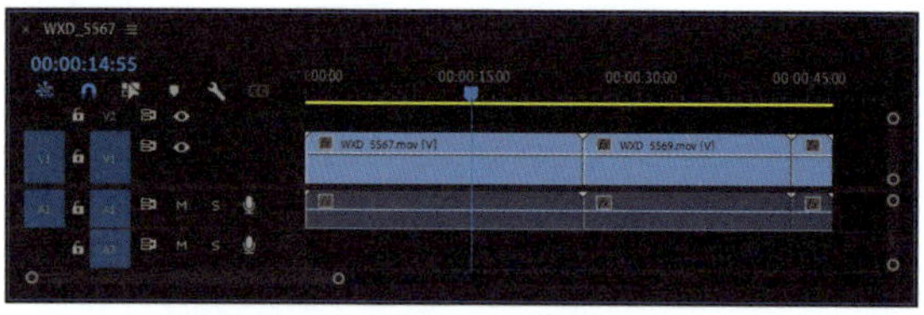

图3-17 “时间轴”面板

6. “音频仪表”面板

“音频仪表”面板主要用来查看音频的动态情况，显示音量分贝大小（db），如图3-18所示。

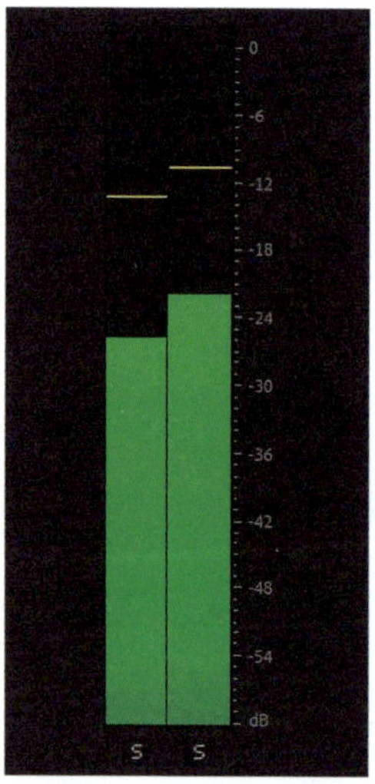

图3-18 “音频仪表”面板

第二节　AE软件简介与安装

一、概述

After Effects（简称AE），是由Adobe公司出品的一款图形视频特效处理软件。本书讲授After Effects 2022版本（简称After Effects 2022）。

After Effects 2022是Adobe公司研发的一款顶级专业特效合成软件。它包含了上百种特效及预置动画效果，能够创建出任何一种特效，如片头效果、滚动片尾、旋转字词、转动字幕、动画特效、爆炸效果等。After Effects 2022还可以与Adobe公司旗下的软件进行联动，如配合Premiere Pro、Photoshop等软件使用，可创建出让人眼前一亮的视觉效果。

二、安装

首先，需要注意的是After Effects 2022仅支持Windows10以上的版本系统。

打开安装文件，进入After Effects 2022安装选项，“语言”选择“简体中文”，“位置”可以自行选择，也可以“默认位置”。点击“继续”，等待安装成功即可，如图3-19所示。

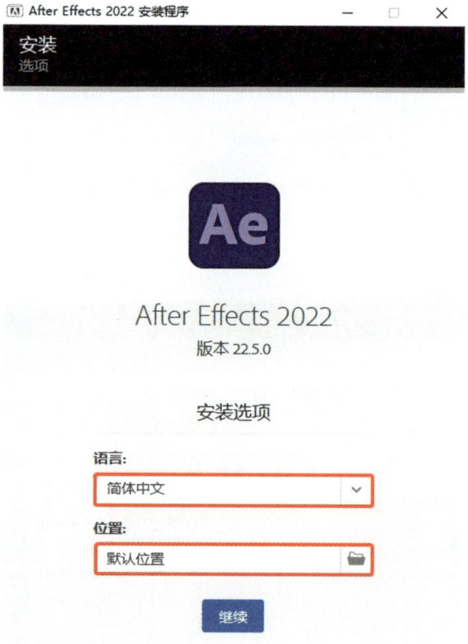

图3-19　AE安装程序

三、基本操作

After Effects 2022的基础操作主要有：新建项目、新建合成、导入素材和导出视频等。

1. 新建项目

打开AE，选择“文件”/“新建”/“新建项目”（图3-20），即可完成新建项目操作，也可使用快捷键Ctrl+Alt+N。

图3-20　新建项目

2. 新建合成

在“项目”面板中右击，选择“新建合成”选项（图3-21），在弹出的“合成设置”面板中设置“合成名称”为“合成1”，“预设”为“自定义”，“宽度”为852，“高度”为480，“像素长宽比”为“方形像素”，“帧速率”为24，“分辨率”为“完整”，“持续时间”为8秒，其他设置默认不变，单击“确定”按钮（图3-22）。也可以在“合成”面板中直接点击“新建合成”。

3. 导入素材

在“菜单栏”中选择“文件”/“导入”/“文件”命令（图3-23），导入“素材1”文件。将“项目”面板中的“素材1”拖曳到“时间轴”面板中（图3-24），即可完成导入操作（支持视频、音频、图片、项目文件等）。

4. 导出视频

选中“时间轴”面板，使用“渲染队列”，快捷键Ctrl+M，如图3-25所示。单击“输出模块”的“无损”，在弹出的“输出模块设置”面板中设置“格式”为AVI，单击“确定”按钮，如图3-26所示。

单击“输出到”后面的文字，在弹出的“将影片输出到”窗口中设置文件保存路径，设置完成后单击“保存”按钮完成此操作。在“渲染队列”面

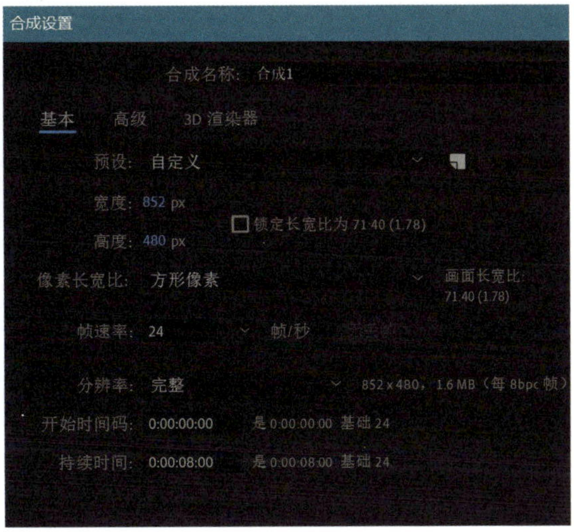

图3-22 合成设置

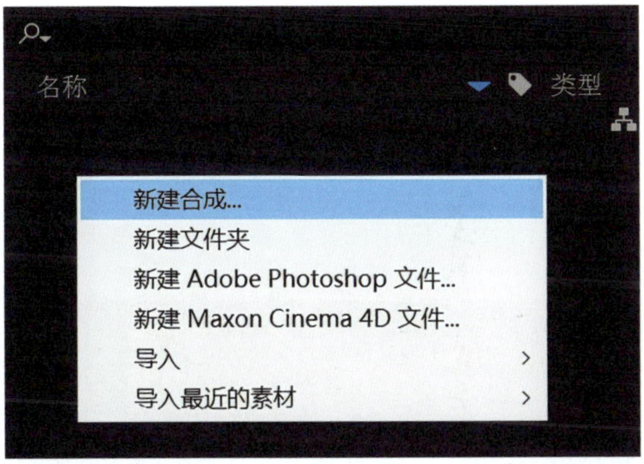

图3-21 新建合成

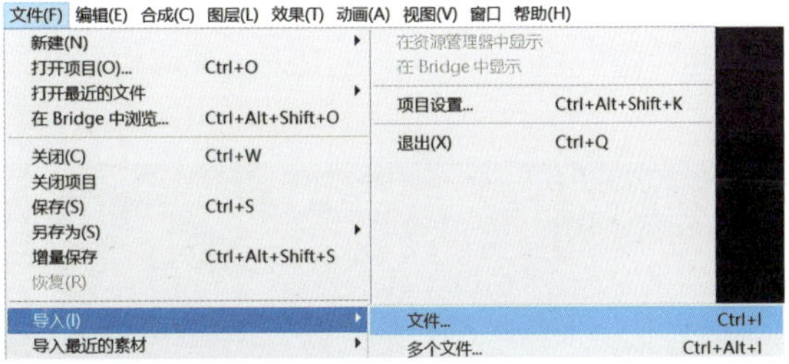

图3-23 导入素材

图3-24 拖曳素材至时间轴

图3-25 渲染列队

板中单击“渲染”按钮。待听到提示音时，导出操作完成。

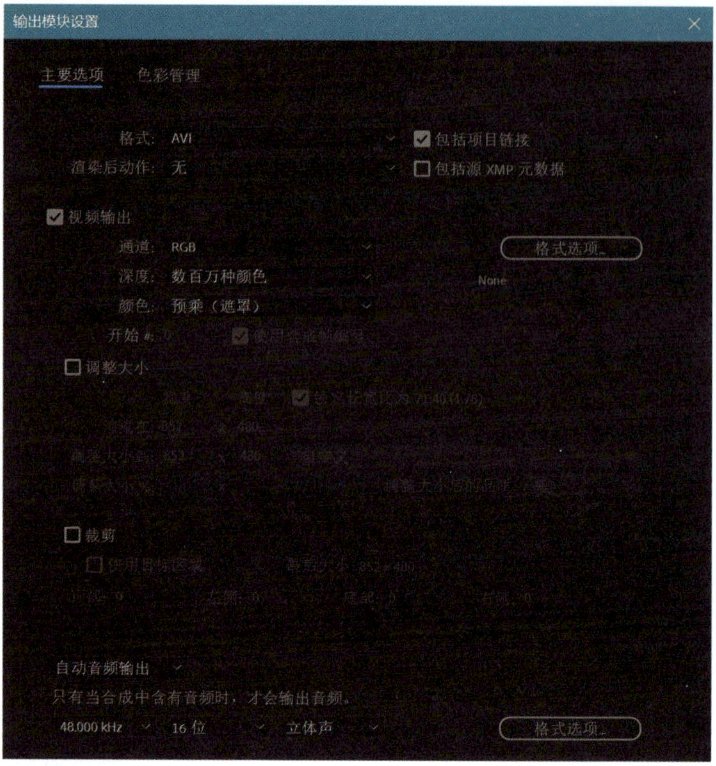

图3-26 输出模块设置

四、认识操作界面

After Effects 2022的操作界面主要可分为五个部分：“项目”面板、“合成”面板、“效果控件”面板、“时间轴”面板、“信息功能”面板。

1. “项目”面板

“项目”面板可以管理素材，对素材进行导入、删除、替换、对素材进行分类、对素材参数进行修改等操作，如图3-27所示。

2. “合成”面板

“合成”面板可以预览素材、查看合成效果，如图3-28所示。

3. “效果控件”面板

“效果控件”面板主要用于设置效果的参数，如图3-29所示。

4. “时间轴”面板

“时间轴”面板用于编辑、组接、修改和剪辑音视频素材以及创建动画等，如图3-30所示。

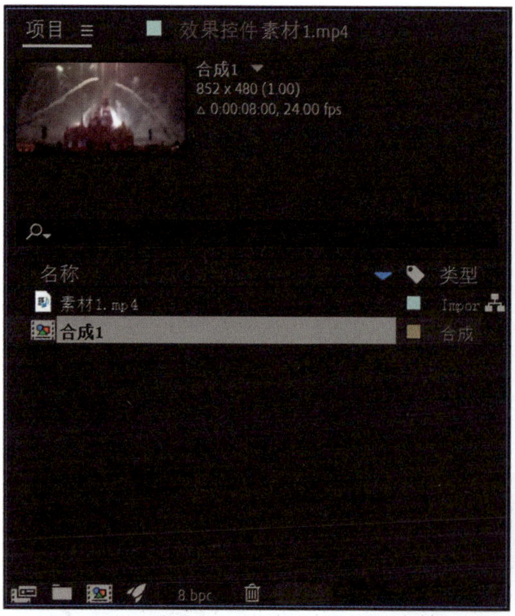

图3-27 “项目”面板

图3-28 “合成”面板

图3-29 “效果控件”面板

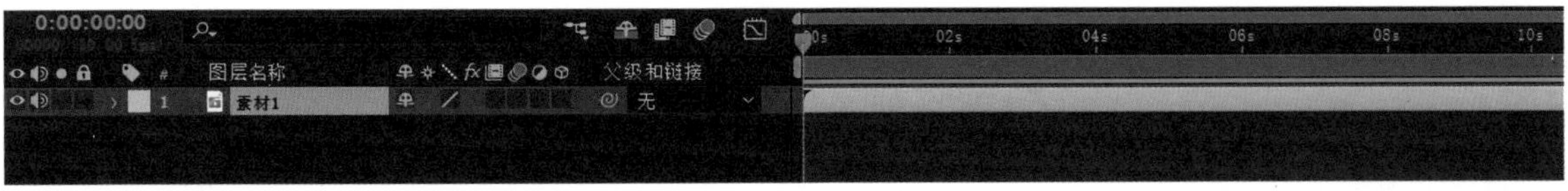

图3-30 “时间轴”面板

5. “信息功能”面板（图3-31）

“信息”：显示“合成”面板中素材的详细信息。

“音频”：实时显示左右声道的声音大小。

“效果和预设”：用于为素材文件添加各种视频、音频、预设效果。

“库”：使用库面板需要登录Creative Clou的账号使用。

“字符”：用于设置文字的字体、大小、颜色、样式等。

“段落”：用于设置段落文本的间距、边距、缩进、对齐方式等。

“跟踪器”：用于使用跟踪摄像机、跟踪运动、变形稳定器、稳定运动。

“内容识别填充”：用于创建参照帧和生成填充图层。

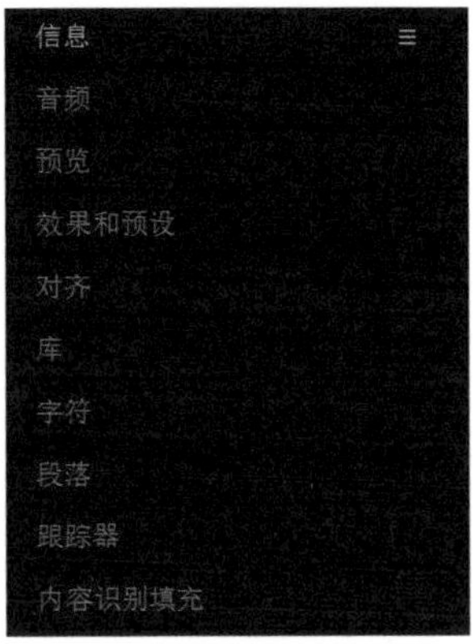

图3-31 “信息功能”面板

本章总结

使用软件工具进行影视后期制作，首先要对其进行初步的认识。本章主要是介绍Premiere Pro 2022和After Effects 2022的简介、安装、基本操作和操作界面。

重点

认识Premiere Pro 2022和After Effects 2022，掌握Premiere Pro 2022和After Effects 2022的安装和基本操作。

难点

熟悉Premiere Pro 2022和After Effects 2022的操作界面。

课后作业

简答题

（1）PR的主要作用是什么？它提供了怎样的编辑流程？

（2）AE的主要作用是什么？它提供了怎样的编辑流程？

（3）PR和AE这两款软件工具有什么相同和不同之处？

实践

（1）根据本章第一节所学内容独立安装Premiere Pro 2022软件工具，并练习新建项目，导入素材和导出视频。

（2）根据本章第二节所学内容独立安装After Effects 2022软件工具，并练习新建项目、新建合成、导入素材和导出视频。

思考拓展

（1）每一款应用软件都能够进行个性化设置，个性化设置能够根据自己的喜好和操作习惯设置工作区的操作界面。那么，如何对Premiere Pro 2022和After Effects 2022进行个性化设置呢？

（2）无论是PR还是AE，每一年的版本都较往年有功能上的更新。那么Premiere Pro 2022和After Effects 2022与较早的版本比较，有哪些功能更新？

课程资源链接

课件

第二部分

影视后期制作设计实践

第四章 PR软件基础

本章主要介绍Premiere Pro 2022软件的关键帧动画、视频过渡、视频效果、音频效果与音频过渡和语音自动生成字幕功能，通过实践案例实现影视后期制作。

知识目标

（1）关键帧动画：掌握创建、复制、移动和删除关键帧，以及认识关键帧插值。

（2）视频过渡效果：了解视频过渡效果的作用，掌握视频过渡的基本操作。

（3）视频效果：了解视频效果的作用，掌握视频效果的基本操作。

（4）音频效果和音频过渡：了解音频效果和音频过渡的作用，学会运用音频效果和音频过渡。

（5）语音自动生成字幕：学会使用语音自动生成字幕功能。

能力目标

能够运用所学理论和实践知识，使用Premiere Pro 2022独立完成影视后期制作工作，并保证作品的质量。

第一节　关键帧动画

一、了解关键帧动画

关键帧是指物体运动变化中关键动作的一帧，在编辑素材时，需要给某个素材做一个视频变化效果时，可以给素材打上关键帧。动画是一门综合艺术，它融合了绘画、漫画、电影、数字媒体、摄影、音乐、文学等多门学科，可以给观看者带来更多的视觉体验。关键帧动画则是在创建动画效果的素材上加上关键帧，并给素材加上位置、缩放、旋转、不透明度等动画效果。关键帧与关键帧之间会自动形成补间动画。

二、综合实例

实例：关键帧动画

双击Premiere Pro 2022图标，打开软件后，在菜单栏中依次点击“文件”/“新建”/“项目”命令。在导入模式中设置“项目名”为“关键帧动画”，为项目选择合适的路径文件夹，点击“创建”按钮，进入Premiere Pro 2022的编辑模式。

导入一个素材文件“花”。将素材拖入“时间轴”中，置放在V1轨道，与起始位置对齐，如图4-1所示。

将“播放指示器”拖至0:00s处，打开“效果控件”面板，点击“缩放”前的“切换动画”按钮创建关键帧，设置“缩放”的值为200。点击“不透明度”前的“切换动画”按钮创建关键帧，设置“不透明度”的值为0，如图4-2所示。

将“播放指示器”拖至1:00s处，为“缩放”打上关键帧，设置数值为150，为“不透明度”打上关键帧，设置数值为100。

将“播放指示器”拖至2:00s处，为“缩放”打上关键帧，设置数值为100，如图4-3所示。

最终效果如图4-4所示。

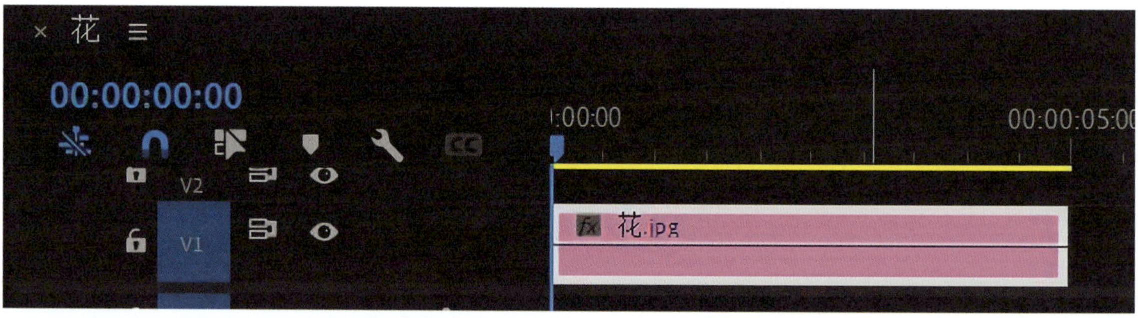

图4-1　素材导入“时间轴”

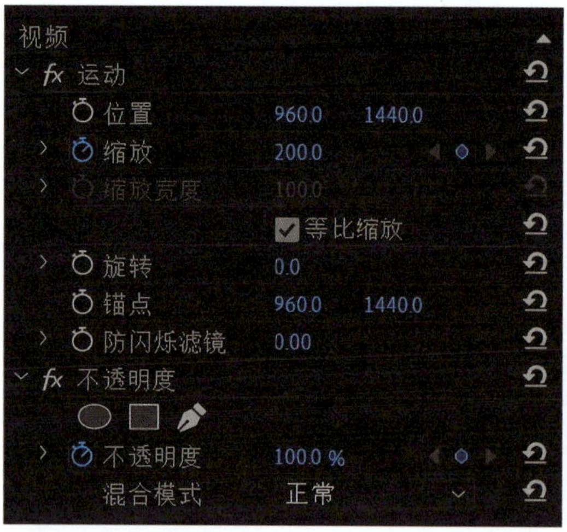

图4-2　创建“关键帧”

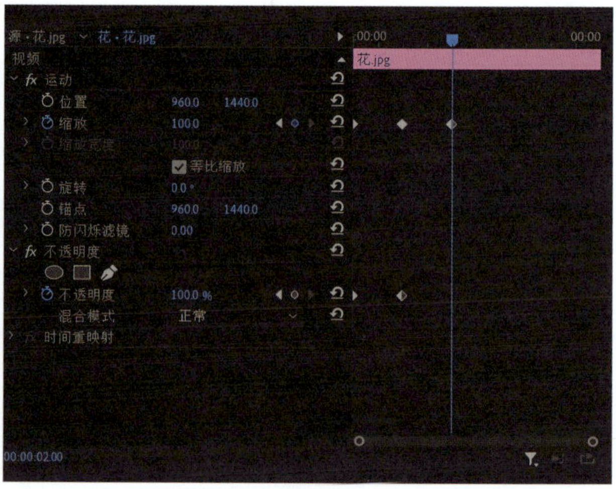

图4-3　添加“关键帧”

图4-4 “缩放关键帧”动画

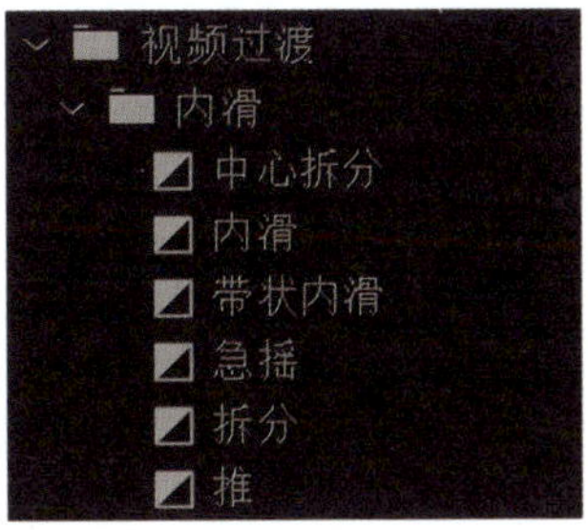

图4-5 “内滑”

复制关键帧：可以选中“关键帧”，按住“Alt键”拖动即可。如果想要移动多个关键帧，可以按住“Ctrl键”选中多个关键帧，进行拖拽。

删除关键帧：可选中一个“关键帧”，右击点击“撤销”，也可以直接选中“关键帧”，按“Delete键”删除。

关键帧插值：插值分为“空间插值”和“临时插值”。“空间插值”是在关键帧空间上的位置变化，表现直线运动和曲线运动。“临时插值”是控制关键帧在时间上的变化，表现匀速运动和变速运动。

第二节　视频过渡

视频过渡，即视频转场效果。它用于两个素材之间的画面转换，能够将两个素材更好地过渡融合，使视觉和剧情逻辑上看起来更加连贯，增强视频的画面感。

视频过渡效果在操作界面里可分为“效果”和“效果控件”。“效果”用于选择合适的视频过渡效果，然后将效果应用于素材文件上。“效果控件”用于编辑视频过渡效果如持续时间、对齐方式、开始和结束时间等。在影片制作中视频过渡效果具有至关重要的作用。

一、类型

1. 内滑

内滑是指通过让视频画面滑动的效果将两个素材切换过渡，该视频过渡组包含“中心拆分”“内滑”“带状内滑”“急摇”“拆分”和“推”共6种过渡效果，如图4-5所示。

“中心拆分”：素材A从中心分为四个部分，内滑到四个角落，显现素材B。

“内滑”：素材B向右内滑到素材A。

“带状内滑”：素材B呈现出细长条状，从素材A的左右两端向中心滑动。

“急摇”：素材A快速摇晃画面，素材B从左侧向右滑动，覆盖到素材A。

“拆分”：素材A从中心开始一分为二，向左右两侧滑动，显示素材A下的素材B。

“推”：素材B从左测向右滑动，直到完全覆盖素材A。

2. 划像

划像可将素材A进行伸展逐渐切换到素材B，该视频过渡组包括“交叉划像”“圆划像”“盒形划像”和“菱形划像”共4种过渡效果，如图4-6所示。

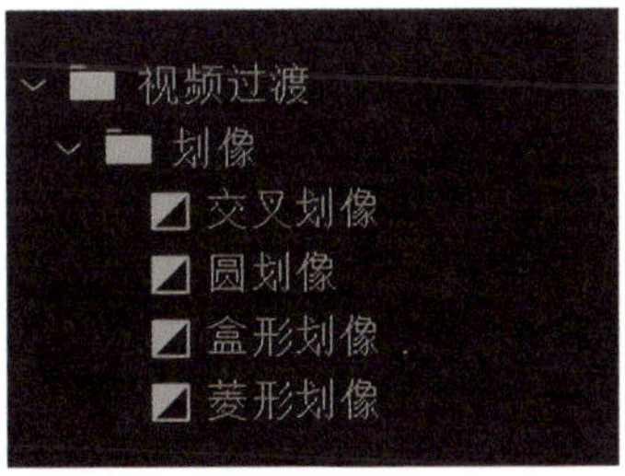

图4-6 “划像”

“交叉划像”：视频过渡效果可将素材A逐渐从中间分裂，向四角处伸展直至显示出素材B。

“圆划像”：从中心开始以圆形向外擦除素材A，显示素材B。

“盒形划像”：从中心开始以矩形向外擦除素材A，显示素材B。

“菱形划像”：让素材B以菱形形状逐渐出现在

素材A上方并逐渐扩大，直至占据整个画面。

3. 擦除

擦除可将两个素材呈现出擦除上一素材展现另一素材的过渡效果。该视频过渡组包括“划出”“双侧平推门”“带状擦除”“径向擦除”“插入”“时钟式擦除”“棋盘”“棋盘擦除”“楔形擦除”“水波块”“油漆飞溅”“百叶窗”“螺旋框”“随机块”“随机擦除”“风车”共16种过渡效果，如图4-7所示。

图4-7 “擦除”

“划出”：素材A向右擦除逐渐显示素材B。

“双侧平推门”：素材A从中间向左右两侧展开显现素材B。

“带状擦除”：素材B以水平方向呈现条形状擦除素材A，逐渐显示。

“径向擦除”：素材A从右开始扫掠擦除，显示素材B。

“插入”：素材A右上角形成一个角，逐渐擦除素材A，显示素材B。

“时钟式擦除”：素材A以时钟旋转的方式顺时针旋转一周，显示素材B。

“棋盘”：两组正方形相互交替擦除素材A，显示素材B。

“棋盘擦除”：以棋盘格的形式向右擦除素材A，显示素材B。

“楔形擦除”：从素材A的中心开始进行由上到下的擦除，显示素材B。

“水波块”：以Z字形块擦除素材A，显示素材B。

“油漆飞溅”：喷溅油漆逐步显示素材B。

“百叶窗”：模拟真实百叶窗拉动的动态效果，水平向下呈条状擦除素材A，显示素材B。

“螺旋框”：以螺旋状从外到内擦除素材A，显示素材B。

“随机块”：素材A随机显示正方形块，擦除素材A，显示素材A下的素材B。

“随机擦除”：由上到下随机显示块，擦除素材A，显示素材A下的素材B。

“风车”：模拟风车转动时的样子，擦除素材A，显示素材A下的素材B。

4. 沉浸式视频

沉浸式视频可将两个素材以沉浸的方式进行画面的过渡。该视频过渡组包括“VR光圈擦除”“VR光线”“VR渐变擦除”“VR漏光”“VR球形模糊”“VR色度泄漏”“VR随机块”“VR默比乌斯缩放”共8种过渡效果。需要注意的是这些过渡效果需要GPU加速，可使用VR头戴设备体验，如图4-8所示。

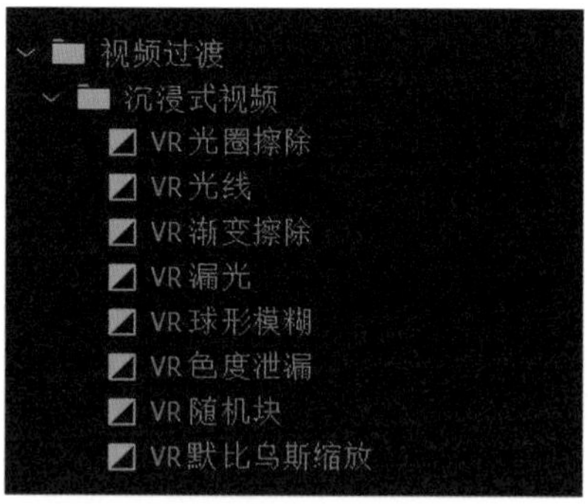

图4-8 “沉浸式视频”

“VR光圈擦除”：模拟相机拍摄时的光圈效果以此擦除素材A，显现素材B。

“VR光线”：用于VR沉浸式光线效果，素材A出现一片光线闪过，过渡成素材B。

“VR渐变擦除”：用于VR沉浸式的渐变擦除效果，由素材A渐变过渡成素材B。

“VR漏光”：用于VR沉浸式画面的光感调整。素材A闪过彩色的光过渡到素材B。

“VR球形模糊”：用于VR沉浸式中模拟模糊球状的应用。素材A的画面出现三个球形模糊，显示素材B。

“VR色度泄漏”：用于画面中VR沉浸式的颜色调整。

“VR随机块”：用于设置VR沉浸式的画面状态。

“VR默比乌斯缩放”：用于VR沉浸式的画面效果调整。

5. 溶解

溶解可以将上一个素材溶解过渡到第二个素材，该视频过渡组包括“MorphCut”“交叉溶解”“叠加溶解”“白场过渡”“胶片溶解”“非叠加溶解”“黑场过渡”共7种过渡效果，如图4-9所示。

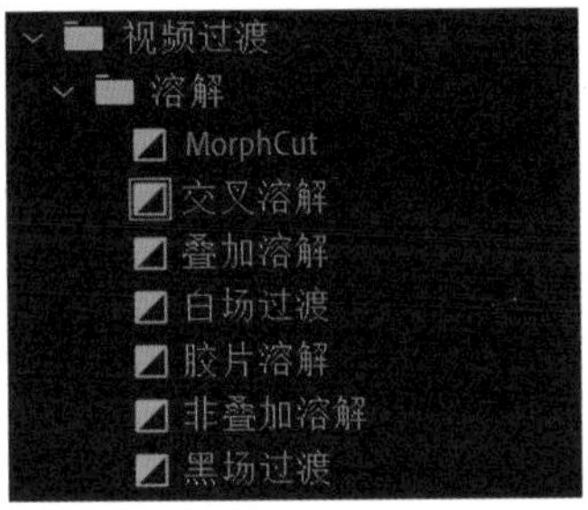

图4-9 “溶解”

“MorphCut”：用于修复素材之间的跳帧现象。

“交叉溶解”：素材A的最后一个画面与素材B的第一个画面相互交叉重叠过渡后，显示素材B。

“叠加溶解”：素材A的最后一个画面与素材B的第一个画面互相叠加，色调及亮度会做相应调整，最后完全显示素材B。

“白场过渡”：素材A逐渐变为白色，再从白色向素材B过渡。

“胶片溶解”：素材A逐渐变透明直至消失，素材B由透明逐渐显现出来。

“非叠加溶解”：在过渡过程中素材B会将明亮度高的地方先显现出来，与素材A重叠，显示出素材B。

“黑场过渡”：素材A逐渐变为黑色，再从黑色向素材B过渡。

6. 缩放

缩放可以将两个素材的画面以缩放的形式进行过渡，缩放类效果只有“交叉缩放”过渡效果，如图4-10所示。

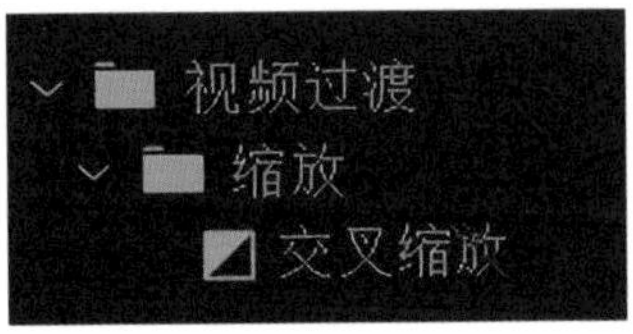

图4-10 “缩放”

“交叉缩放”：素材A逐渐放大至撑满屏幕，替换成素材B后，再缩放至正常大小。

7. 过时

过时可将相邻的两个素材进行层次划分，如今已不太常用。该视频过渡组包括“渐变擦除”“立方体旋转”和“翻转”共3种过渡效果，如图4-11所示。

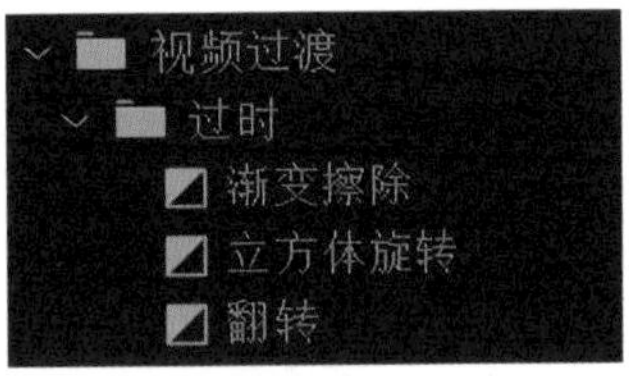

图4-11 “过时”

“渐变擦除”：在播放时可将素材A淡化直到完全显现出素材B。

“立方体旋转”：视频过渡效果会在素材A中出现立方旋转效果，并逐步显现素材B。

“翻转”：以中线为垂直轴线，素材A逐渐翻转隐去，渐渐显示出素材B。

8. 页面剥落

页面剥落通常应用在表现空间及时间的画面场景中。该视频过渡组包括“翻页”和“页面剥落”共2种过渡效果，如图4-12所示。

图4-12 “页面剥落”

“翻页”：素材A以书本翻页的形式过渡，素材A卷起从左至右翻页过渡成素材B。

“页面剥落”：素材A卷起从左至右翻页过渡成素材B，素材A的背面显示阴影。

二、综合实例

实例1：使用“交叉划像”和“菱形划像”制作视频

双击Premiere Pro 2022图标，打开软件后，在菜单栏中依次点击“文件”/“新建”/“项目”命令。在导入模式中设置“项目名”为“过渡一”，为项目选择合适的路径文件夹，点击“创建”按钮，进入Premiere Pro 2022的编辑模式。

导入三个素材文件“飞”“转”和“推”。将素材依次按照“转”“飞”“推”拖入“时间轴”中，置放在V1轨道，与起始位置对齐，如图4-13所示。

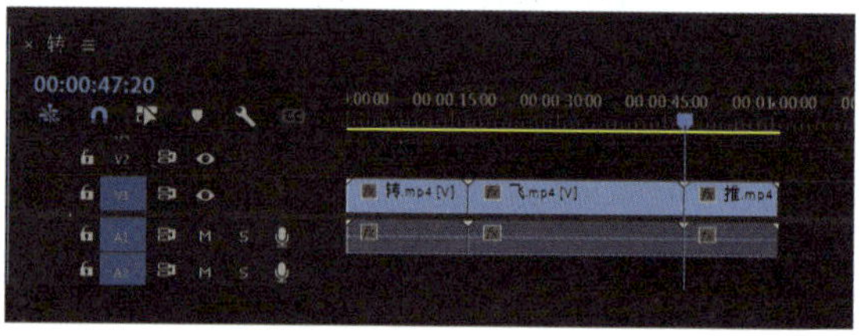

图4-13　将素材拖入“时间轴”

在“效果”窗口中依次展开“视频过渡”/“划像”，如图4-14所示。

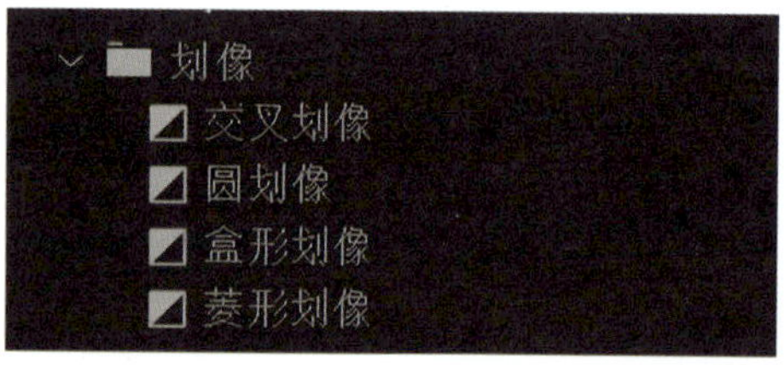

图4-14　“划像”

将“交叉划像”过渡拖拽至“转”和“飞”中的两个素材之间，将“菱形划像”拖拽至“飞”和“推”中的两个素材之间。释放鼠标即可添加视频过渡，如图4-15所示。

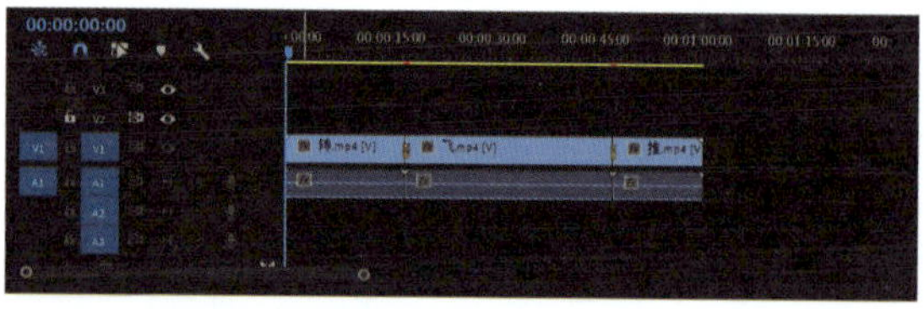

图4-15　最终的“时间轴”

“交叉划像”过渡如图4-16所示。

图4-16　“交叉划像”视频过渡效果

“菱形划像”过渡如图4-17所示。

图4-17　“菱形划像”视频过渡效果

实例2：使用“双侧平推门”和“径向擦除”制作视频

双击Premiere Pro 2022图标，打开软件后，在菜单栏中依次点击“文件”/“新建”/“项目”命令。在导入模式中设置“项目名”为“过渡二”，为项目选择合适的路径文件夹，点击“创建”按钮，进入Premiere Pro 2022的编辑模式。

导入两个素材文件“走廊1”和“走廊2”。将素材依次按照“走廊1”“走廊2”拖入“时间轴”，置放在V1轨道，与起始位置对齐，如图4-18所示。

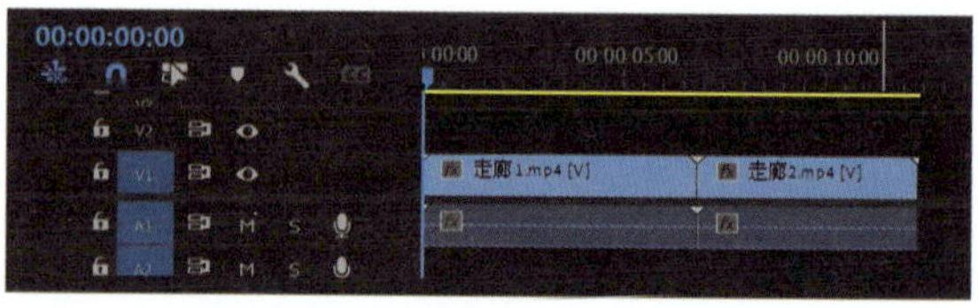

图4-18　将素材拖入“时间轴”

在“效果”窗口中依次展开“视频过渡”/“擦除”，如图4-19所示。

将“双侧平推门”过渡拖至“走廊1”的起始位置，并在“时间轴”中点击该过渡，在“效果控件”中设置“持续时间”的值为3:00s，如图4-20所示。

将“径向擦除”拖至“走廊1”和“走廊2”中的两个素材之间，释放鼠标即可添加该视频过渡，并在“时间轴”中点击该过渡，在“效果控件”中将“对齐”改成“起点切入”，设置“边框宽度”的值为1.3，如图4-21、图4-22所示。

“双侧平推门”过渡如图4-23所示。

“径向擦除”过渡如图4-24所示。

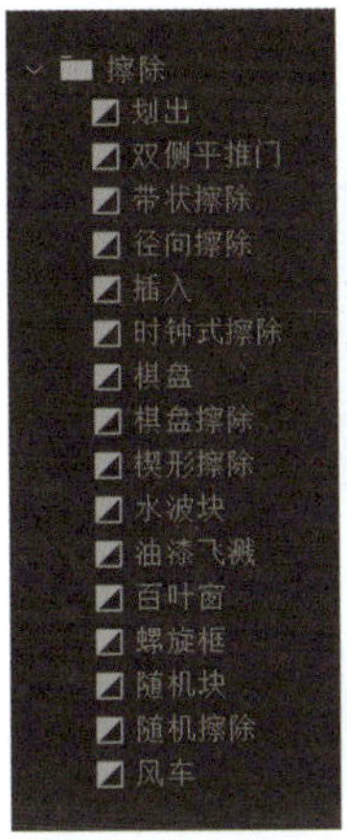

图4-19 “擦除”

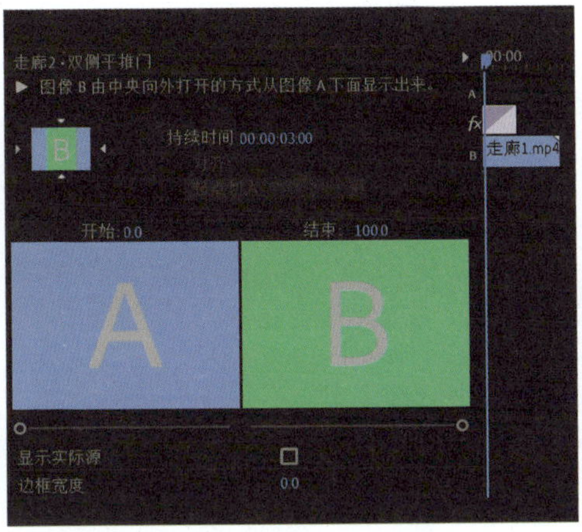

图4-20 “双侧平推门”的效果控件

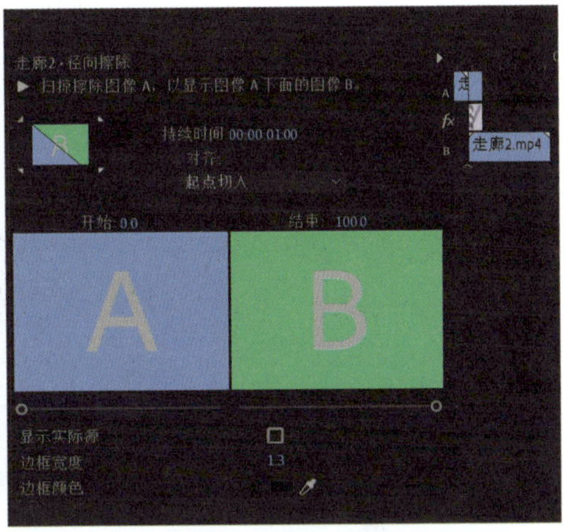

图4-21 “径向擦除”的效果控件

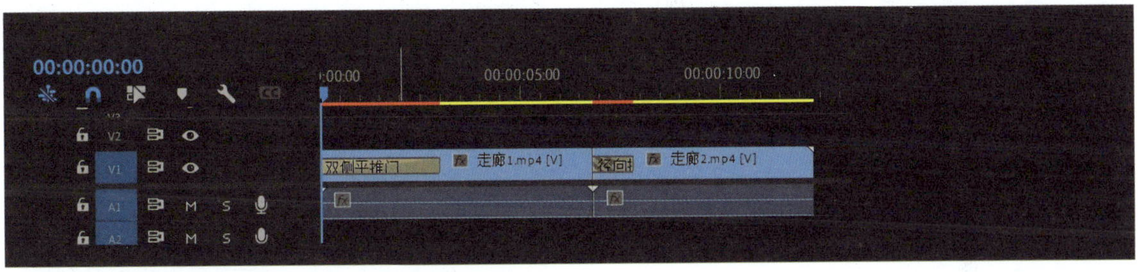

图4-22 添加后的“时间轴”

图4-23 “双侧平推门”视频过渡效果

图4-24 “径向擦除”视频过渡效果

实例3：使用“沉浸式视频”制作视频

双击Premiere Pro 2022图标，打开软件后，在菜单栏中依次点击“文件”/“新建”/“项目”命令。在导入模式中设置“项目名”为“过渡三”，为项目选择合适的路径文件夹，点击“创建”按钮，进入Premiere Pro 2022的编辑模式。

导入素材文件，在“项目”面板中，选中该素材，按“Enter”键进行重命名，键入“活动先导PV”，如图4-25所示。将素材拖入“时间轴”中，置放在V1轨道，与起始位置对齐，如图4-26所示。

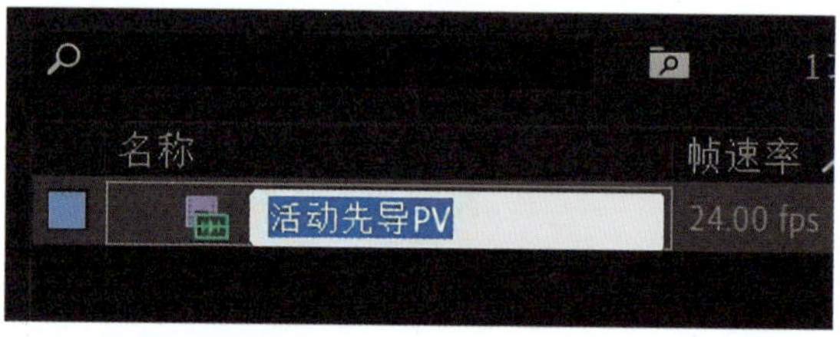

图4-25　重命名素材

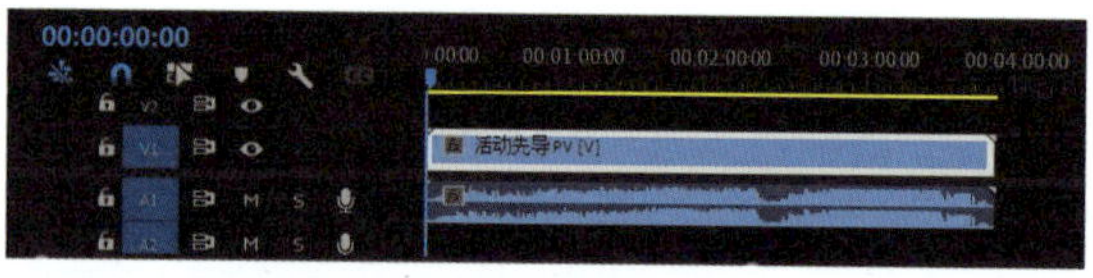

图4-26　将素材拖入“时间轴”

选中V1轨道的素材，将“播放指示器”拖至6:13s处，选择“工具箱”/“剃刀工具”(快捷键：C)分割视频，如图4-27所示。

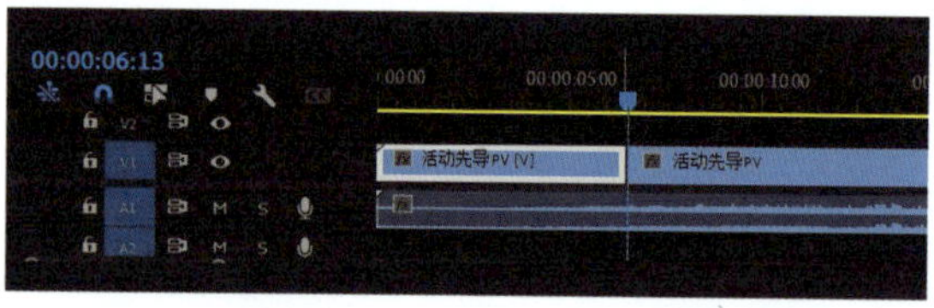

图4-27　分割素材

在“效果”窗口中依次展开“视频过渡”/“沉浸式视频”选择“VR光线”，如图4-28所示。将“播放指示器”拖至6:13s处，将“VR光线”过渡拖拽至截取素材之间，释放鼠标即可添加视频过渡，并在“时间轴”中点击该过渡，在“效果控件”中设置“对齐”为“起点切入”，如图4-29、图4-30所示。

“VR光线”过渡如图4-31所示。

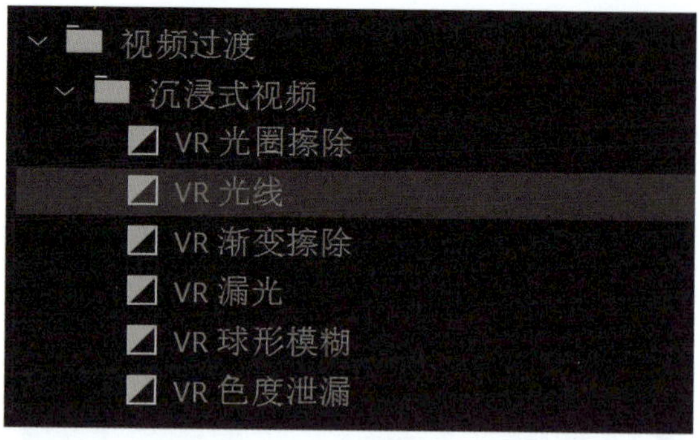

图4-28　“沉浸式视频”/“VR光线”

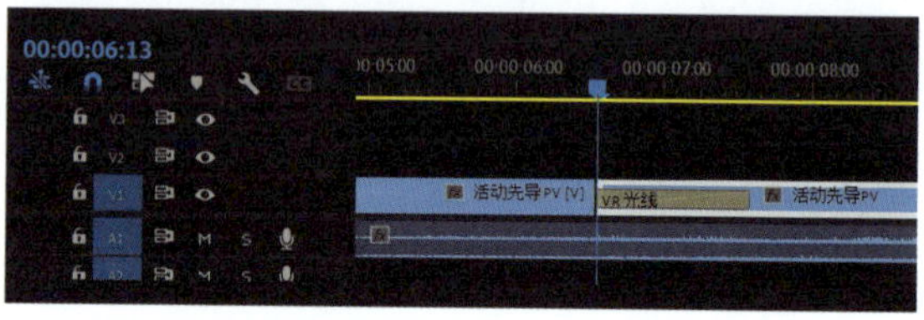

图4-29　添加“VR光线”

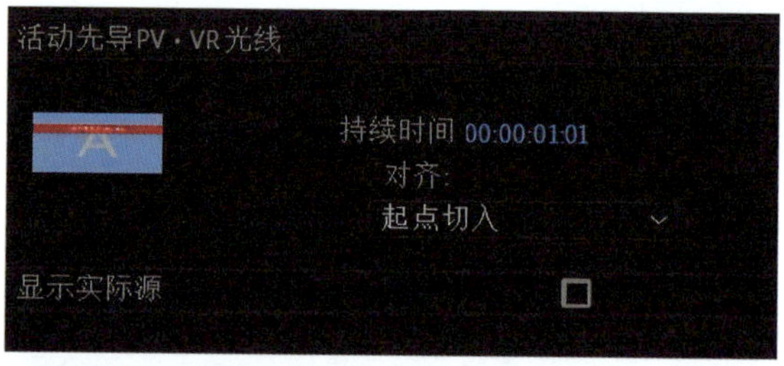

图4-30　“VR光线”参数

图4-31　“VR光线”视频过渡效果

选中V1轨道上的素材，将“播放指示器”拖至34:19s处，选择“工具箱”/“剃刀工具”(快捷键：C)分割视频。

将“VR漏光”过渡拖至截取素材之间，释放鼠标即可添加视频过渡，并在“时间轴”点击“VR漏光”过渡，在“效果控件”中设置“对齐”为“起点切入”，“持续时间”的值为1:24s，如图4-32所示。

“VR漏光”过渡如图4-33所示。

选中V1轨道的素材，将“播放指示器”拖至

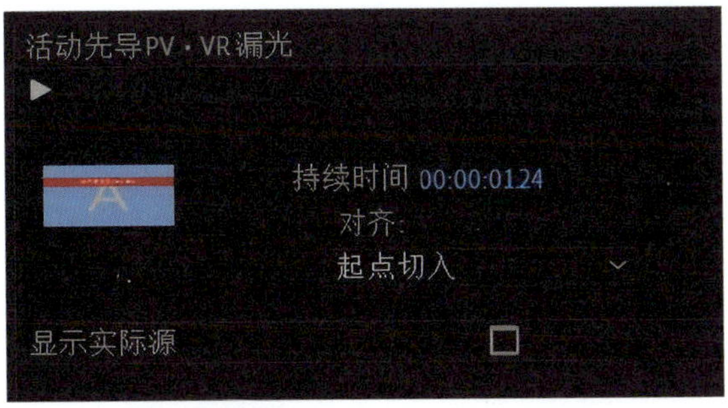

图4-32 “VR漏光”参数

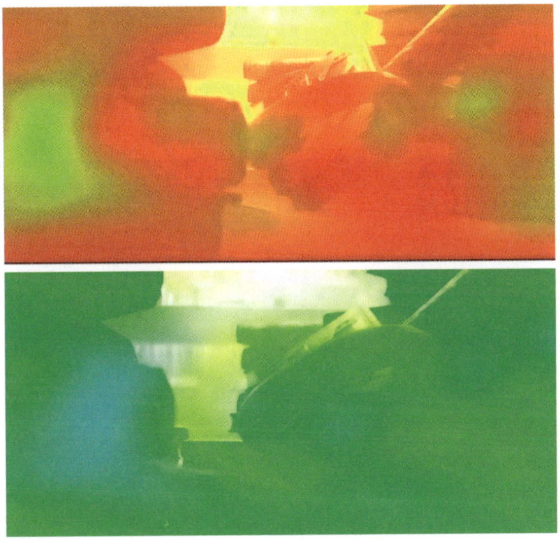

图4-33 “VR漏光”视频过渡效果

56:16s处，选择“工具箱”/“剃刀工具”(快捷键：C)分割视频。

将“VR球形模糊”过渡拖至截取素材之间，释放鼠标即可添加视频过渡并在“时间轴”点击该过渡，在“效果控件”中设置“对齐”为“起点切入”，“持续时间”的值为2:06s，如图4-34所示。

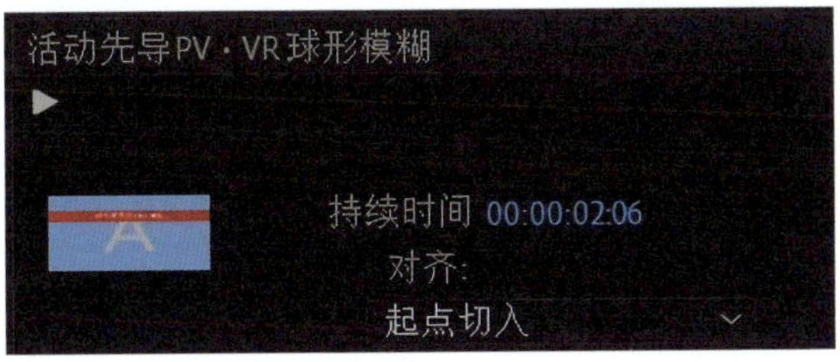

图4-34 “VR球形模糊”参数

“VR球形模糊”过渡如图4-35所示。

选中V1轨道的素材，将“播放指示器”拖至1:41:20s处，选择“工具箱”/“剃刀工具”(快捷键：C)分割视频。

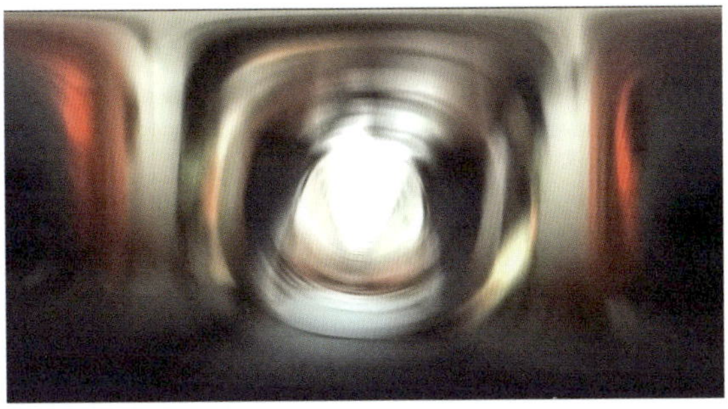

图4-35 “VR球形模糊”视频过渡效果

将“VR默比乌斯缩放”过渡拖至截取素材之间，释放鼠标即可添加视频过渡，并在“时间轴”点击该过渡，在“效果控件”中设置“对齐”为“起点切入”，如图4-36所示。

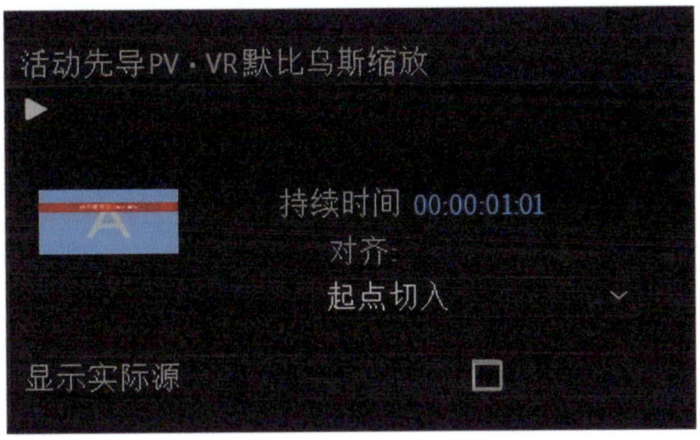

图4-36 “VR默比乌斯缩放”参数

“VR默比乌斯缩放”过渡如图4-37所示。

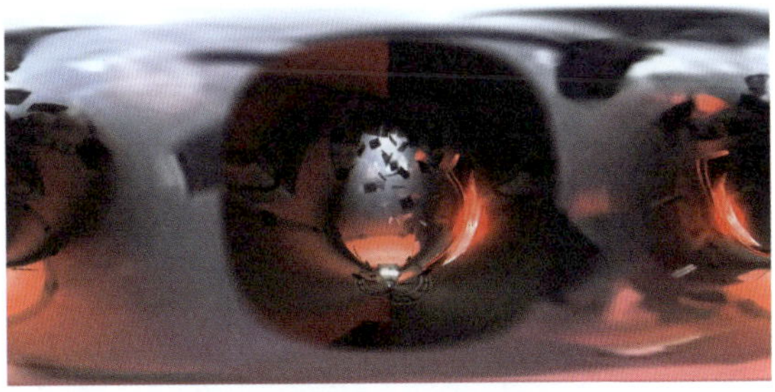

图4-37 “VR默比乌斯缩放”视频过渡效果

最终“时间轴”效果如图4-38所示。

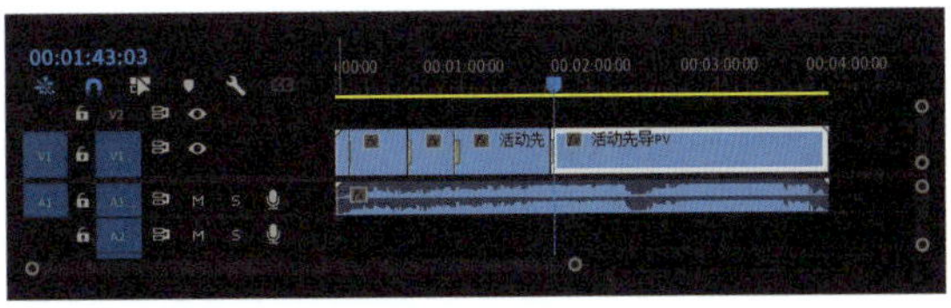

图4-38 最终的“时间轴”

实例4：使用“交叉溶解”制作视频

双击Premiere Pro 2022图标，打开软件后，在菜单栏中依次点击“文件”/“新建”/“项目”命令。在导入模式中设置“项目名”为“过渡四”，为项目选择合适的路径文件夹，点击“创建”按钮，进入Premiere Pro 2022的编辑模式。

导入两个素材文件“花1”和“花2”。将素材依次按照“花1”“花2”拖入“时间轴”，置于V1轨道，并与起始位置对齐，如图4-39所示。

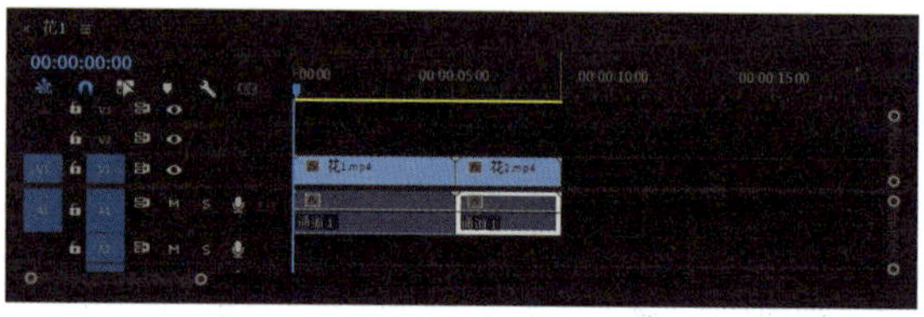

图4-39　将素材拖入“时间轴”

选中“时间轴”中的所有素材，点击“剪辑”/“取消链接”，选中“音频”，按“Delete”删除，如图4-40、图4-41所示。

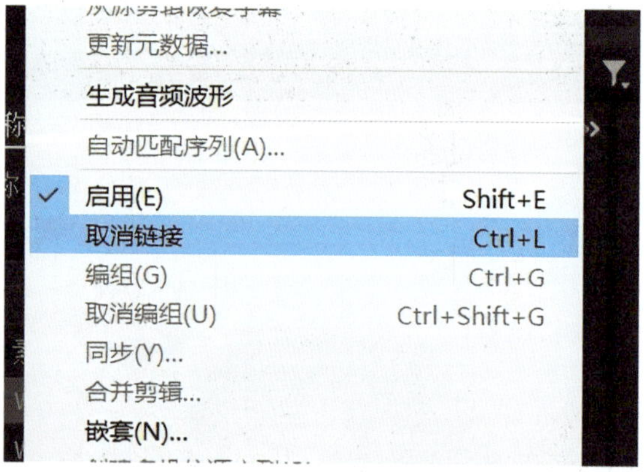

图4-40　取消链接

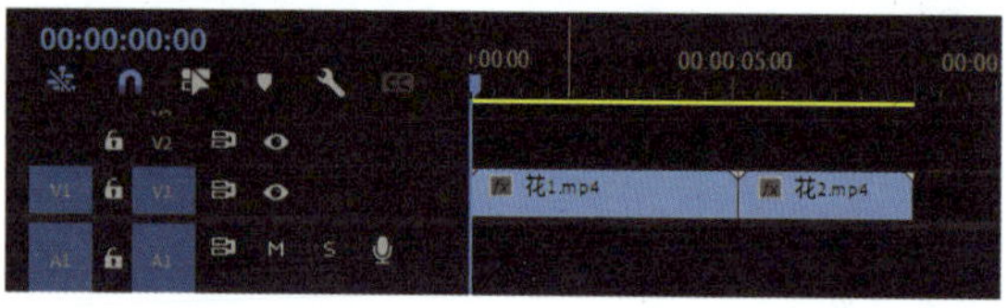

图4-41　删除音频

在“效果”窗口中依次展开“视频过渡”/“溶解”，如图4-42所示。

将“交叉溶解”过渡拖至“花1”和“花2”中的两个素材之间，释放鼠标即可添加视频过渡。弹出“过渡”窗口时，点击“确定”按钮，如图4-43所示。

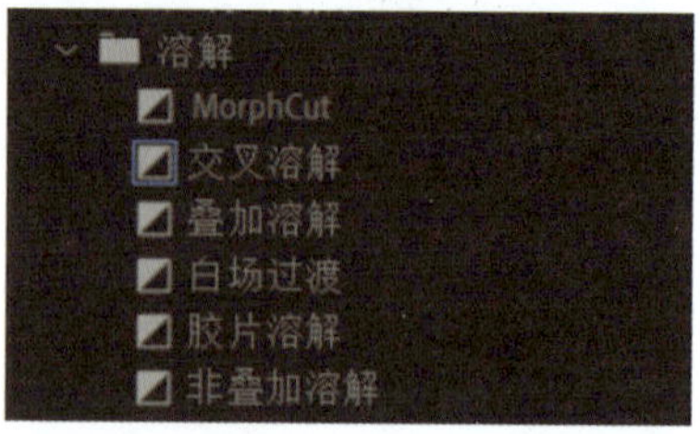

图4-42　“溶解”

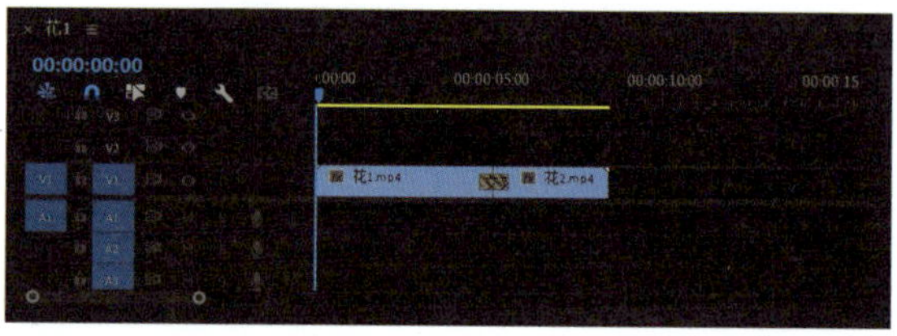

图4-43　添加“交叉溶解”

图4-44　“交叉溶解”视频过渡效果

“交叉溶解”过渡如图4-44所示。

实例5：使用“立方体旋转”制作视频

双击Premiere Pro 2022图标，打开软件后，

在菜单栏中依次点击“文件”/“新建”/“项目”命令。在导入模式中设置“项目名”为“过渡五”，为项目选择合适的路径文件夹，点击“创建”按钮，进入Premiere Pro 2022的编辑模式。

导入两个素材文件“推”和“转”。将素材依次按照“推”“转”拖入“时间轴”，置于V1轨道，与起始位置对齐，如图4-45所示。

在“效果”窗口中搜索“立方体旋转”过渡，如图4-46所示。

将“立方体旋转”过渡拖拽至时间线窗口中的两个素材之间，释放鼠标即可添加视频过渡，如图4-47所示。

最终过渡如图4-48所示。

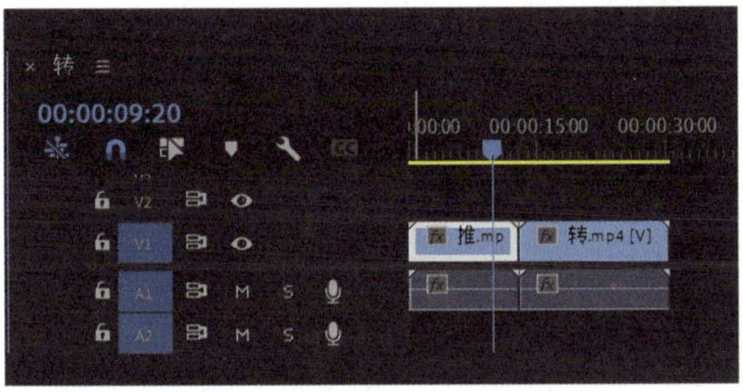

图4-45　将素材拖入“时间轴”

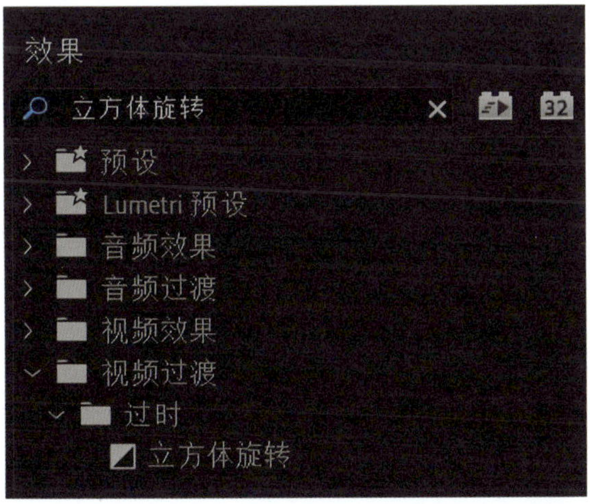

图4-46　“3D运动”

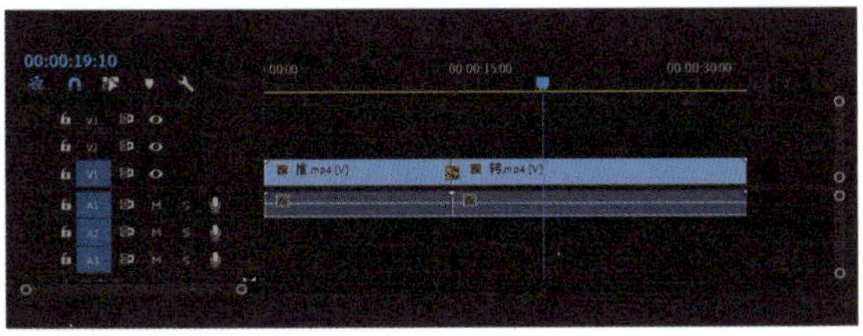

图4-47　添加“立方体旋转”

图4-48　“立方体旋转”视频过渡效果

实例6：使用“交叉缩放”“页面剥落”和“翻页”等制作视频

双击Premiere Pro 2022图标，打开软件后，在菜单栏中依次点击“文件”/“新建”/“项目”命令。在导入模式中设置“项目名”为“过渡六”，为项目选择合适的路径文件夹，点击“创建”按钮，进入Premiere Pro 2022的编辑模式。

导入素材文件，在“项目”面板中，选中该素材，按“Enter”键进行重命名，键入“重返未来”，将素材拖入“时间轴”，与起始位置对齐。

选中V1轨道的视频素材，将“播放指示器”拖至5:13s处，选择“工具箱”/“剃刀工具”(快捷键：C)分割视频。使用相同的方法，分别在9:01s处，16:19s处，21:20s处，29.06s处，40:10s处，58:12s处及1:06:15s处进行分割，如图4-49所示。

在“效果”窗口中依次展开“视频过渡”/“缩

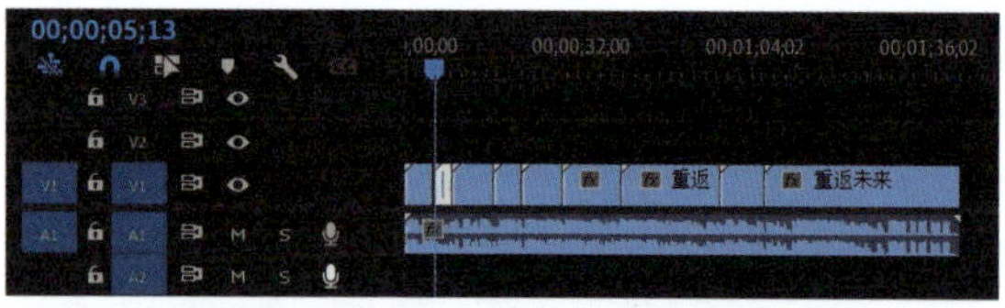

图4-49　将素材拖入“时间轴”并进行分割

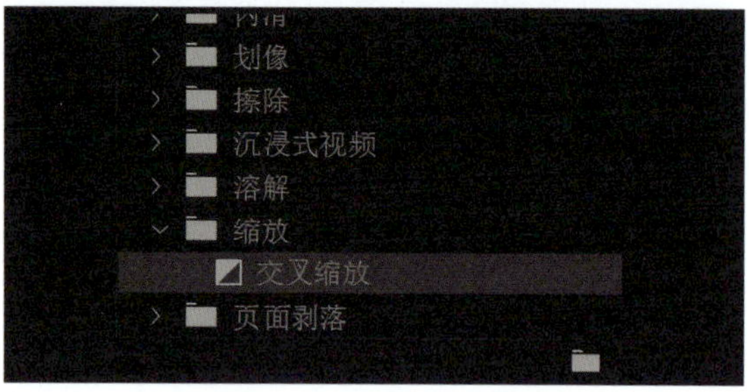

图4-50　“视频过渡”/“缩放”/“交叉缩放”

放”/“交叉缩放”，如图4-50所示。

将“播放指示器”拖至5:13s处，将“交叉缩放”过渡拖拽至“时间轴”中的两个素材之间，释放鼠标即可添加视频过渡，如图4-51所示。

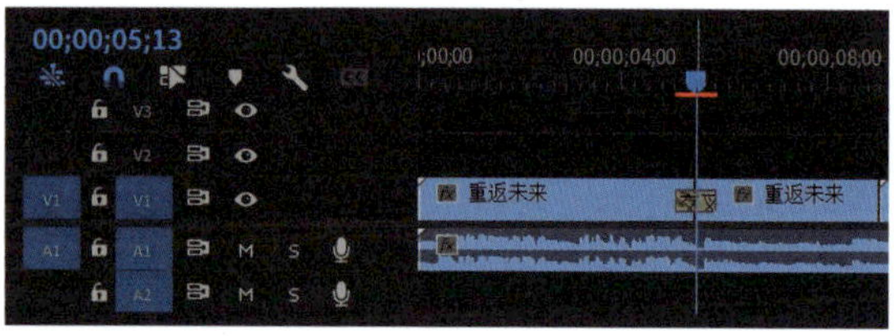

图4-51　添加“交叉缩放”

最终效果如图4-52和图4-53所示。

在“效果”窗口中依次展开“视频过渡”/“页面剥落”，如图4-54所示。

将“播放指示器”拖至9:01s处，将“页面剥落”过渡拖至“时间轴”中的两个素材之间，释放鼠标即可添加视频过渡，如图4-55所示。

图4-52　“交叉缩放”视频过渡效果

图4-53　“交叉缩放”视频过渡效果

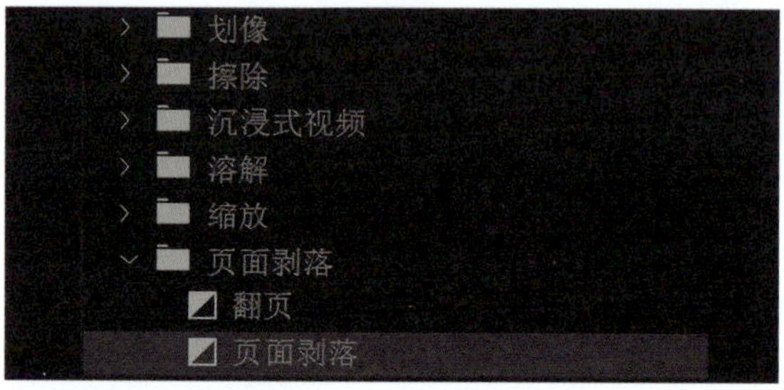

图4-54　“页面剥落”

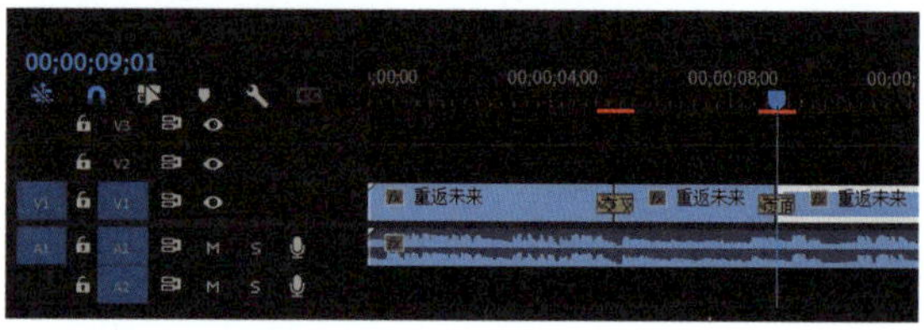

图4-55　添加“页面剥落”

最终效果如图4-56所示。

图4-56　“页面剥落”视频过渡效果

将“播放指示器”拖至16:19s处，将“翻页”过渡拖拽至“时间轴”中的两个素材之间，释放鼠标即可添加视频过渡。

最终效果如图4-57所示。

在“效果”窗口中依次展开“视频过渡”/“内滑”，如图4-58所示。

图4-57 “翻页”视频过渡效果

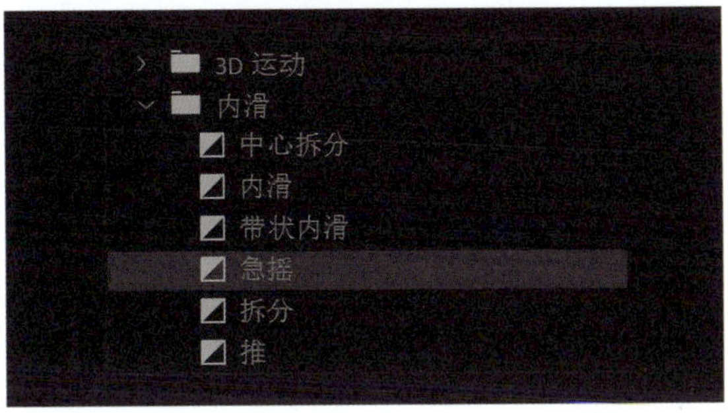

图4-58 “内滑”

将“播放指示器”拖至21:20s处，将“急摇”过渡拖拽至“时间轴”中的两个素材之间，释放鼠标即可添加视频过渡，如图4-59所示；在“时间轴”中点击该过渡，在“效果控件”中设置“持续时间”的值为1:10s，如图4-60所示。

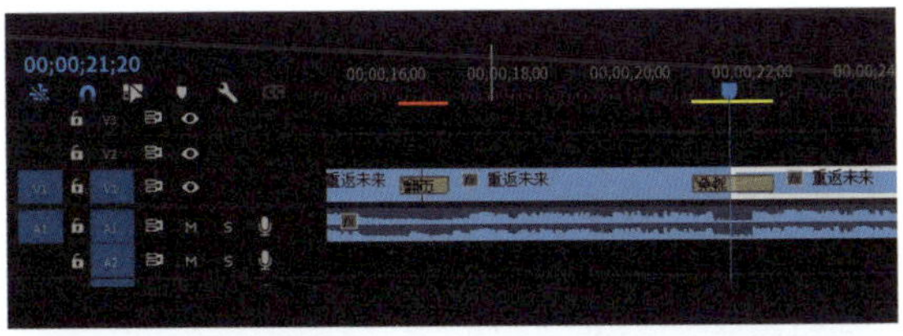

图4-59 添加“急摇”

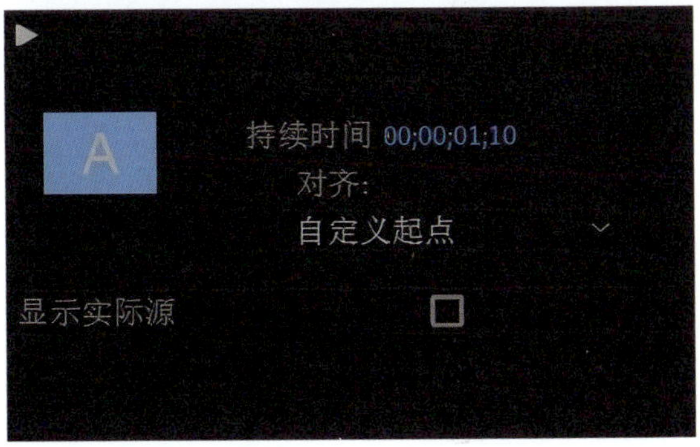

图4-60 “急摇”参数

最终效果如图4-61所示。

图4-61 “急摇”视频过渡效果

将“播放指示器”拖至29:06s处，将“推”过渡拖拽至时间线窗口中的两个素材之间，释放鼠标即可添加视频过渡，如图4-62所示；在“时间轴”中点击该过渡，在“效果控件”中设置“持续时间”的值为1:08s，如图4-63所示。

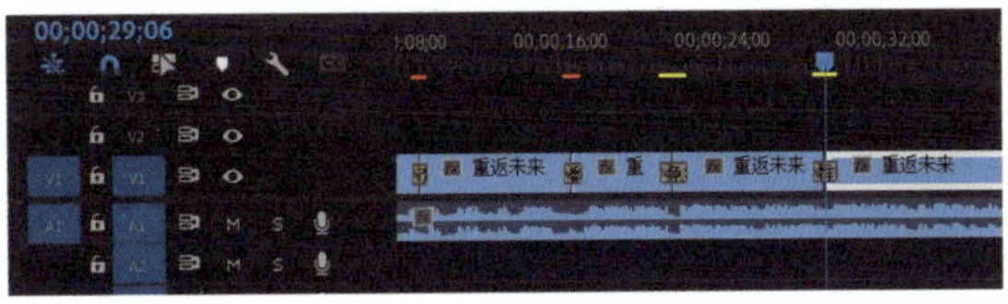

图4-62 添加“推”

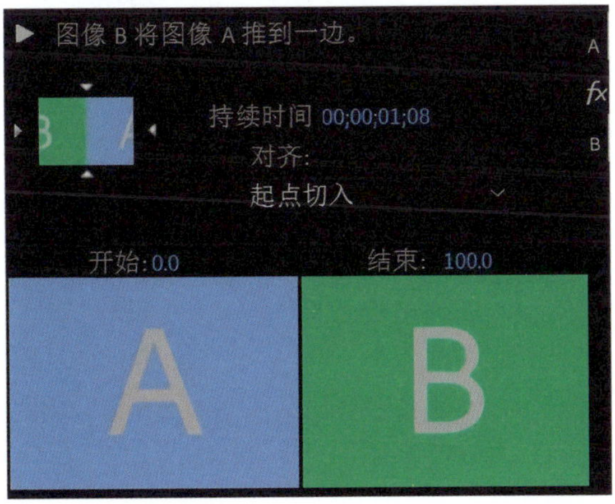

图4-63 “推”参数

将“播放指示器”拖至40:10s处，将“拆分”过渡拖拽至“时间轴”中的两个素材之间，释放鼠标即可添加视频过渡，如图4-64所示。在“时间轴”中点击该过渡，在“效果控件”中设置“持续时间”的值为1:10s，“开始”的值为3.0，如图4-65所示。

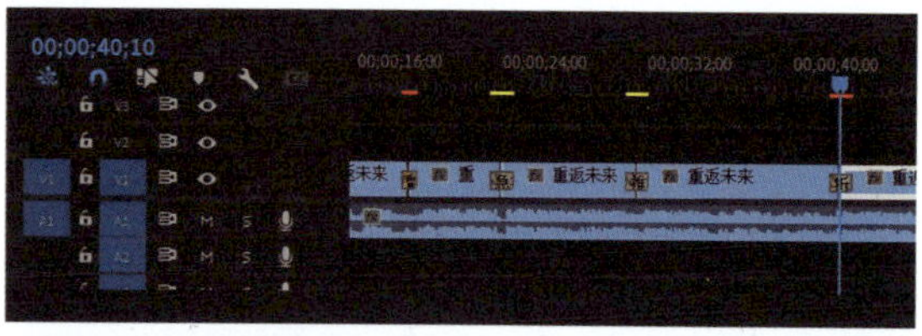

图4-64 添加“拆分”

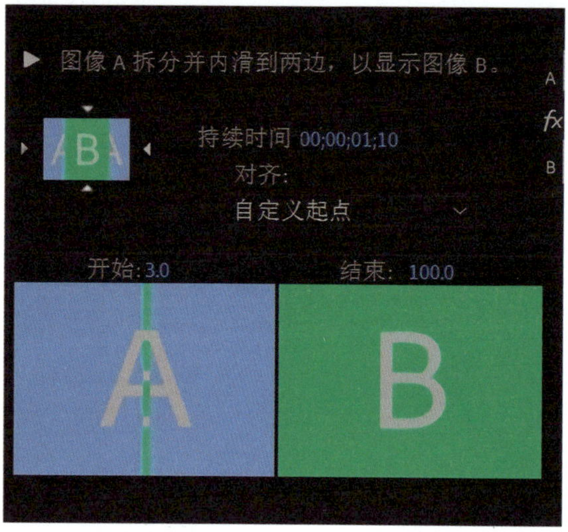

图4-65 “拆分”参数

最终效果如图4-66所示。

图4-66 “拆分”视频过渡效果

将“播放指示器”拖至58:12s处，将“中心拆分”过渡拖拽至“时间轴”中的两个素材之间，释放鼠标即可添加视频过渡。在“时间轴”中点击该过渡，在“效果控件”中设置“开始”的值为2.0，“结束”的值为99.0，如图4-67所示。

最终效果如图4-68所示。

将“播放指示器”拖至1:06:15s处，将“带状内滑”过渡拖拽至“时间轴”中的两个素材之间，释放鼠标即可添加视频过渡。在“时间轴”中点击该过渡，在“效果控件”中设置“持续时间”

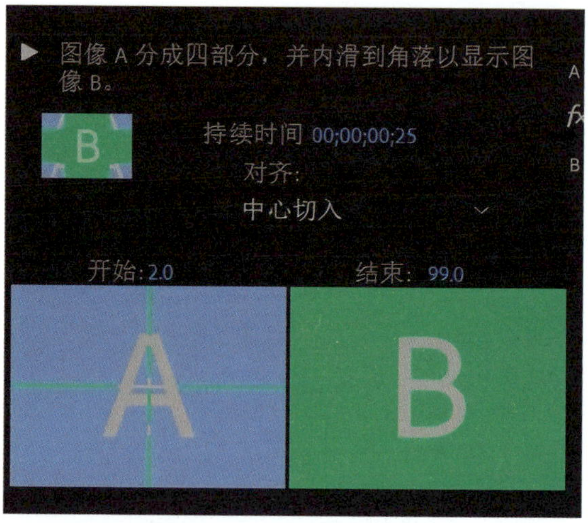

图4-67 “中心拆分”参数

图4-68 “中心拆分”视频过渡

的值为1:00s，“开始”的值为4.0，“结束”的值为96.0，如图4-69、图4-70所示。

最终“时间轴”效果如图4-71所示。

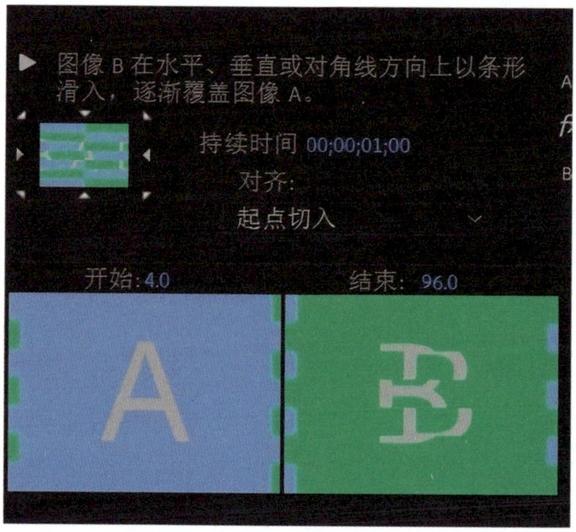

图4-69 “带状内滑”参数

图4-70 “带状内滑”视频过渡效果

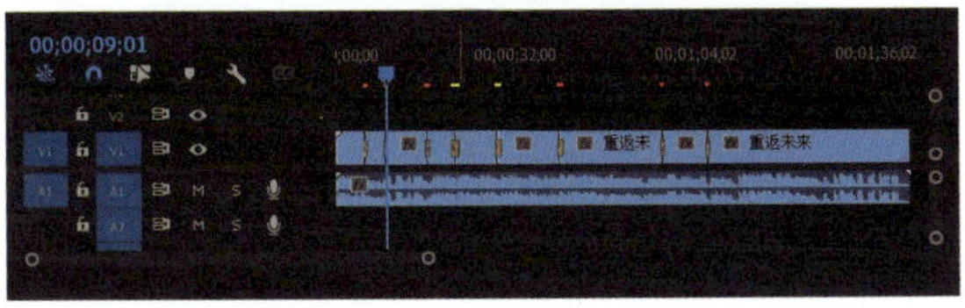

图4-71 最终的“时间轴”

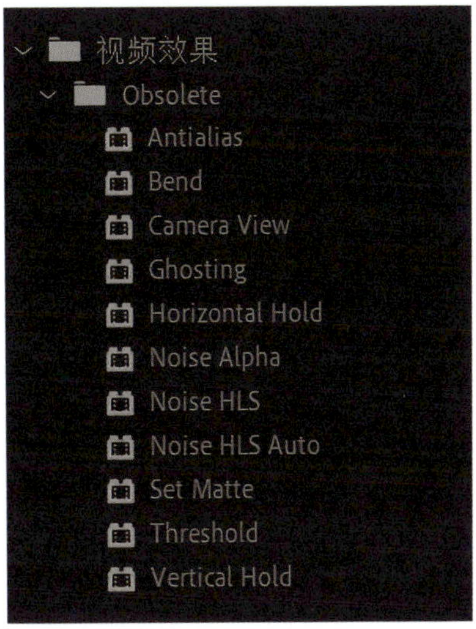

图4-72 “Obsolete”

第三节 视频效果

Premiere Pro 2022视频效果的功能非常强大。其效果种类众多，可模拟各种质感、风格及调色，深受视频工作者的喜爱。Premiere Pro 2022大约包含100余种视频效果，这些视频效果被广泛应用于电影、电视剧、广告、视频等领域的后期制作。

视频效果在操作界面里可分为“效果”和“效果控件”。“效果”用于选择合适的视频效果，然后将效果应用于素材文件上；“效果控件”用于编辑视频效果，调整效果的参数。在影片制作中，视频过渡效果具有至关重要的作用。

一、类型

1. Obsolete

Obsolete相当于旧版的过时效果，该视频效果组包括“Antialias”“Bend”“Camera View”“Ghosting”“Horizontal Hold”“Noise Alpha”“Noise HLS”“Noise HLS Auto”“Set Matte”“Threshold”和“Vertical Hold”共11种视频效果，如图4-72所示。

“Obsolete”：用于对画面色彩或者其他效果的简易调整。

2. 变换

变化可以使素材产生变化效果，用于修改和美化素材，该视频效果组包括“垂直翻转”“水平翻转”“羽化边缘”“自动重构”和“裁剪”共5种视频效果，如图4-73所示。

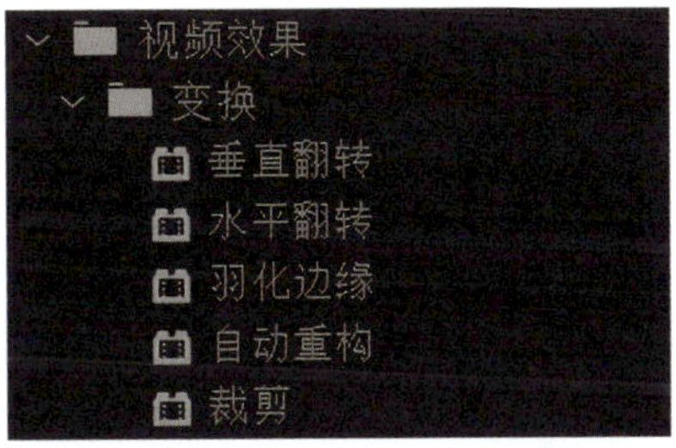

图4-73 “变换”

“垂直翻转”：使用该效果素材将产生垂直翻转的效果。

“水平翻转”：使用该效果素材将产生水平翻转的效果。

“羽化边缘”：使用该效果素材的边缘会产生羽化模糊效果。

“自动重构”：使用该效果可根据素材的内容来重新自动构图，也可以在“效果控件”自行编辑构图。

“裁剪”：使用该效果可根据不同的参数来调整剪裁素材。

3. 图像控制

图像控制主要是针对画面的色彩，涉及黑白、调整颜色、替换颜色、去色等效果。该视频效果组包括“Color Pass”“Color Replace”“Gamma Correction”和“黑白”共4种视频效果，如图4-74所示。

图4-74 “图像控制”

“Color Pass”：中文名为颜色过滤，即将画面转换成灰度，但不包括指定的颜色。

“Color Replace”：中文名为颜色替换，即在保持灰度级不变的前提下，用一种新的颜色替代选中的色彩及和它相似的色彩。

“Gamma Correction”：中文名为灰度系数校正，即通过改变图像中间色调的亮度来调节图像的明暗度，其“灰度系数”参数用来调整素材的明暗程度。该效果可以在不显著更改阴影和高光的情况下使画面变亮或变暗。

“黑白”：将彩色画面转换成黑白影调。

4. 实用程序

实用程序内只有“Cineon转换器”效果，用于调整素材的色调，如图4-75所示。

图4-75 “实用程序”

“Cineon转换器”：该效果可以编辑素材的色调、高光等。

5. 扭曲

扭曲用于编辑素材，使素材产生放大、缩小、扭曲和变形等效果，该视频效果组包括“Lens Distortion”“偏移”“变形稳定器”“变换”“放大”“旋转扭曲”“果冻效应修复”“波形变形”“湍流置换”“球面化”“边角定位”和“镜像”共12种视频效果，如图4-76所示。

“Lens Distortion”：中文名为镜头畸变校正。

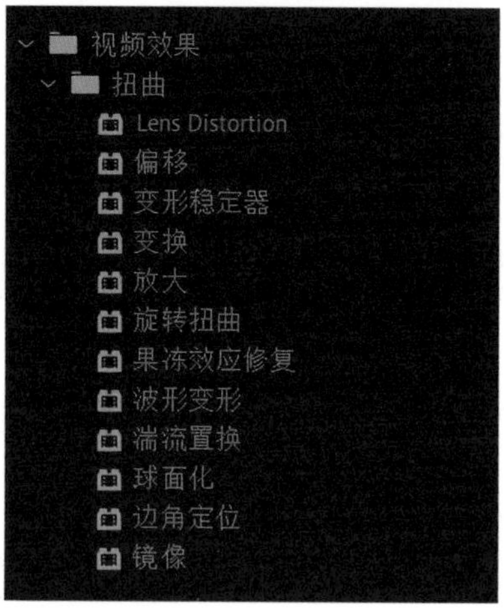

图4-76 “扭曲”

该效果可以模拟透过扭曲镜头观看画面。

“偏移”：该效果可以将素材的中心画面进行调整左右和上下偏移，偏移后空缺位置会进行自动补充。

“变形稳定器”：该效果用于因拍摄不稳，手抖导致抖动的素材，可以将抖动消除，使素材画面变得平稳。

“变换”：该效果用于调整素材的位置、倾斜、缩放、旋转和不透明度等。

“放大”：该效果可以将素材内想要放大的画面放大，并调整相应的大小。

“旋转扭曲”：该效果可根据需要将素材以中心为轴点，进行顺时针或逆时针的旋转与扭曲。

“果冻效应修复”：该效果可以用来修复素材的抖动与变形。

“波形变形”：该效果可以模拟水在波动的效果，可根据素材需要调整相应的参数。

“湍流置换”：该效果可以给素材添加扭曲变形。

“球面化”：该效果会在素材上出现一个球形，在球形中的画面可以显示放大效果。

“边角定位”：该效果用于调整素材四个边角的位置。

“镜像”：该效果用于给素材添加一个对称的镜像画面。

6. 时间

该视频效果可以控制素材的时间特效，产生跳帧和重影效果，该视频效果组包含“残影”和“色调分离时间”共2种视频效果，如图4-77所示。

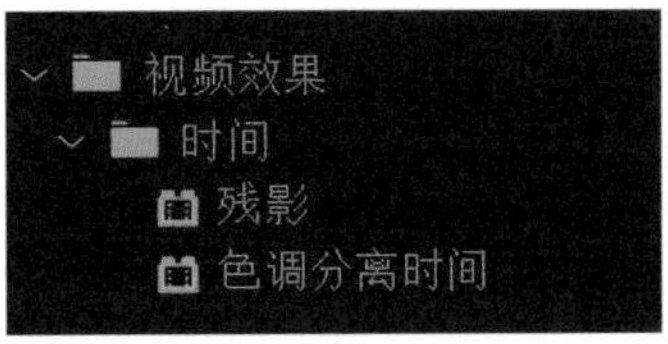

图4-77 “时间”

“残影”：该效果用于给素材添加不同帧像素的混合画面。

“色调分离时间”：该效果可以调整帧速率来设置色调分离的时间。

7. 杂色与颗粒

杂色与颗粒可以给素材添加杂色，使素材展现出复古怀旧的感觉，该视频效果组包括“杂色”，如图4-78所示。

图4-78 “杂色与颗粒”

“杂色”：该效果可以给素材添加混在一起的颜色颗粒。

8. 模糊与锐化

模糊与锐化用于给素材添加模糊和锐化效果，用此视频效果烘托出素材的神秘感和提升氛围感，它包含了“Camera Blur”“减少交错闪烁”“方向模糊”“钝化蒙版”“锐化”和“高斯模糊”共6种视频效果，如图4-79所示。

图4-79 “模糊与锐化”

“Camera Blur”：该效果可以给素材模仿相机焦距不准时产生的模糊效果。

“减少交错闪烁”：该效果通过修改素材的柔和度，以此来减少交错闪烁。

“钝化蒙版”：该效果给素材添加模糊效果，还可以调整画面的曝光和对比度。

“锐化”：该效果可快速聚焦模糊的边缘，提高素材画面的清晰度。

“高斯模糊”：该效果给素材添加既模糊又平滑的效果，可以选择横向和纵向模糊。

9. 沉浸式视频

沉浸式视频可以给素材添加VR视频效果，加入效果后可使用VR头戴设备体验，观感更佳。该视频效果组包括“VR分形杂色”“VR发光”“VR平面到球面”“VR投影”“VR数字故障”“VR旋转球面”“VR模糊”“VR色差”“VR锐化”“VR降噪”和“VR颜色渐变”共11种视频效果，如图4-80所示。

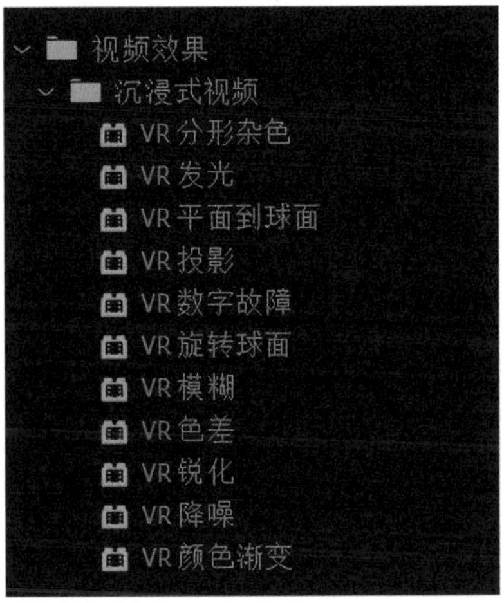

图4-80 “沉浸式视频”

“VR分形杂色”：该效果用于沉浸式分形杂色效果的应用。

“VR发光”：该效果用于VR沉浸式光效的应用。

“VR平面到球面”：该效果用于VR沉浸式效果中图像从平面到球面的效果处理。

“VR投影”：该效果用于VR沉浸式投影效果的应用。

“VR数字故障”：该效果用于VR沉浸式效果中文字的数字故障处理。

“VR旋转球面”：该效果用于VR沉浸式效果中旋转球面效果的应用。

“VR模糊”：该效果用于VR沉浸式模糊效果的应用。

“VR色差”：该效果用于VR沉浸式效果中图像的颜色校正。

“VR锐化”：该效果用于VR沉浸式效果中图像的锐化处理。

“VR降噪”：该效果用于VR沉浸式效果中图像降噪的处理。

“VR颜色渐变”：该效果用于VR沉浸式效果中图像颜色渐变的处理。

10. 生成

生成用于给视频添加一些简单的视频特效，该视频效果组包括“四色渐变”“渐变”“镜头光晕”和“闪电”共4种视频效果，如图4-81所示。

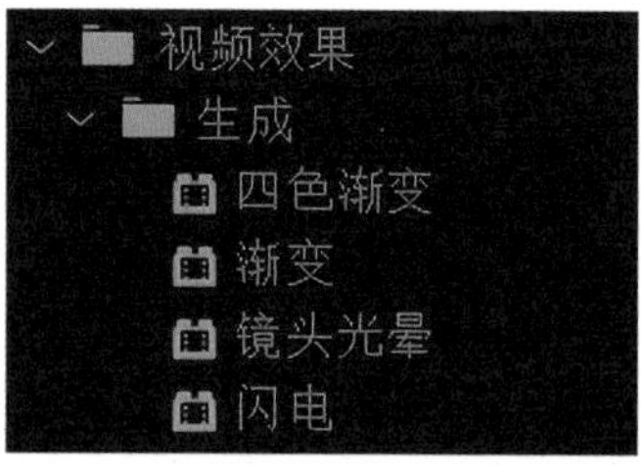

图4-81 “生成”

“四色渐变”：该效果可给素材的四个角添加和调整颜色和参数，使素材产生做四个颜色的渐变。

“渐变”：该效果可以给素材添加线性渐变和径向渐变。

“镜头光晕”：该效果可模拟在自然光下拍摄时的光，从而使素材产生光晕效果。

“闪电”：该效果可模拟在自然界中天空的闪电效果。

11. 视频类视频效果

视频类视频效果用于编辑素材亮度添加文字和时间，该视频效果组包括“SDR遵从情况”“剪辑名称”“时间码”和“简单文本”共4种视频效果，如图4-82所示。

图4-82 “视频”

“SDR遵从情况”：该效果可以调整素材的亮度、对比度及软阈值。

“剪辑名称”：该效果可以给素材添加当前素材的名称。

“时间码”：该效果可以实时显示素材当前画面的时间。

“简单文本”：该效果可以给素材添加文字和编辑文字。

12. 调整类视频效果

调整类视频效果用于调整素材的亮度、对比度和光影效果，该视频效果组包括“Extract”“Levels”“ProcAmp”和“光照效果”共4种视频效果，如图4-83所示。

图4-83 “调整”

“Extract”：该效果可以将素材移除颜色，创建灰度图像。

“Levels”：该效果可以调整素材画面的明暗层次关系。

“ProcAmp”：该效果用于调整素材的亮度、对比度、色相和饱和度。

“光照效果”：该效果可模拟各种灯光照射在某个物体上的效果。

13. 过时

过时是以往版本中所使用的视频效果，主要用于对剪辑进行专业质量的颜色分级和颜色校正，且都可以用 Lumetri 颜色面板等来实现。该视频效果组包括“RGB曲线”“亮度曲线”“吸管填充”“棋盘”“算术”和“自动色阶”等多种视频效果，下面列举几个简单的效果，如图4-84所示。

“中间值（旧版）”：该效果用于给素材添加模糊朦胧感。

“书写”：该效果可以制作出类似于画笔的笔触感。

图4-84 “过时”

“单元格图案”：该效果通过调整参数，在素材上制作出纹理效果。

“吸管填充”：该效果可以通过调整色调将素材进行填充修改。

“圆形”：该效果可以在素材上制作一个圆形，通过调整参数形成圆形效果。

“复合模糊”：该效果可以在轨道上选择，选择合适素材制作模糊图层，以此和当前素材重合，形成模糊效果。

“复合运算”：该效果可以在视频轨道选择指定的视频和原素材的通道进行混合处理。

“径向擦除”：该效果将素材以中心点开始顺时针或逆时针进行画面擦除。

“径向阴影”：该效果可在素材画面的后面显示阴影效果。

“斜面Alpha”：该效果可通过Alpha通道使素材产生三维效果。

“棋盘”：该效果可在素材上显示黑白色的矩形棋盘效果。

“椭圆”：该效果可以在素材上制作一个椭圆，通过调整参数形成椭圆效果。

“油漆桶”：该效果可给素材的指定区域填充颜色。

“浮雕”：该效果可给素材制作出将画面主体用线条描绘出来，有凹凸的质感的效果，背景呈灰色调。

“混合”：该效果用于制作素材和素材之间进行混合处理所产生的叠加效果。

“百叶窗”：该效果模拟真实百叶窗拉动的动态效果。

“算术”：该效果可将素材和RGB红色绿色蓝色进行计算。

“纯色合成”：该效果可将素材与指定的颜色进行混合设置。

“纹理”：该效果可选择轨道上的素材，在原素材的表面呈现出类似贴图感的纹理效果。

“网格”：该效果可以给素材添加矩形网格。

“蒙尘与划痕”：该效果可通过数值的调整区分画面中各颜色像素，使层次感更加强烈。

“计算”：该效果可指定轨道上的素材文件和原素材进行通道混合。

“边缘斜面”：该效果可使画面呈现出立体效果，光照越强棱角越明显。

“通道模糊”：该效果可通过调整RGB颜色红绿蓝和Alpha模糊度的参数，以此给素材进行模糊处理，参数越大，该画面里的这种颜色越小。

14. 过渡

过渡可给素材添加制作过渡效果，该视频效果组包括“块溶解”“渐变擦除”和“线性擦除”共3种视频效果，如图4-85所示。

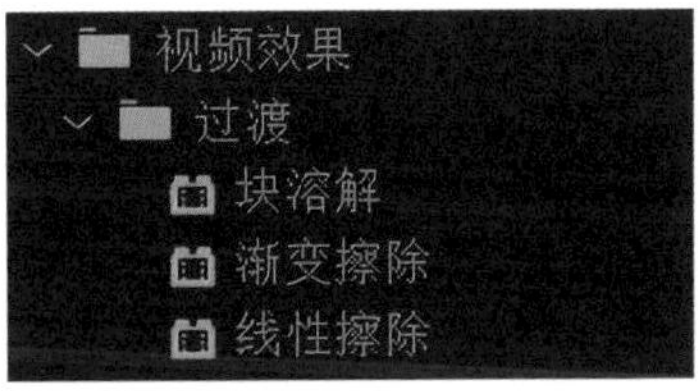

图4-85 “过渡”

“块溶解”：该效果可以制作出逐渐消失和逐渐出现的过渡效果。

“渐变擦除”：该效果可以制作出色阶逐渐渐变直到消失的效果。

“线性擦除”：该效果将素材以线性的方式进行素材画面的擦除。

15. 透视

透视可以给素材添加3D和阴影效果，该视频效果组包括“基本3D”和“投影”，如图4-86所示。

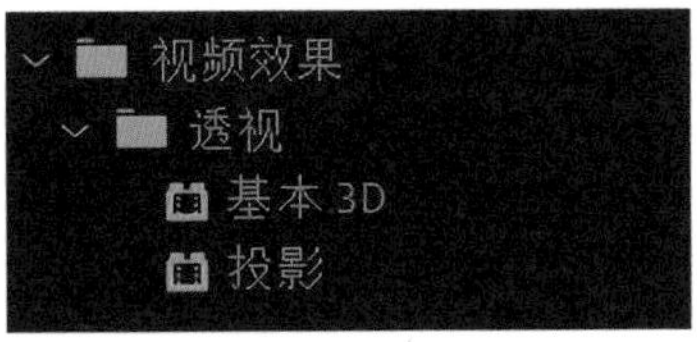

图4-86 “透视”

“基本3D”：该效果可让素材产生旋转和倾斜的翻转和3D效果。

“投影”：该效果可使素材画面的边缘产生阴影效果。

16. 通道

通道包括“反转”视频效果，如图4-87所示。

图4-87 “通道类视频效果”

“反转”：该效果素材可以自动进行通道反转。

17. 键控

键控主要用于视频抠像及合成。该视频效果组包括“Alpha调整”“亮度键”“超级键”“轨道遮罩键”和“颜色键”共5种视频效果，如图4-88所示。

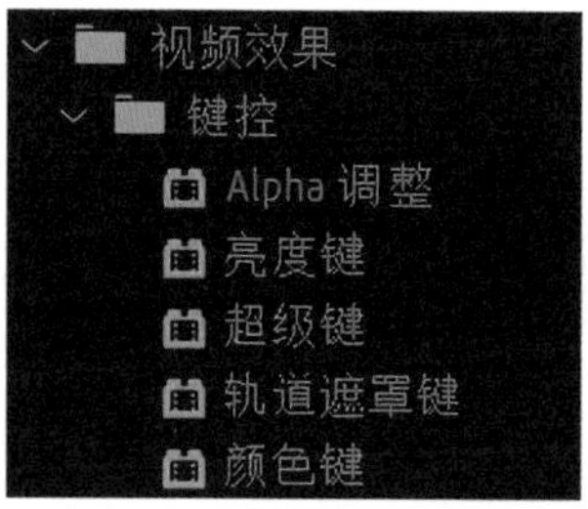

图4-88 “键控”

“Alpha 调整”：用于对剪辑上已有的 Alpha 通道进行忽略、反转，或者仅作为蒙版使用。

“亮度键”：基于剪辑的亮度通道进行抠像。当主体与背景有显著不同的明亮度时，可使用此效果。

“超级键”：也称“极致键”，可将指定颜色的像素设置为透明。

“轨道遮罩键”：使用一个轨道上任意剪辑的亮度信息或 Alpha 通道为叠加剪辑（应用此效果控件的剪辑）定义一个遮罩。作为遮罩的剪辑须置于上方轨道。

“颜色键”：用于抠除所有类似于指定颜色的像素。

18. 颜色校正

颜色校正主要用于对素材的校色与调色。该视频效果组包括“ASC CDL”“Brightness&Contrast”“Lumetri颜色”“色彩”“视频限制器”和“颜色平衡”共6种视频效果，如图4-89所示。

图4-89 “颜色校正”

“ASC CDL”：本效果中包含简单的色彩校正和饱和度调整。

“Brightness & Contras”：用于改变亮度和对比度。

“Lumetri 颜色”：PR主推的功能强大的调色控件，几乎涵盖大部分调色功能。

“色彩”：也称“色调”，用于实现画面色彩的渐变映射效果。

“视频限制器”：限制剪辑中的亮度和颜色，使其满足广播级标准的范围。可显示色域警告。

“颜色平衡”：类似于Photoshop的色彩平衡命令。

19. 风格化

风格化就是根据素材内容，添加不同风格的特效。该视频效果组包括“Alpha发光”“复制”“彩色浮雕”“查找边缘”“画笔描边”“粗糙边缘”“色调分离”“闪光灯”“马赛克”“浮雕”和“纹理”共11种视频效果，如图4-90所示。

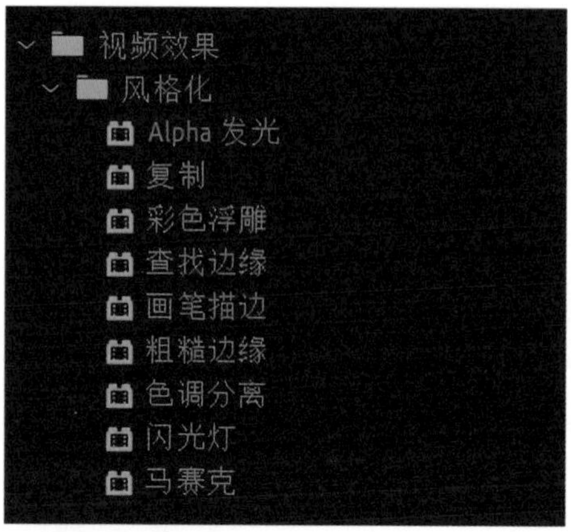

图4-90 “风格化”

“Alpha发光”：该效果可在素材上制作发光效果。

“复制”：该效果可将素材画面进行复制，通过调节可选择复制的多少。

“彩色浮雕”：该效果可将素材中的画面制作出彩色轮廓并伏于素材的上方。

“查找边缘”：该效果可产生铅笔绘画的线条，并将素材边缘的轮廓用线条描绘出来。

“画笔描边”：该效果可让素材上产生类似画笔涂鸦的效果。

“粗糙边缘”：该效果可将素材边缘制作出慢慢将这个画面所腐蚀的效果。

“色调分离”：该效果指一幅图像由紧紧相邻的渐变色阶构成，被多种突然的颜色转变所代替。

“闪光灯”：该效果模拟现实生活中的闪光灯闪烁的效果。

“马赛克”：该效果可给素材添加马赛克效果。

二、综合实例

实例1：使用“水平翻转”和“Cineon转换器”制作视频

双击Premiere Pro 2022图标，打开软件后，在菜单栏中依次点击“文件”/“新建”/“项目”命令。在导入模式中设置“项目名”为“效果一”，为项目选择合适的路径文件夹，点击“创建”按钮，进入Premiere Pro 2022的编辑模式。

导入素材文件“草”。将素材拖入“时间轴”中，置于V1轨道，与起始位置对齐，如图4-91所示。

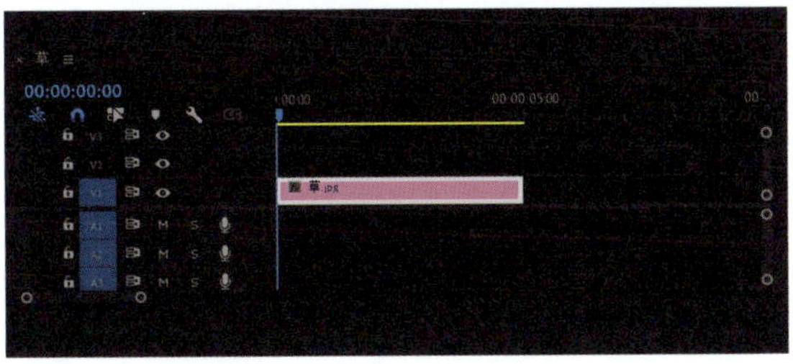

图4-91　将素材拖入“时间轴”

在“效果”窗口中依次展开“视频效果”/“变换”和“实用程序”，如图4-92、图4-93所示。

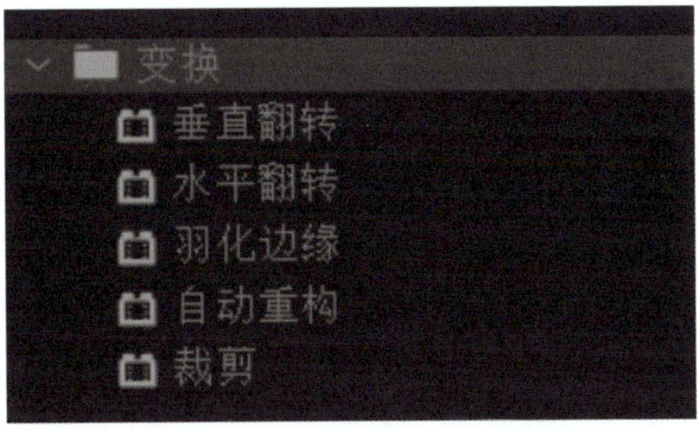

图4-92　“变换”

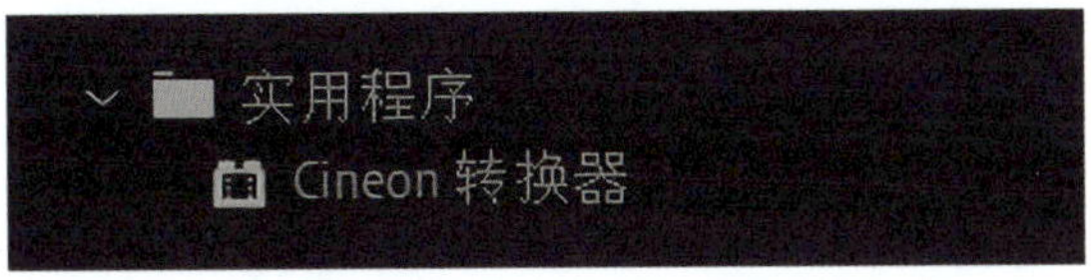

图4- 93　“实用程序”

将“水平翻转”效果拖拽至“草”中，释放鼠标即可添加视频过渡，如图4-94所示。

图4-94　“水平翻转”

将“实用程序”效果中的“Cineon转换器”拖拽至“草”中，释放鼠标即可添加视频过渡。设置“10位黑场”的值为0，“10位白场”的值为333，“灰度系数”的值为5，“高光滤除”的值为150，其余默认，如图4-95所示。

水平翻转效果和Cineon转换器如图4-96、图4-97所示。

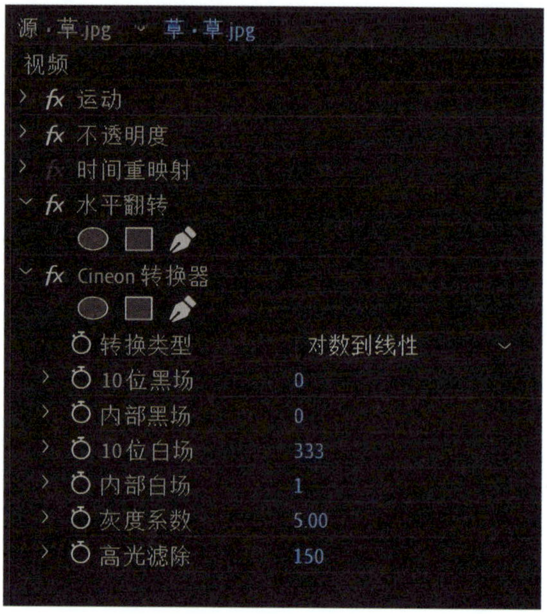

图4-95 “Cineon转换器”参数

图4-96 “水平翻转”

图4-97 “Cineon转换器”

实例2：使用“变形稳定器”、“旋转扭曲”和“残影”制作视频

双击Premiere Pro 2022图标，打开软件后，在菜单栏中依次点击“文件”/“新建”/“项目”命令。在导入模式中设置“项目名”为“效果二”，为项目选择合适的路径文件夹，点击“创建”按钮，进入Premiere Pro 2022的编辑模式。

导入素材文件“风景1”和“风景2”。将素材依次按照“风景1”“风景2”拖入“时间轴”，置于V1轨道，与起始位置对齐，如图4-98所示。

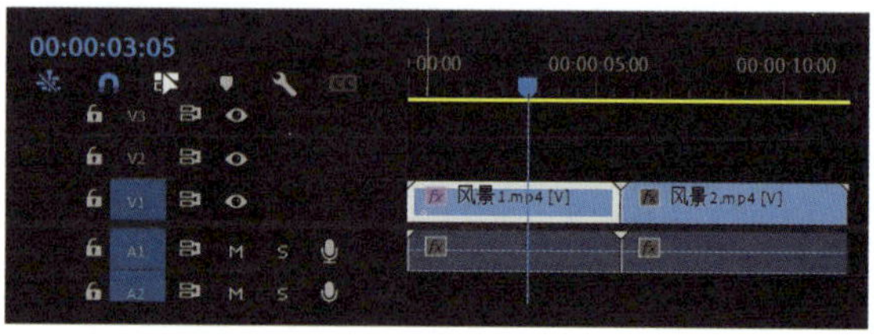

图4-98 将素材拖入“时间轴”

在“效果”窗口中依次展开“视频效果”/“扭曲”和“时间”，如图4-99、图4-100所示。

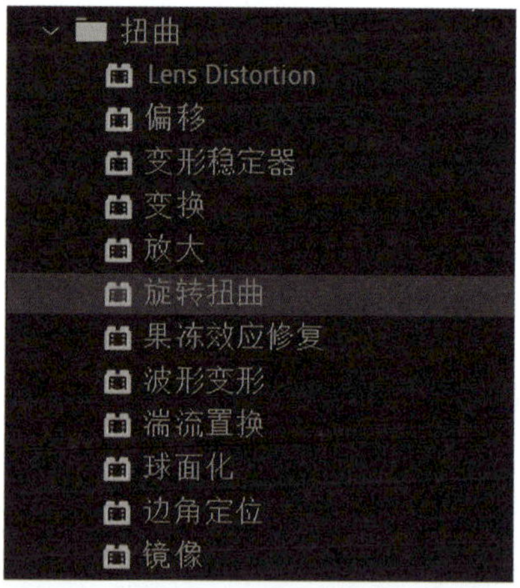

图4-99 “扭曲”

图4-100 “时间”

将“扭曲”/“变形稳定器”效果拖拽到“风景1”素材中，效果会自动进行分析稳定。

将“扭曲”/“旋转扭曲”效果拖拽到“风景1”

素材中，在“效果控件”中设置“旋转扭曲”/“角度”的值为300，如图4-101所示。

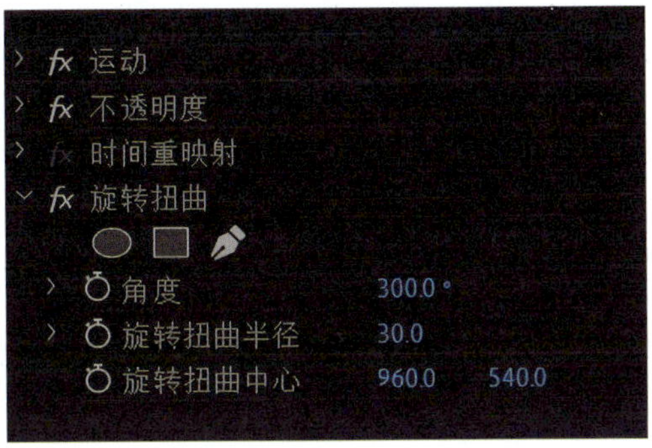

图4-101 “旋转扭曲”参数

将“残影”效果拖拽至“风景2”中，设置“起始强度”的值为0.5，“衰减”的值为5，如图4-102所示。

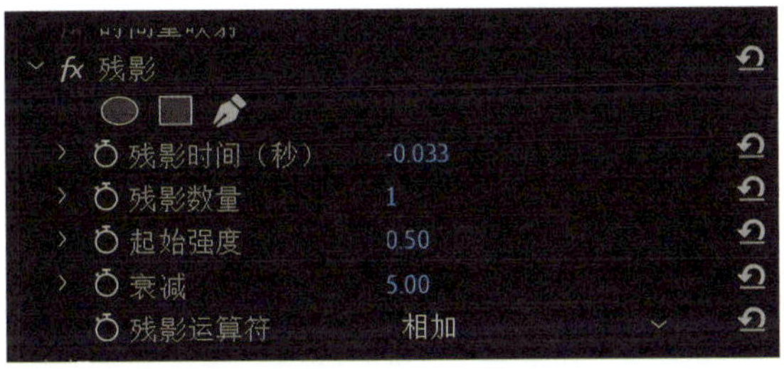

图4-102 “残影”参数

变形稳定器、旋转扭曲和残影效果如图4-103～图4-105所示。

图4-103 “变形稳定器”效果图

4-104 “旋转扭曲”效果

图4-105 “残影”效果

实例3：使用“模糊与锐化”制作视频

双击Premiere Pro 2022图标，打开软件后，在菜单栏中依次点击“文件”/“新建”/“项目”命令。在导入模式中设置“项目名”为“效果三”，为项目选择合适的路径文件夹，点击“创建”按钮，进入Premiere Pro 2022的编辑模式。

导入三个素材文件“纺车素材”“魔方”和“开袋”。将素材依次按照“纺车素材”“魔方”和“开袋”拖入“时间轴”，置于V1轨道，与起始位置对齐，如图4-106所示。

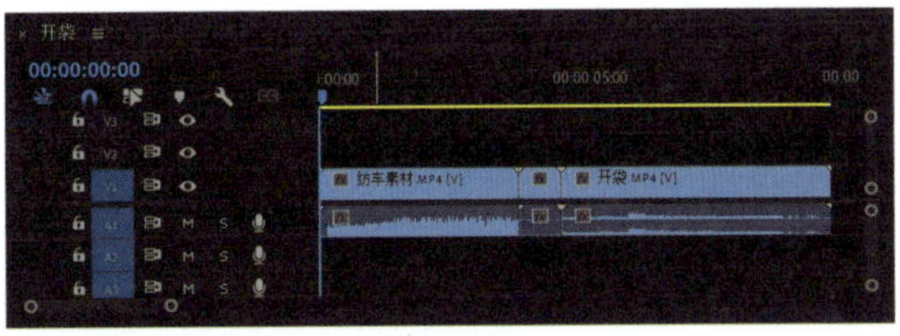

图4-106 将素材拖入“时间轴”

在“效果”窗口中依次展开“视频效果”/“杂色与颗粒”，如图4-107所示。

图4-107 “杂色与颗粒”

将“杂色”效果拖拽至“纺车素材”上，选中“纺车素材”，在“效果控件”面板中，设置“杂色”的“杂色数量”为50.0%，如图4-108、图4-109所示。

图4-108 “杂色”参数

图4-109 “杂色”视频效果

在“效果”窗口中依次展开“视频效果”/“模糊与锐化”，如图4-110所示。

将“减少交错闪烁”效果拖拽至“魔方”素材上，选中“魔方”素材，在“效果控件”面板中设置“减少交错闪烁”的“柔和度”的值为50，如图4-111、图4-112所示。

在“效果”窗口中依次展开“视频效果”/“模糊与锐化”，如图4-113所示。

将“方向模糊”效果拖拽至“开袋”素材上，将“播放指示器”拖到4:15s处，选中“开袋”素材，在“效果控件”面板中设置“方向模糊”的“方

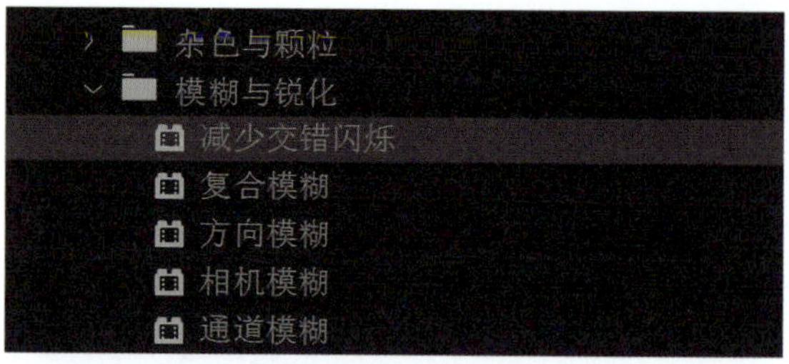

图4-110 “模糊与锐化”

图4-111 “减少交错闪烁”参数

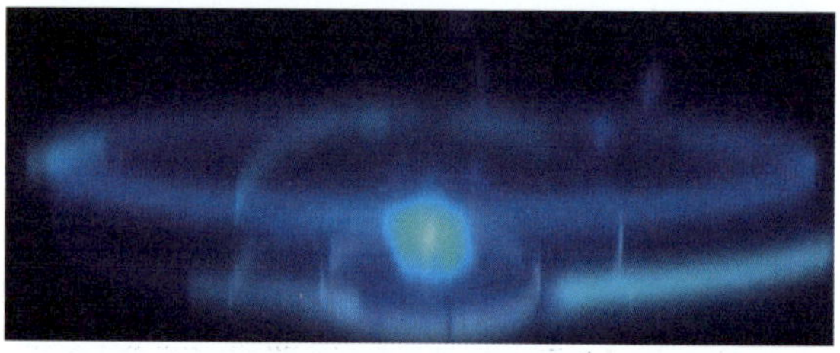
图4-112 “减少交错闪烁”视频效果

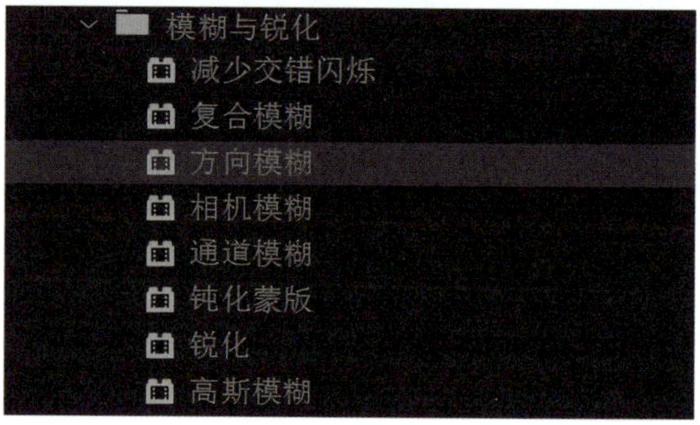

图4-113 “方向模糊”效果

向”的值为80.0，“模糊长度”为100，并为“方向”和“模糊长度”打上关键帧。

将“播放指示器”拖到5:15s处，选中“开袋”素材，在“效果控件”面板中设置“方向模糊”的“方向”的值为0，“模糊长度”为0，自动为“方向”和“模糊长度”打上关键帧，如图4-114所示。

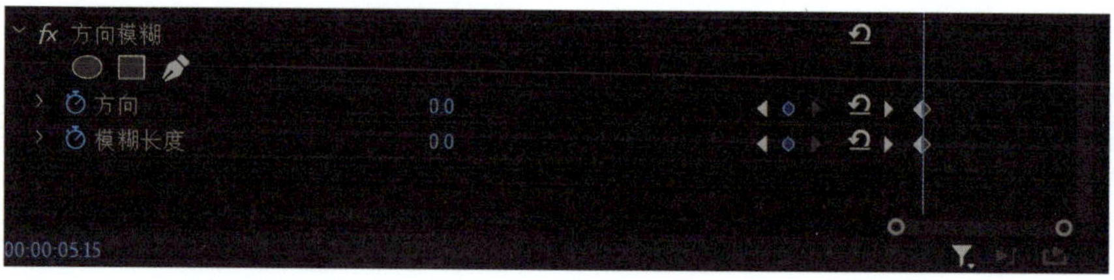

图4-114 “方向模糊”参数

实例4：使用“沉浸式视频”制作视频

双击Premiere Pro 2022图标，打开软件后，在菜单栏中依次点击“文件”/“新建”/“项目”命令。在导入模式中设置“项目名”为“效果四”，为项目选择合适的路径文件夹，点击“创建”按钮，进入Premiere Pro 2022的编辑模式。

导入素材文件。在“项目”面板中，选中该素材，按“Enter”键进行重命名，键入“概念PV”。将素材拖入“时间轴”，与起始位置对齐。

选中V1轨道的视频素材，将“播放指示器”拖至12:15s处，选择“工具箱”/“剃刀工具”（快捷键：C），进行分割视频。通过相同方法，分别在18:15s处，21:15s处，29:15s处，35:12s处，38:11s处，48:23s处，53:48s处，1:14:27s处，1:22:08s处 及1:28:20处 进 行 分 割， 如图4-115所示。

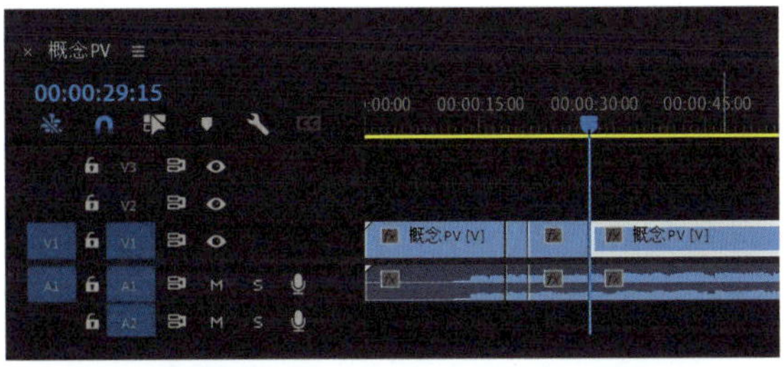

图4-115　分割视频

在“效果”窗口中依次展开“视频效果”/“沉浸式视频”，如图4-116所示。

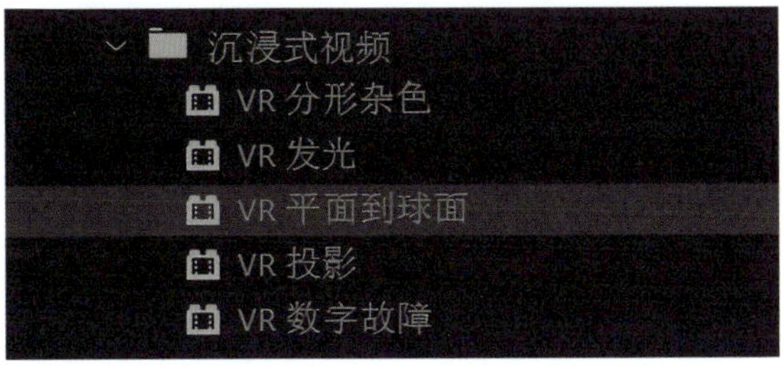

图4-116　“沉浸式视频”/“VR平面到球面”

将“播放指示器”拖至16:19s处，选中该视频片段，将“VR平面到球面”效果拖拽至截取素材上，在“效果控件”面板中，设置“运动”/“缩放”的值为356，设置“VR平面到球面”/“缩放（度）”的值为30，如图4-117所示。

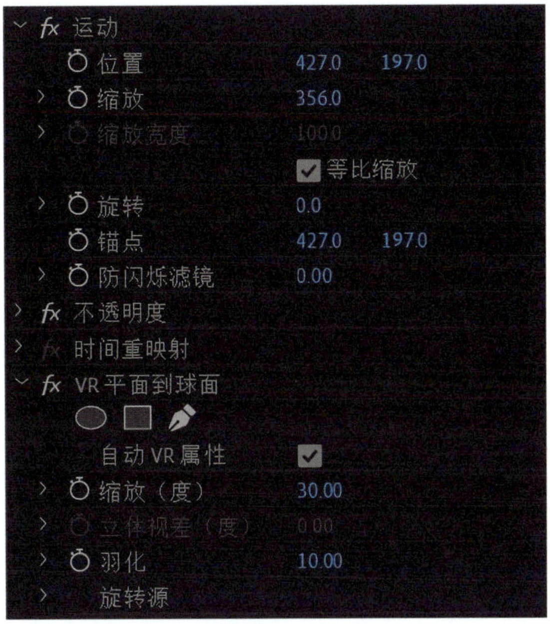

图4-117　“VR平面到球面”参数

将“播放指示器”拖至21:13s处，选中该视频片段，将“VR平面到球面”效果拖拽至截取素材上，释放鼠标即可添加视频效果。

点击该片段，在“效果控件”面板中。设置“运动”/“缩放”的值为207，设置“VR平面到球面”/“缩放（度）”的值为60，如图4-118所示。

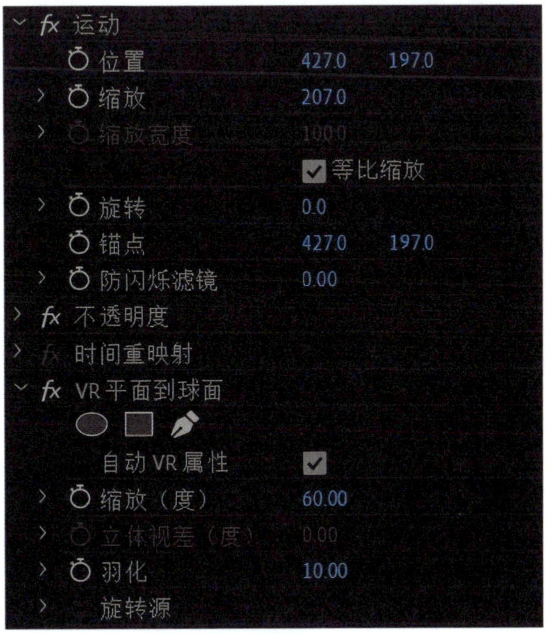

图4-118　“VR平面到球面”参数

将“播放指示器”拖至26:14s处，选中该视频片段，将“VR平面到球面”效果拖拽至截取素材上，释放鼠标即可添加视频效果。

点击该片段，在“效果控件”面板中。设置“运动”/“缩放”的值为154，设置“VR平面到球面”/“缩放（度）”的值为100，如图4-119所示。

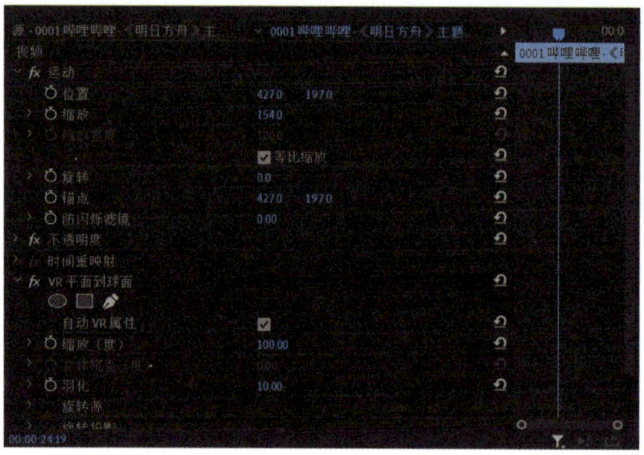

图4-119 “VR平面到球面”参数

“VR平面到球面”效果如图4-120～图4-122所示。

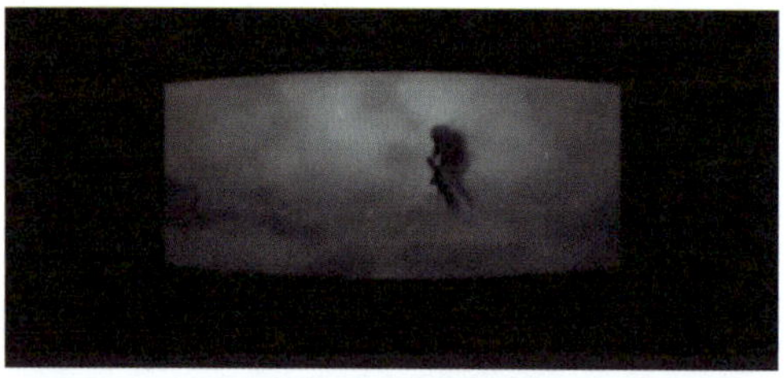
图4-120 “VR平面到球面”效果（1）

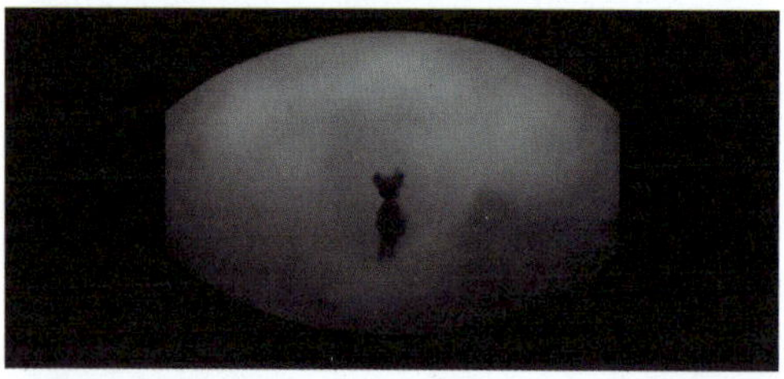
图4-121 “VR平面到球面”效果（2）

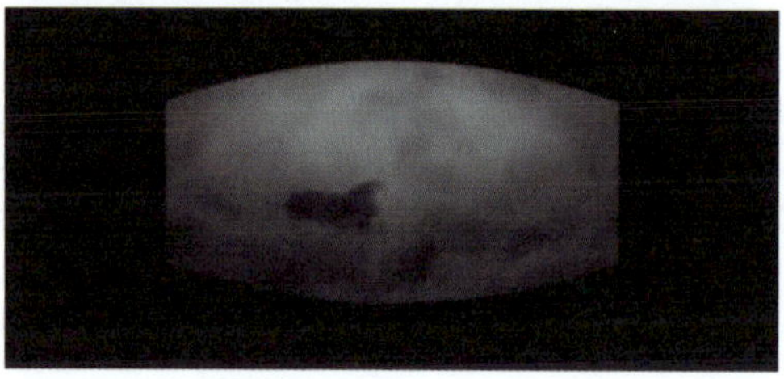
图4-122 “VR平面到球面”效果（3）

将“播放指示器”拖至36:20s处，选中该素材片段，在“效果”窗口中依次展开“视频效果”/“沉浸式视频”选择“VR数字故障”，如图4-123所示，并将“VR数字故障”效果拖拽至截取素材上。

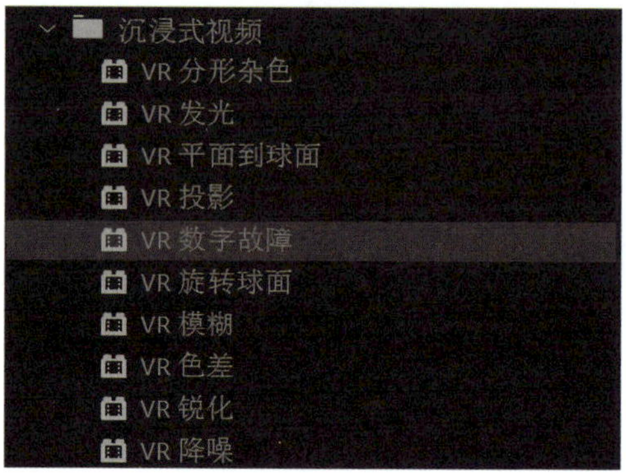

图4-123 “VR数字故障”

将“播放指示器”拖至43:00s处，选中该素材片段，在“效果”窗口中依次展开“视频效果”/“沉浸式视频”/“VR模糊”，如图4-124所示，并将“VR模糊”效果拖拽至截取素材上。

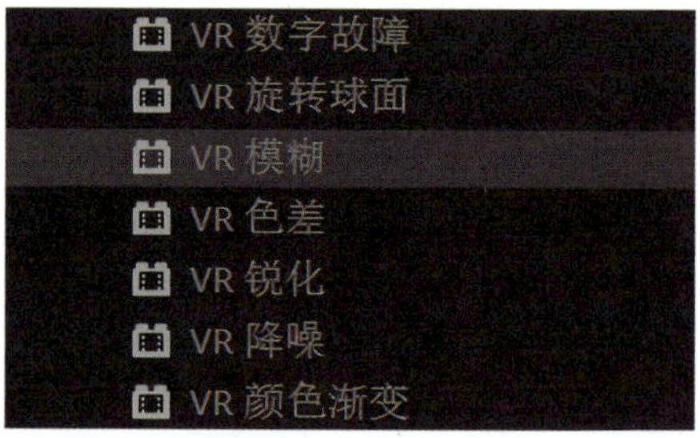

图4-124 “VR模糊”

将“播放指示器”拖至38:18s处，点击该素材片段，在“效果控件”面板中，设置“VR模糊”/“模糊度”的值为40，并点击“切换动画”按钮，为其打上关键帧。将“播放指示器位置”设置40:18s，设置“VR模糊”/“模糊度”的值为0，并打上关键帧，如图4-125所示。

图4-125 “VR模糊”参数

“VR数字故障”“VR模糊”效果如图4-126、图4-127所示。

图4-126 “VR数字故障”效果

图4-127 “VR模糊”效果

将“播放指示器”拖至52:14s处，选中该素材片段，在“效果”窗口中依次展开“视频效果”/“沉浸式视频”选择“VR色差”，如图4-128所示，并将“VR色差”效果拖拽至截取素材上，如图4-129所示。

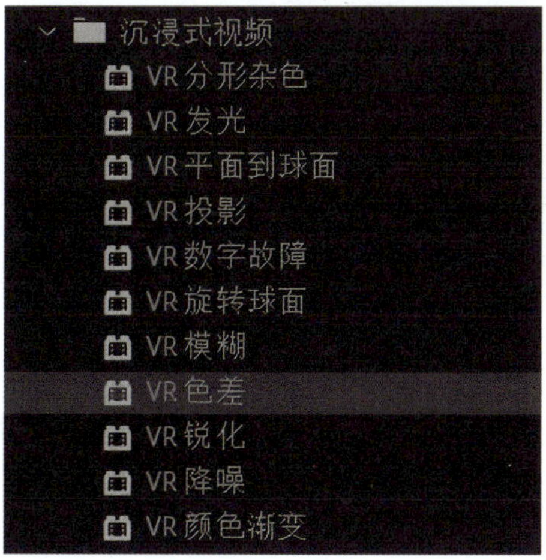

图4-128 “VR色差”

图4-129 “VR色差”效果

将“播放指示器”拖至1:19:06s处，选中该素材片段，在“效果”窗口中依次展开“视频效果”/“沉浸式视频”选择“VR锐化”，并将“VR锐化”效果拖拽至截取素材上。

在“时间轴”中选择该片段，在“效果控件”面板中，设置“VR锐化”/“锐化量”的值为40，如图4-130、图4-131所示。

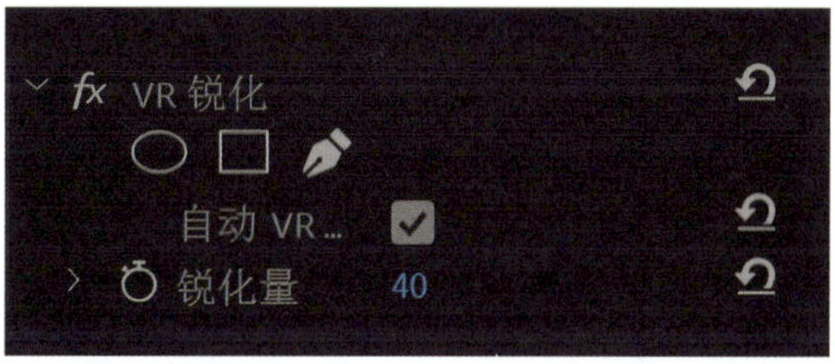

图4-130 “VR锐化”参数

图4-131 “VR锐化”效果

将“播放指示器”拖至1:27:08s处，选中该素材片段，在“效果”窗口中依次展开“视频效果”/“沉浸式视频”选择“VR颜色渐变”，并将“VR颜色渐变”效果拖拽至截取素材上，在“效果控件”面板中，设置“VR颜色渐变”/“点数”的值为5，“渐变功率”的值为10，“渐变混合”的值为10，“不透明度”的值为40，“混合模式”改为“叠加”，如图4-132、图4-133所示。

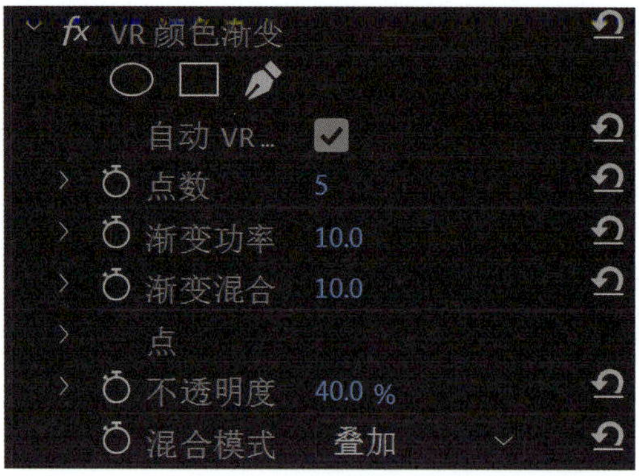

图4-132 “VR颜色渐变”参数

图4-133 “VR颜色渐变”效果

实例5：使用“生成”“视频”和“调整”制作视频

双击Premiere Pro 2022图标，打开软件后，在菜单栏中依次点击“文件”/“新建”/“项目”命令。在导入模式中设置“项目名”为“效果五”，为项目选择合适的路径文件夹，点击“创建”按钮，进入Premiere Pro 2022的编辑模式。

导入两个素材文件“C9886”和“C9863”。设置“C9886”入点为0:0s，出点为3:19s，在“源监视器窗口”中点击“仅拖动视频”置放在V1轨道，与起始位置对齐。

设置“C9863”入点为0:0s，出点为3:40s，在“源监视器窗口”中点击“仅拖动视频”置放在V1轨道，与前一片段末尾对齐，如图4-134所示。

在“效果”窗口中依次展开“生成”/“镜头光晕”，如图4-135所示。

图4-134 将素材拖入“时间轴”

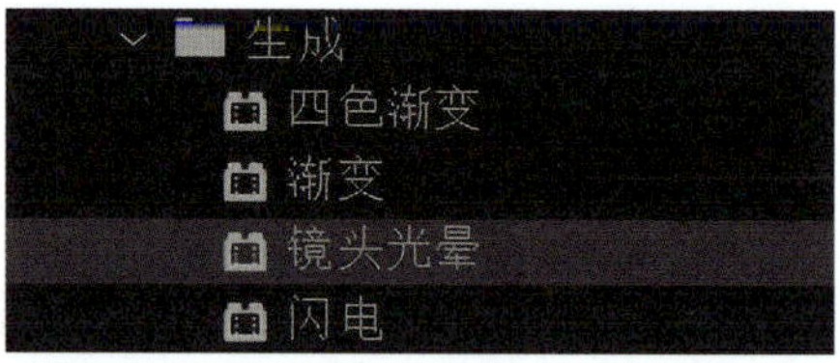

图4-135 “镜头光晕”效果

在“效果”窗口中依次展开“调整”/“ProcAmp”，如图4-136所示。

图4-136 “ProcAmp”效果

将“镜头光晕”效果拖拽至“C9886”视频素材上，将“ProcAmp”拖拽至“C9863”视频素材上。释放鼠标即可添加视频效果。

在时间轴中将时间指针拖至起始位置，选中V1轨道上的“C9886”，在“效果控件”窗口中，为“光晕中心”打上关键帧，设置数值为（188，318），将“播放指示器位置”设置3:11s，为“光晕中心”打上关键帧，设置数值为（336，177），其他数值默认不变，如图4-137所示。

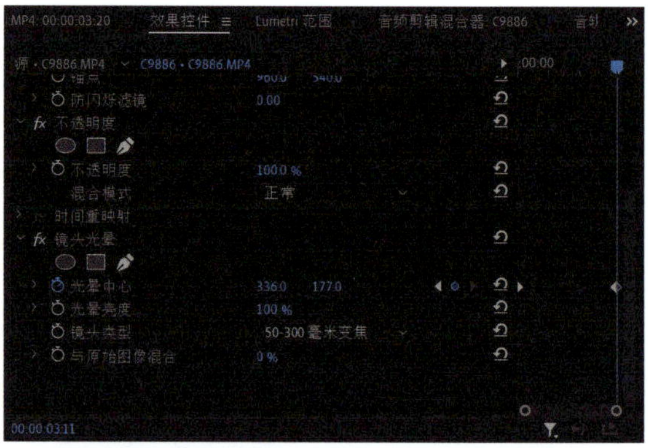
图4-137 “镜头光晕”参数

选中V1轨道上的“C9863”，在“效果控件”窗口中，设置ProcAmp的“亮度”为-14，“饱和度”为126，其他数值默认不变，如图4-138所示。

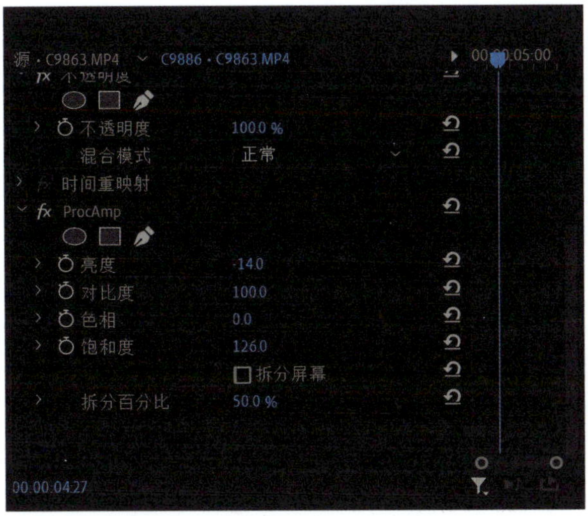

图4-138 “ProcAmp”参数

点击“文件”/“新建”/“透明视频”(图4-139)，将其导入时间轴的V2轨道，与视频时长对齐，如图4-140所示。为其添加“效果”/“视频效果”/“视频”/“时间码”效果。

在“效果控件”面板中，设置“时间码”的“时间码源”为剪辑，“时间显示”为50，其他设置默认不变，如图4-141所示。

实例6：使用“过时”“过渡”“透视”和“通道”制作视频

双击Premiere Pro 2022图标，打开软件后，在菜单栏中依次点击“文件”/“新建”/“项目”命令。在导入模式中设置“项目名”为“效果六”，为项目选择合适的路径文件夹，点击“创建”按钮，进入Premiere Pro 2022的编辑模式。

导入五个素材文件“9”“10”“11”“12”和“13”。将素材依次按照“13”“9”“11”“12”“10”顺序，放置V1轨道，“13”与起始位置对齐，如图4-142所示。

在“效果”窗口中展开“过时”效果组，将“自动对比度”效果拖拽至“13”视频素材上，将“自动色阶”拖拽至“9”视频素材上，将“亮度曲线”拖拽至“11”视频素材上，将“颜色平衡(HLS)”拖拽至“12”视频素材上，将“百叶窗”拖拽至“10”视频素材上。释放鼠标即可添加视频效果。

在“效果”窗口中展开“过渡”效果组，将“块溶解”效果拖拽至“13”视频素材上。

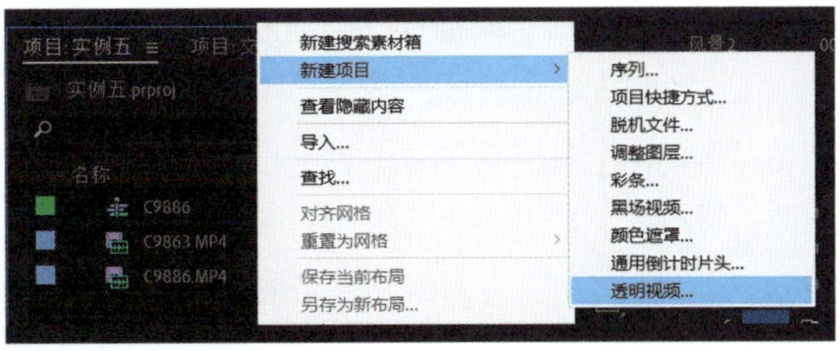

图4-139 新建“透明视频”

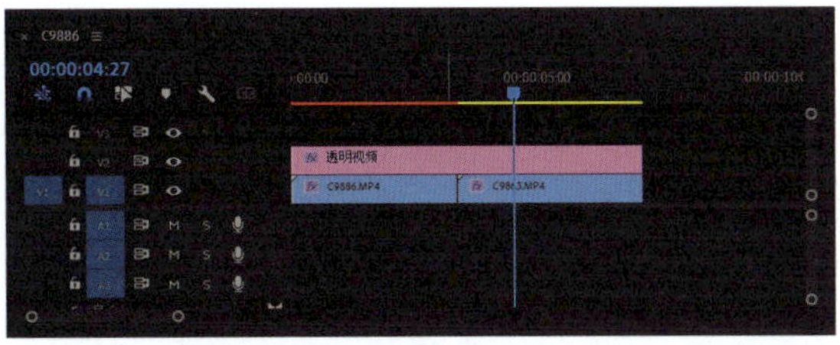

图4-140 添加至“V2”轨道

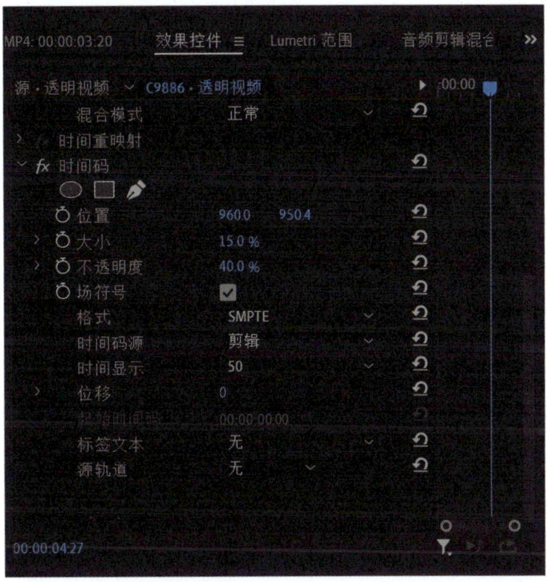

图4-141 “时间码”参数

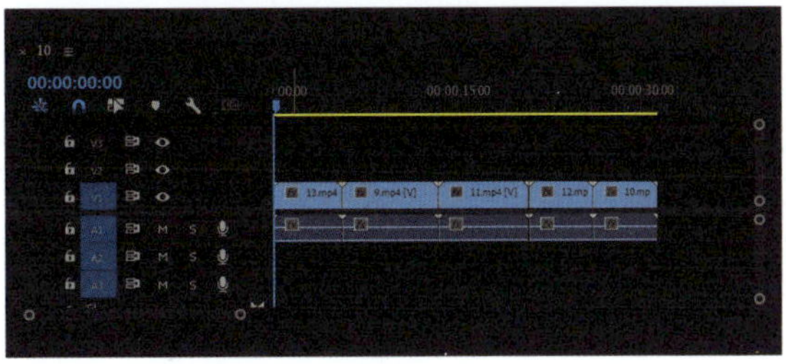

图4-142 将素材拖入“时间轴”

在“效果”窗口中展开“透视”效果组，将“基本3D”效果拖拽至“11”和“12”视频素材上。

在“效果”窗口中展开“通道”效果组，将“反转”效果拖拽至“10”视频素材上。

在时间轴中将时间指针拖至起始位置，选中V1轨道上的“13”视频素材，在“效果控件”窗口中，设置“块溶解”的“块宽度”为100，“块高度”为100，不勾选“柔化边缘”，并为“过渡完成”打上关键帧，设置数值为100%，将“播放指示器位置”设置1:0s，为“过度完成”打上关键帧，设置数值为0%，如图4-143所示。

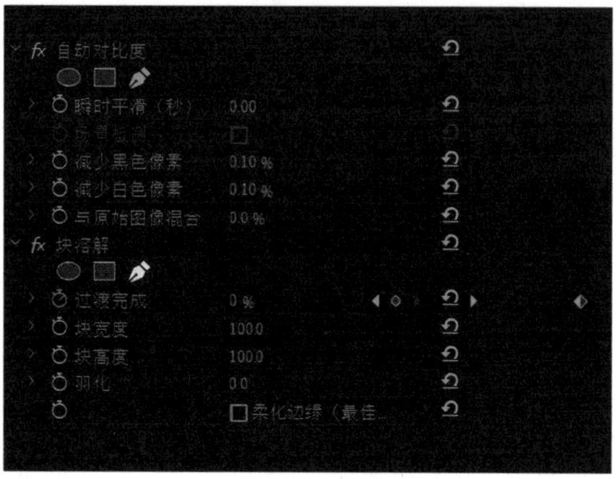

图4-143 “自动对比度”和“快溶解”效果

选中V1轨道上的“11”视频素材，在“效果控件”窗口中，调整“亮度曲线”/“亮度波形”的曲线为合适形状。

将“播放指示器位置”设置20:13s，选中V1轨道上的“11”视频素材，在“效果控件”窗口中，为“基本3D”/“旋转”打上关键帧。将“播放指示器位置”设置20:22s，设置“基本3D”/“旋转”数值为90，并打上关键帧，如图4-144所示。

将“播放指示器位置”设置20:23s，选中V1轨道上的“12”视频素材，在“效果控件”窗口中，为“基本3D”/“旋转”打上关键帧，并设置数值为90。

将“播放指示器位置”设置21:20s，设置“基本3D”/“旋转”数值为180，并打上关键帧。设置“颜色平衡（HLS）”的“色相”为-4，“亮度”为-6，如图4-145所示。

将“播放指示器”拖至31:0s处，选中V1轨道上的“10”视频素材，在“效果控件”窗口中，为“百叶窗”/“过渡完成”打上关键帧。

将“播放指示器”拖至31:10s处，选中V1轨道上的“10”视频素材，在“效果控件”窗口中，设置“百叶窗”/“过渡完成”的值为100，并打上关键帧。

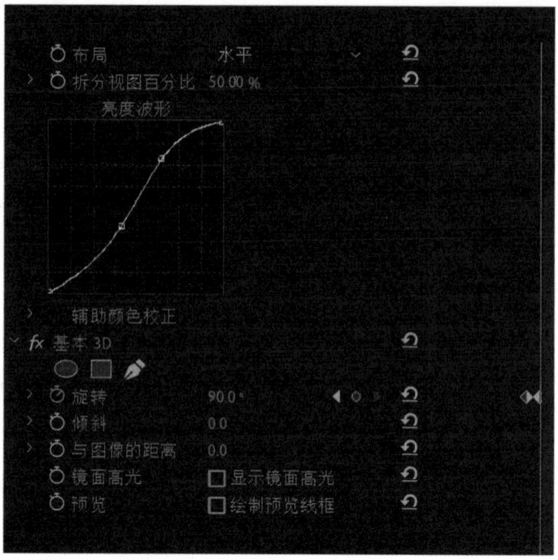

图4-144 调整参数（1）

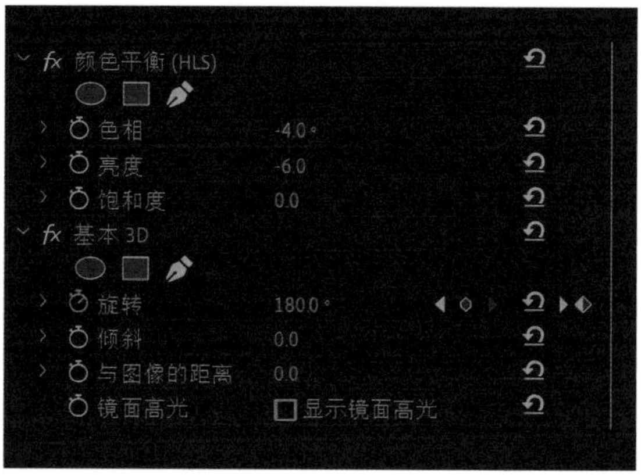

图4-145 调整参数（2）

将“播放指示器”拖至30:10s处，选中V1轨道上的“10”视频素材，在“效果控件”窗口中，为“反转”/“与原始图像混合”打上关键帧，并设置数值为100%。

将“播放指示器”拖至31:10s，选中V1轨道上的“10”视频素材，在“效果控件”窗口中，设置“反转”/“与原始图像混合”的值为50，并打上关键帧，如图4-146所示。

实例7：使用“键控”“颜色校正”和“风格化”制作视频

双击Premiere Pro 2022图标，打开软件后，在菜单栏中依次点击“文件”/“新建”/“项目”

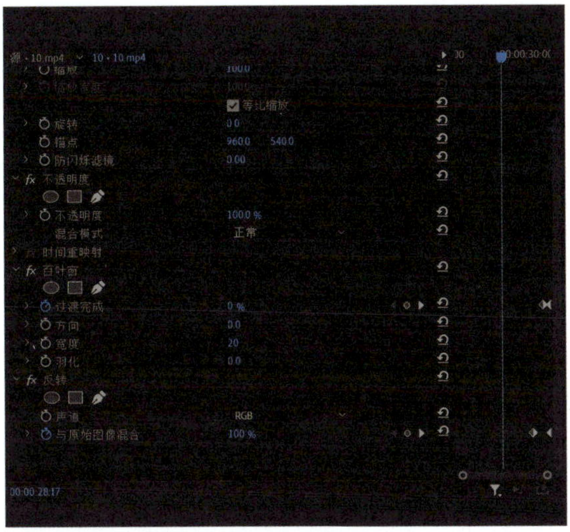

图4-146 “百叶窗”和“反转”参数

命令。在导入模式中设置“项目名”为“效果七”，为项目选择合适的路径文件夹，点击“创建”按钮，进入Premiere Pro 2022的编辑模式。

导入四个素材文件“读书”“太阳”“日出”和“走路”。设置“日出”入点为0:0s，出点为6:25s，置放在V1轨道，与起始位置对其。延长A1轨道上的音频素材至14:11s，如图4-147所示。

图4-147 将素材拖入“时间轴”

设置“走路”入点为0:0s，出点为2:26s，置放在V1轨道，与前一片段对齐。

拖拽“太阳”素材置放在V2轨道，与“走路”片段对齐。

设置“读书”入点为0:0s，出点为4:18s，置放在V1轨道，与前一片段对齐，如图4-148所示。

在“效果”窗口中展开“风格化”选中“彩色浮雕”和“查找边缘”并拖拽至V1轨道的“日出”视频素材上，如图4-149所示。

在“效果”窗口中展开“风格化”选中“Alpha

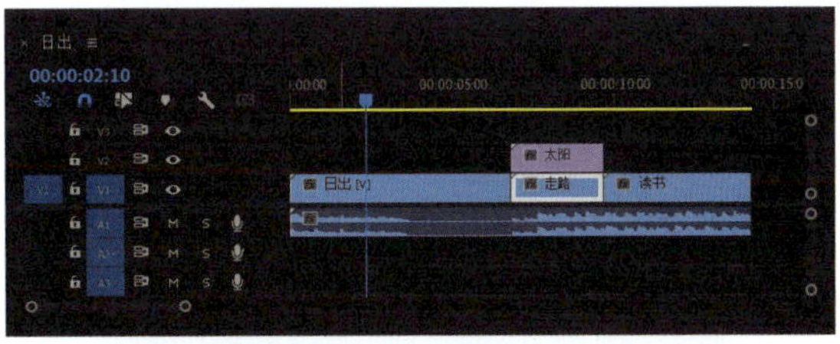

图4-148 将全部素材拖入“时间轴”

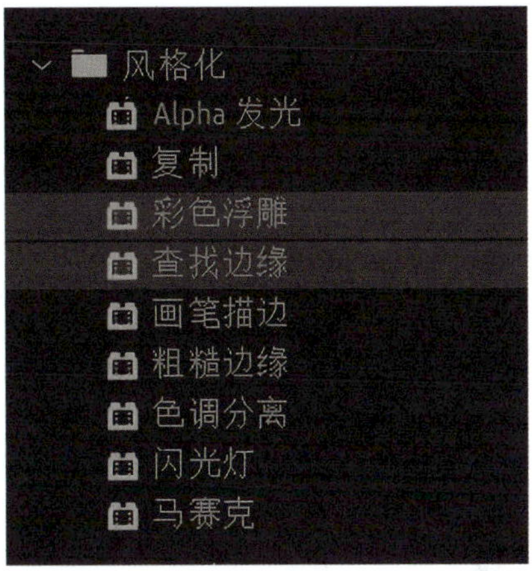

图4-149 “风格化”界面

发光”拖拽至V2轨道的“太阳”视频素材上。

在“效果”窗口中展开“键控”选中“超级键”拖拽至V2轨道的“太阳”视频素材上，如图4-150所示。

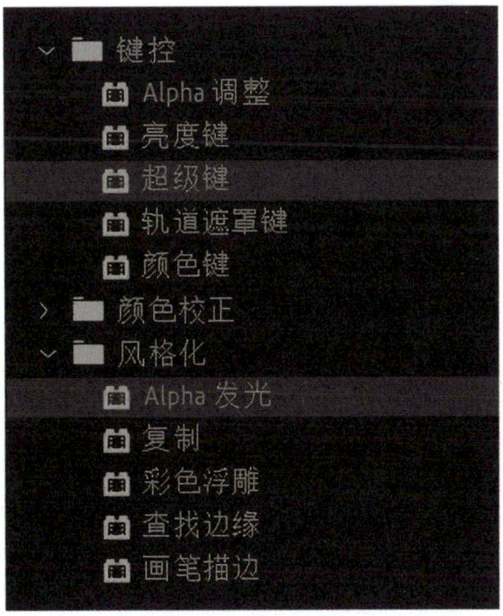

图4-150 “超级键”和“Alpha发光”

在“效果”窗口中展开“颜色校正”选中“Lumetri颜色”拖拽至V1轨道的“走路”视频素材上，如图4-151所示。

图4-151 “颜色校正”

图4-152 “颜色校正”

在“效果”窗口中展开“颜色校正”选中“Brightness & Contrast”拖拽至V1轨道的“读书”视频素材上，如图4-152所示。

在时间轴中将时间指针拖至起始位置，选中V1轨道上的“日出”，在“效果控件”窗口中，为“彩色浮雕”/“起伏”打上关键帧，设置值为0.4。设置“彩色浮雕”/“对比度”的值为600。

将“播放指示器”拖至为2:0s处，设置“彩色浮雕”/“起伏”值为0，并打上关键帧，也为“查找边缘”/“与原始图像混合”打上关键帧，此时值为100%。

将“播放指示器”拖至为1:0s处，设置“查找边缘”/“与原始图像混合”值为0%，并打上关键帧，如图4-153所示。

选中V2轨道的“太阳”素材，在“效果控件”

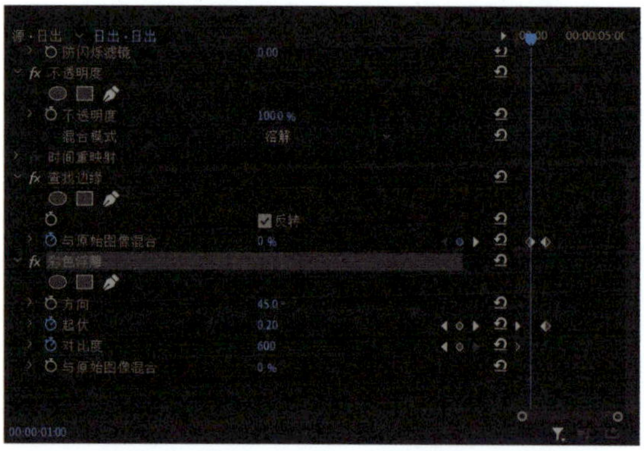

图4-153 “彩色浮雕”和“查找边缘”参数

窗口中，设置“运动”/“位置”的值为（1506，115），设置“缩放”的值为8。设置“超级键”/“主要颜色”为（#FFFFFF）。设置“Alpha发光”/“发光”的值为100，“亮度”的值为141，设置“起始颜色”为（红色#FF0000），“结束颜色”为（#FF8600）。勾选“使用结束颜色”和“淡出”，如图4-154、图4-155所示。

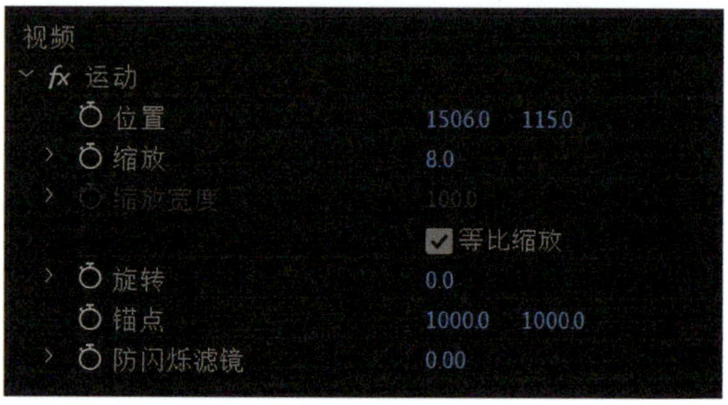

图4-154 “效果控件”/“运动”参数

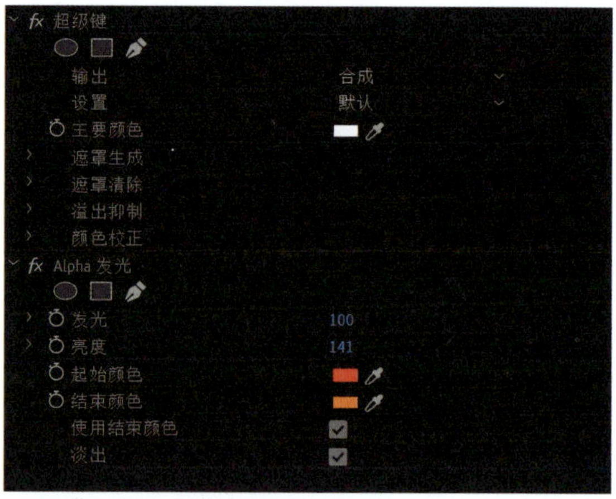

图4-155 “超级键”与“Alpha发光”参数

选中V1轨道的“走路”素材，在“效果控件”窗口中，设置“Lumetri颜色”/“饱和度”的值为178，设置“曝光”的值为-0.2，设置“对比度”的值为18.0，其他数值默认不变，如图4-156所示。

选中V1轨道的“读书”素材，在“效果控件”窗口中，设置“Brightness & Contrast”/“亮度”的值为-19，“对比度”的值为13，如图4-157所示。

选中A1轨道的音频素材，在“效果控件”窗口中，在末尾处为其添加“效果”/“音频过渡”/“交叉淡化”/“指数淡化”，如图4-158所示。

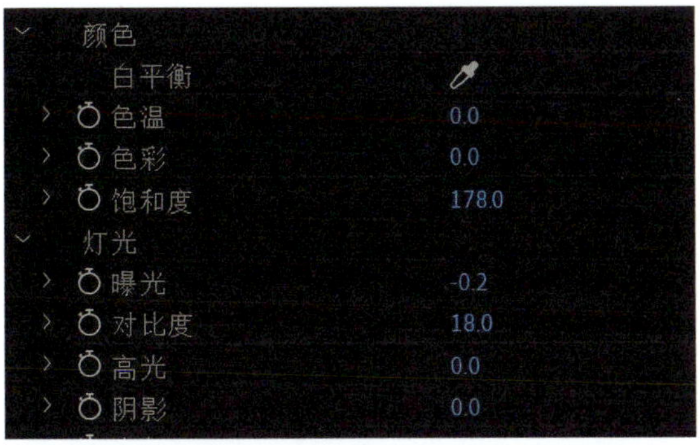

图4-156 “Lumetri颜色”参数

图4-157 “Brightness & Contrast”参数

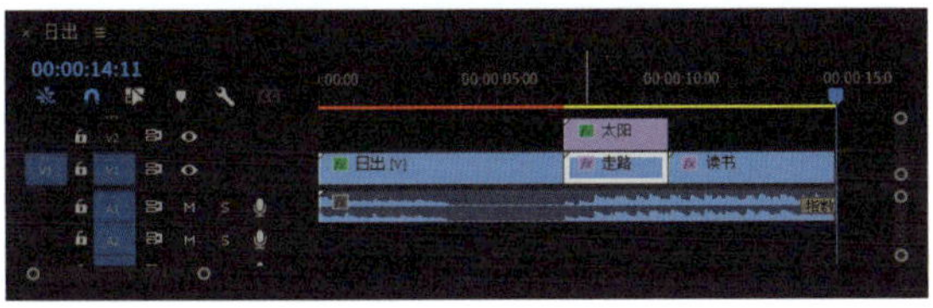

图4-158 添加“指数淡化”

第四节 音频效果与音频过渡

音频包括很多形式，人们能够听到的声音频率在20Hz～20kHz之间，如：交谈声、歌声、乐器声、汽车发动声，甚至是刺耳的噪声等。一切人耳能够听到的声波，都称为音频，不同音频的振动特点不同。Premiere Pro 2022虽然是一款视频编辑软件，但是它也可以通过音效类效果模拟各种不同音质的声音，为不同的画面递进和不同的气氛情节搭配不同的音频和音频效果。

一、音频效果

Premiere Pro 2022 的“效果”面板中包含50余种音频效果，每一种音频效果产生的声音各不相同。

音频效果在操作界面里可分为“效果”和“效果控件”。“效果”用于选择适合当前音频的音频效果，然后将效果应用于素材文件上；“效果控件”用于编辑音频效果，调整“音量”“声道音量”“声像器”等。它在影片制作中烘托就剧情和气氛具有至关重要的作用。

1. 振幅与压限

振幅与压限可以编辑和控制音频的频率，它包括“动态”“动态处理”“单频段压缩器”“增幅”“多频段压缩器”“强制限幅”“消除齿音”“电子管建模压缩器”“通道混合器”和“通道音量”共10种音频效果，如图4-159所示。

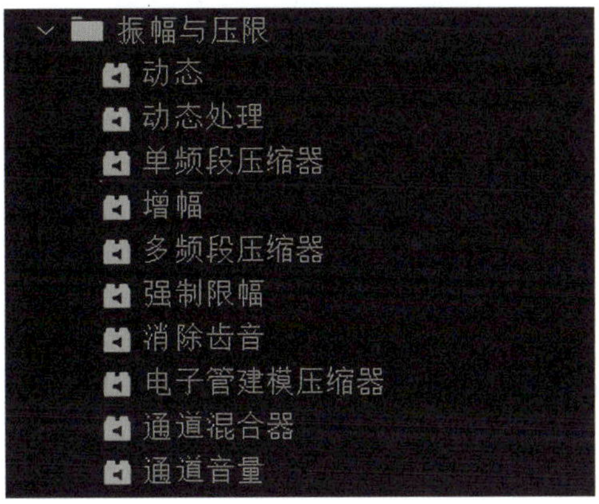

图4-159 “振幅与压限”

“动态”：该效果包含自动门、压缩程序、扩展器和限幅器四个部分，可单独控制每一个部分，让音频素材中的音调变得更灵活。

“动态处理”：该效果可以模拟一些乐器的声音，使音频素材中的声音和乐器的声音同时响起。

“单频段压缩器”：该效果用于单个频段中的波段压缩设置。

“增幅”：该效果可增强或减弱音频素材左声道和右声道的分贝。

“多频段压缩器”：该效果可以将不同频率的音频进行适当的压缩。

“强制限幅”：该效果可强制控制音频素材的频率。

“消除齿音”：该效果可以消除在前期录制中产生的一些刺耳的齿音，如“嘶嘶”声。

“电子管建模压缩器”：该效果用于音频素材的单声道和立体声剪辑，可适当压缩电子管建模的频率。

“通道混合器”：该效果用于调整立体声和环绕声。

“通道音量”：该效果可用于单独控制轨道中的每一条音量的分贝。

2．延迟与回声

延迟与回声类音频效果用于给音频素材添加回声效果，体现出空旷、荒凉的感觉，它包括“多功能延迟”“延迟”和“模拟延迟”共3种音频效果，如图4-160所示。

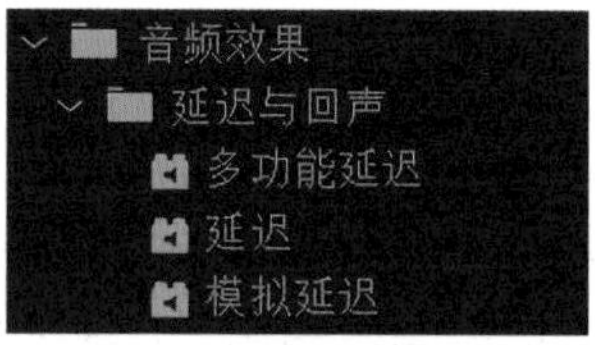

图4-160 “延迟与回声”

“多功能延迟”：该效果可在原音频素材的基础上制作出带有延迟音效的回声效果。

“延迟”：该效果用于添加音频素材的回声，可选择指定时间播放。

“模拟延迟”：该效果可为音频制作出缓慢的回音声。

3．滤波器和EQ

滤波器和EQ主要用于控制音频不同频段的输出音量的大小，它包括“FFT滤波器”“低通”“低音”“参数均衡器”“图形均衡器（10段）”“图形均衡器（20段）”“图形均衡器（30段）”“带通”“科学滤波器”“简单的参数均衡”“简单的陷波滤波器”“陷波滤波器”“高通”和“高音”共14种音频效果，如图4-161所示。

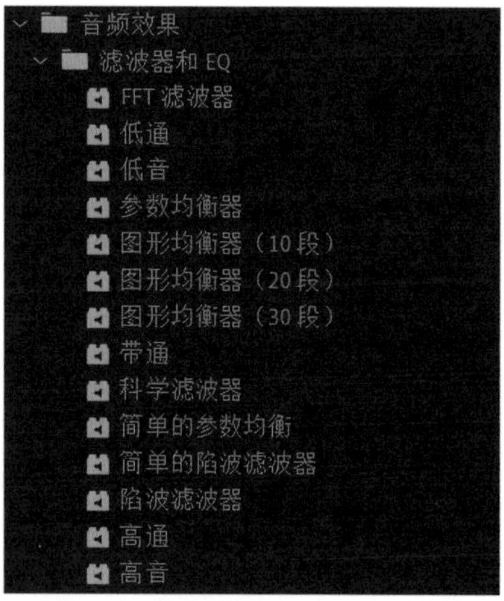

图4-161 “滤波器和EQ”

“FFT滤波器”：该效果用于音频素材的频率输出设置。

“低通”：该效果可删除音频素材中高于指定频率外的其他频率信息。

“低音”：该效果可使音频素材的低音更突出明显。

“参数均衡器”：该效果可增大或减小位于指定中心频率附近的频率。

“图形均衡器（10段）”：该效果可调节各频段信号的增益值。

“图形均衡器（20段）”：该效果可精细地调节各频段信号的增益值。

“图形均衡器（30段）”：该效果可更加精细准确地调节各频段信号的增益值，调整范围相对较大。

“带通”：该效果可以移除在指定范围外发生的频率或频段。

“科学滤波器”：该效果可控制左右两侧的立体声的音量比。

“简单的参数均衡”：该效果可增加或减少特定频率邻近的音频频率，使音调在一定范围内达到均衡。

“简单的陷波滤波器”：该效果用于阶数二阶以上，起到阻碍频率信号的作用。

“陷波滤波器”：该效果可迅速减弱音频信号，属于带阻滤波器的一种。

“高通”：该效果用于删除低于指定频率界限的其他频率。

“高音”：该效果可用于增高或降低高频。

4．调制

调制用于以特殊的效果来调制音频素材，给音频增添一些韵味，它包括“和声/镶边”“移相器”和“镶边”共3种音频效果，如图4-162所示。

“和声/镶边”：该效果可模拟乐器的声音，能够制作出音频的混合特效。

图4-162 “调制”

“移相器”：该效果可通过频率来改变声音，从而模拟出另一种声音效果。

“镶边”：该效果混合与原始信号大致等比例，延迟时间及短暂频率周期变化。

5. 降杂/恢复

降杂/恢复用于减少前期中录进去的杂音，提高音频的音质，它包括“减少混响”“消除嗡嗡声”“自动咔嗒声移除”和“降噪”共4种音频效果，如图4-163所示。

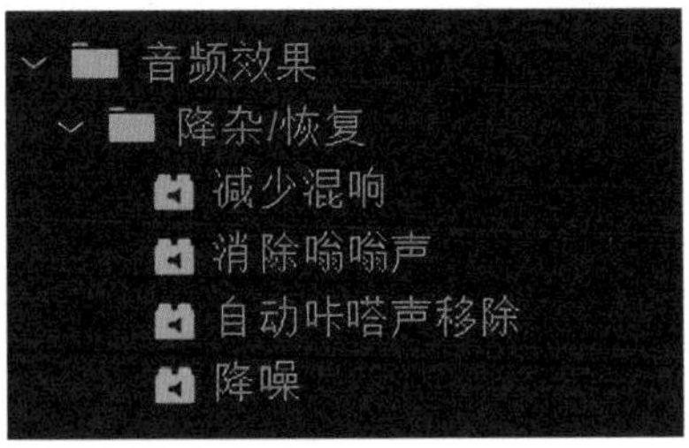

图4-163 “降杂/恢复”

“减少混响”：该效果可减少音频素材中的混响效果。

“消除嗡嗡声”：该效果可去除音频素材中因前期录制时收入的杂音而产生的嗡嗡声音。

“自动咔嗒声移除”：该效果可自动消除前期录制中产生的咔嗒声音。

“降噪”：该效果用于减少或降低音频素材中的噪声。

6. 混响

混响可以给音频添加混响，它包括“卷积混响”“室内混响”和“环绕声混响”共3种音频效果，如图4-164所示。

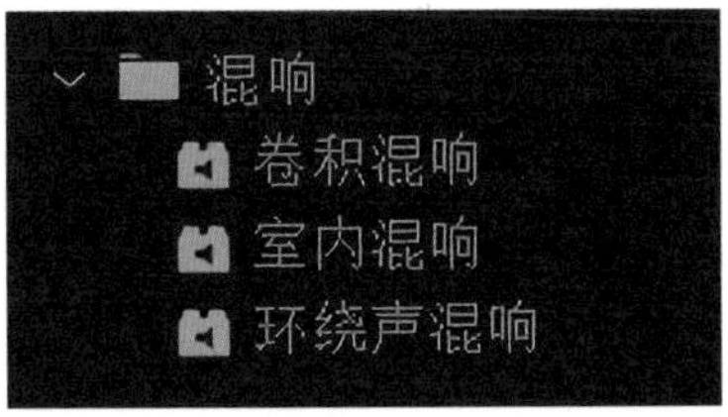

图4-164 “混响”

“卷积混响”：该效果用于在一个位置录制掌声，然后将音响效果应用到不同的录制内容，使它听起来像在原始环境中录制的那样。

“室内混响”：该效果可模拟在室内混响效果。

“环绕声混响”：该效果可模拟声音在房间中的效果和氛围。

7. 特殊效果

特殊效果包括“Binauralizer-Ambisonics”“Loudness Radar”“Panner-Ambisonics”“互换通道”“人声增强”“反相”“吉他套件”“响度计”“扭曲”“母带处理”“用右侧填充左侧”和“用左侧填充右侧”共12种音频效果，如图4-165所示。

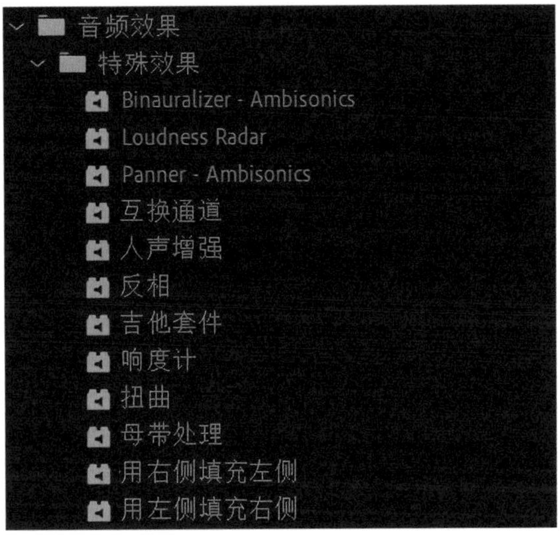

图4-165 “特殊效果”

“Binauralizer-Ambisonics”：该效果主要用于Premiere Pro 2022音频效果中的原场传声器设置。

“Loudness Radar”：该效果以雷达的形式显示各种响度信息，可调节音频的音量大小，适用于广播、电影、电视的后期制作处理。

“Panner-Ambisonics”：该效果用于调整音频信号的定调，适用于立体声编辑。

“互换通道”：该效果用于交换左右声道的信息内容。

“人声增强”：该效果可将音频中的声音调整得更加偏向于男性声音或女性声音，突出人声特点。

“反相”：该效果可以反转所有声道。

“吉他套件”：该效果可模拟吉他弹奏的效果，使音质更加浑厚。

“响度计”：该效果可显示混音、单个轨道或总音轨和子混音测量项目响度。

“扭曲”：该效果可将少量饱和效果应用于任何音频。

“母带处理”：该效果可将录制的人声与乐器声混合，常用于光盘或磁带中。

“用右侧填充左侧”：该效果清空右声道信息，同时复制音频的左侧声道信息，存放右侧声道中作为新的右声道信息。此效果只可用于立体声剪辑。

“用左侧填充右侧”：该效果清空左声道信息，同时复制音频的右侧声道信息，存放左侧声道中作为新的左声道信息。此效果只可用于立体声剪辑。

8. 立体声声像

立体声声像包括“立体声扩展器”音频效果，如图4-166所示。

图4-166 “立体声声像”

“立体声扩展器”：该效果可定位并扩展立体声音的动态范围。

9. 时间与变调

时间与变调包括“音高换档器”音频效果，如图4-167所示。

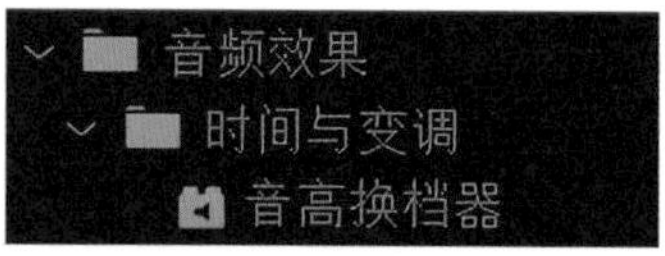

图4-167 “时间与变调”

“音高换档器”：该效果可以实时改变音频素材的音调。

10. VST3

VST3独立于其他效果组，单独显示在外部的音频效果，如图4-168所示。

“余额”：该效果可控制音频在左右声道的输出比例。

“静音”：该效果可将指定音频素材部分制作出静音效果。

“音量”：如果想在其他标准效果之前渲染音量，可使用音量效果代替固定音量效果。正值为增加音量，负值为降低音量。音量效果只仅适用于5.1、立体声或单个声道轨道。

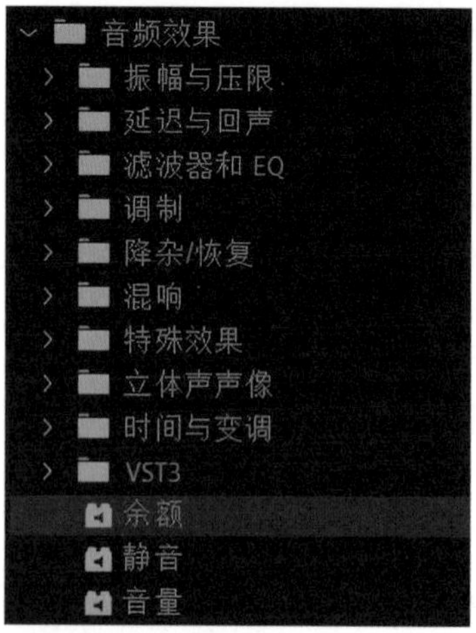

图4-168 “VST3”

二、音频过渡

音频过渡是对同轨道上相邻的两个音频通过转场效果实现声音的交叉过渡。该“效果”面板中只包含“交叉淡化”效果组，效果组下包含“恒定功率”“恒定增益”和“指数淡化”共3种音频过渡，如图4-169所示。

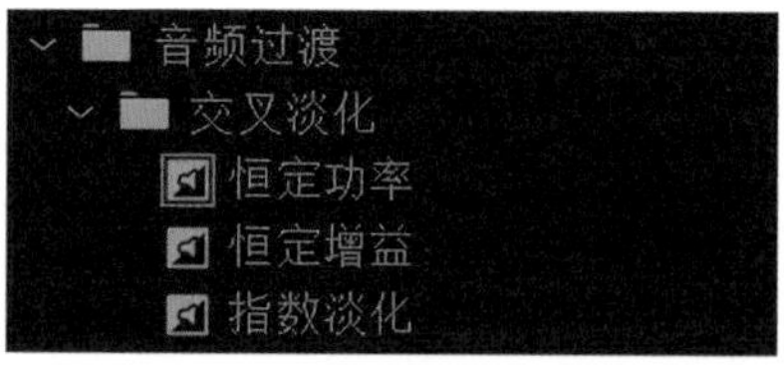

图4-169 “交叉淡化”

“恒定功率”：用于以交叉淡化创建平滑渐变的过渡，与视频剪辑之间的溶解过渡类似。

“恒定增益”：用于以恒定速率更改音频进出的过渡。

“指数淡化”：是以指数方式自下而上地淡入音频。

三、综合实例

实例1：使用“音频过渡”制作视频

双击Premiere Pro 2022图标，打开软件后，

在菜单栏中依次点击“文件”/“新建”/“项目”命令。在导入模式中设置“项目名”为“合成一”，为项目选择合适的路径文件夹，点击“创建”按钮，进入Premiere Pro 2022的编辑模式。

依次导入三个素材文件“开场曲_1”“开场曲_2”和“城市”。将素材依次按照“开场曲_1”“开场曲_2”和“城市”拖入“时间轴”，置于A1轨道，与起始位置对齐，如图4-170所示。

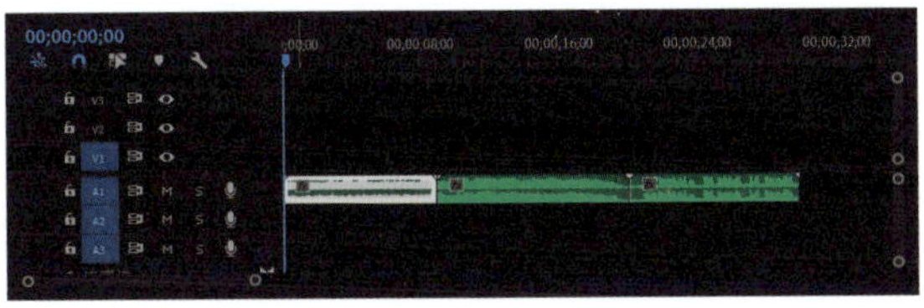

图4-170 将素材拖入“时间轴”

在“效果”窗口中依次展开“音频过渡”/“交叉淡化”，如图4-171所示。

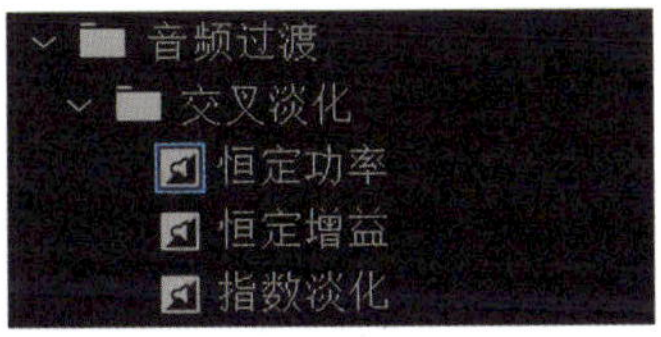

图4-171 “交叉淡化”

将“指数淡化”效果拖拽至“开场曲_1”末尾，将“恒定功率”拖拽至“开场曲_2”末尾。释放鼠标即可添加视频过渡，如图4-172，图4-173所示。

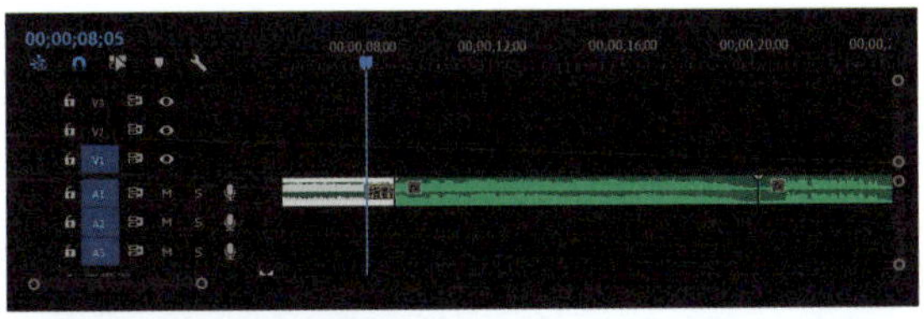

图4-172 添加“指数淡化”

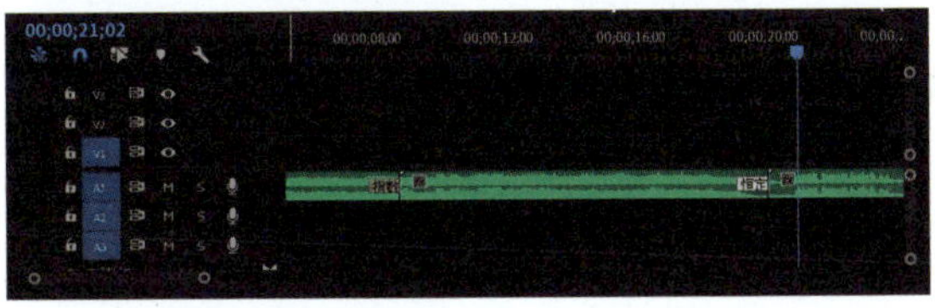

图4-173 添加“恒定功率”

实例2：使用“降噪”和“消除嗡嗡声”消除杂音

双击Premiere Pro 2022图标，打开软件后，在菜单栏中依次点击“文件”/“新建”/“项目”命令。在导入模式中设置“项目名”为“合成二”，为项目选择合适的路径文件夹，点击“创建”按钮，进入Premiere Pro 2022的编辑模式。

导入两个素材文件“C9945”和“C9857”。将“C9945”和“C9857”两个素材，依次置入V1轨道，如图4-174所示。

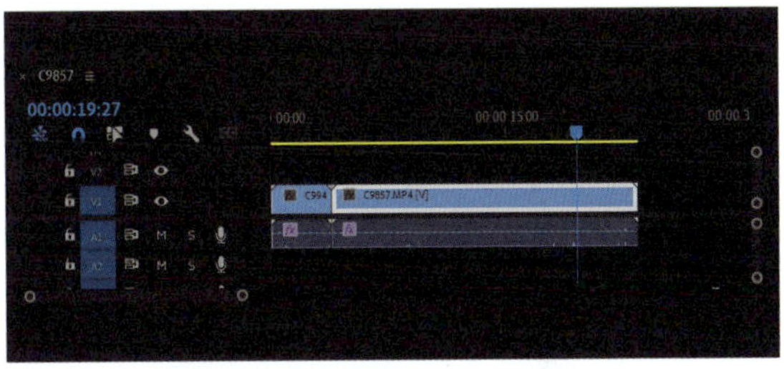

图4-174 将素材拖入“时间轴”

在“效果”窗口中展开“降杂/恢复”，选中“降噪”和“自动咔嗒声移除”，将其拖拽至A1轨道的“C9945”音频素材，如图4-175所示。

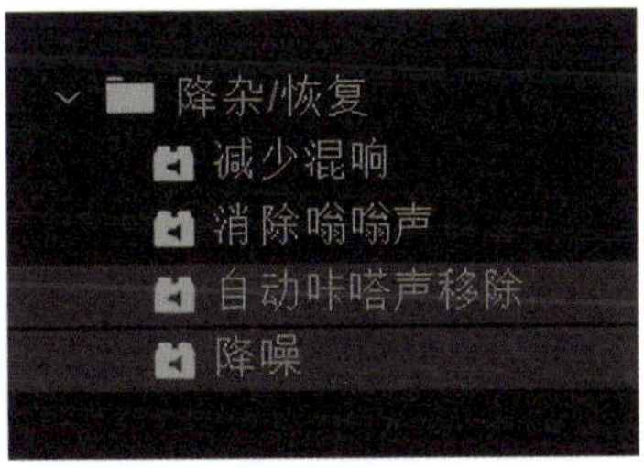

图4-175 “降杂/恢复”

选中A1轨道的“C9945”音频素材，在“效果控件”面板中，点击“降噪”/“自定义设置”/“编辑”。在弹出的“剪辑效果编辑器”中，设置“预设”为“强降噪”，如图4-176所示。

在“效果”窗口中展开“降杂/恢复”，选中“消除嗡嗡声”，将其拖拽至A1轨道的“C9857”音频素材。此片段的杂音全部消除了，如图4-177所示。

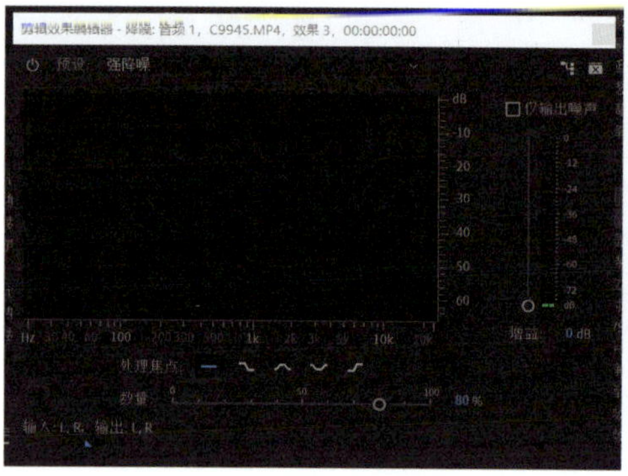

图4-176 “降噪”/“剪辑效果编辑器”

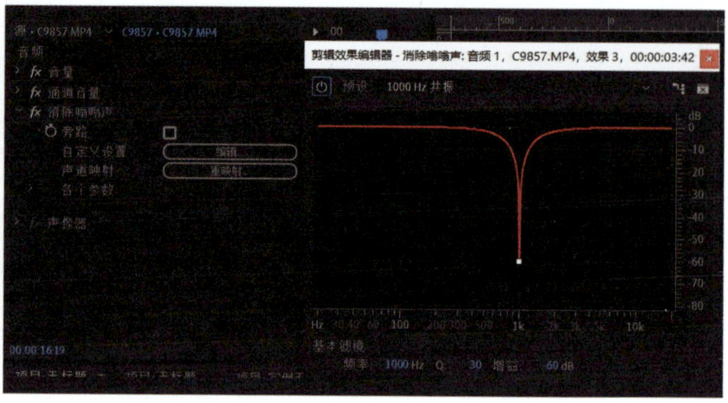

图4-177 剪辑效果编辑器-“消除嗡嗡声”

第五节 语音自动生成字幕

一、了解语音识别

语音识别技术是通过语音识别技术将音频转换成文字的过程。

Premiere Pro 2022较以前的版本相比，最为明显的区别就是自带离线语音识别功能，它能够将音频自动转录成文字并为视频添加字幕，从此告别使用第三方软件添加字幕，准确率较高，还能够导出文本和SRT字幕文件。

二、综合实例

实例：使用“语音识别”制作字幕

双击Premiere Pro 2022图标，打开软件后，在菜单栏中依次点击“文件”/“新建”/“项目”命令。在导入模式中设置“项目名”为“合成一”，为项目选择合适的路径文件夹，点击“创建”按钮，进入Premiere Pro 2022的编辑模式。

导入“农业”素材文件并直接拖至时间轴，如图4-178所示。

选中A1音频素材，在“文本”/“字幕”面板，点击“转录序列”，如图4-179所示。

在弹出的“创建转录文本”中，设置“语言”为“简体中文”，“音频分析”为“混合”，如图4-180所示。

转录成功后，点击“创建说明性字幕”按钮，如图4-181所示。

在弹出的“创建字幕”，设置“最大长度”为15，行数为“单行”，点击“创建”按钮，如图4-182所示。创建成功后，时间轴自动添加字幕轨道，如图4-183所示。

选中所有的字幕，在“基本图形”/“编辑”/“文本”中设置“字体大小”为55，设置“对齐与变换”的“设置垂直位置”为-84，如图4-184所示。

最后在“时间轴”中，调整合适的字幕断句与每段的持续时间，如图4-185所示。

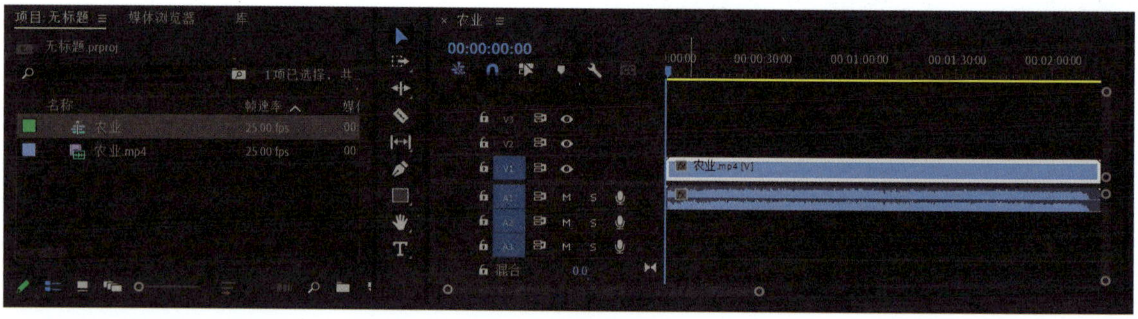

图4-178 将素材拖入“时间轴”

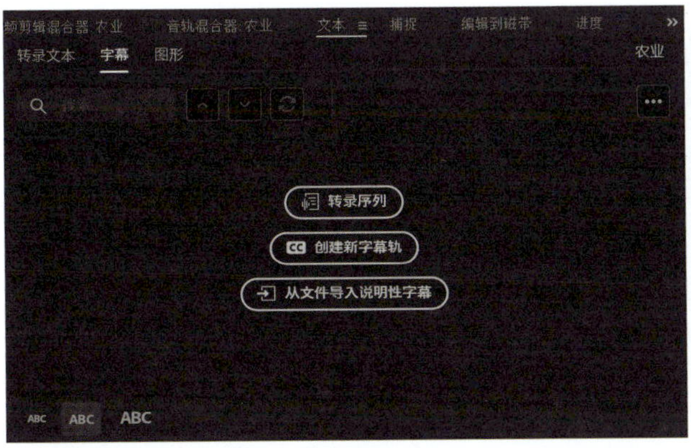

图4-179 “文本” / “字幕” / “转录序列”

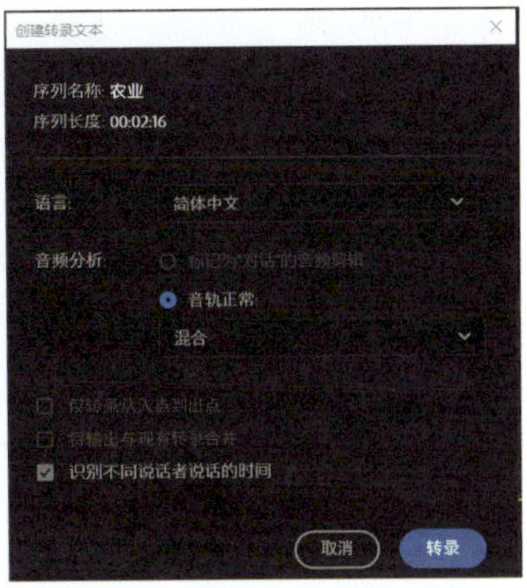

图4-180 “创建转录文本”

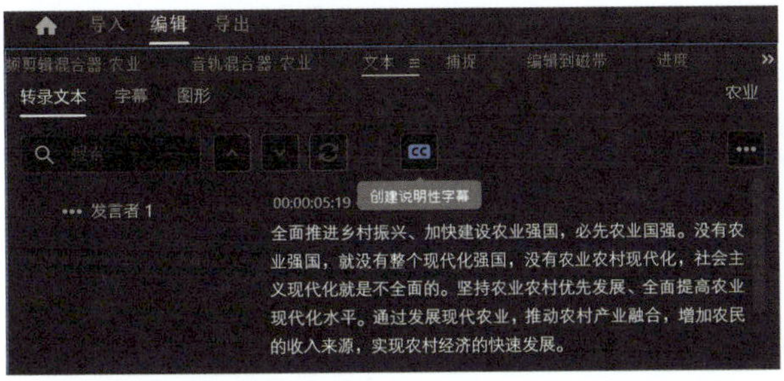

图4-181 “创建说明性字幕”

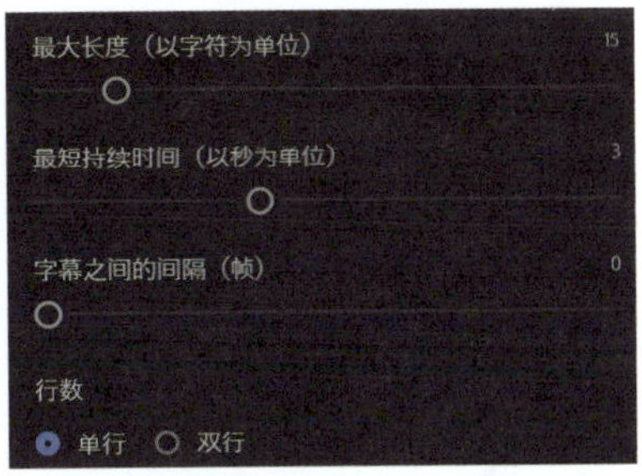

图4-182 “创建字幕”

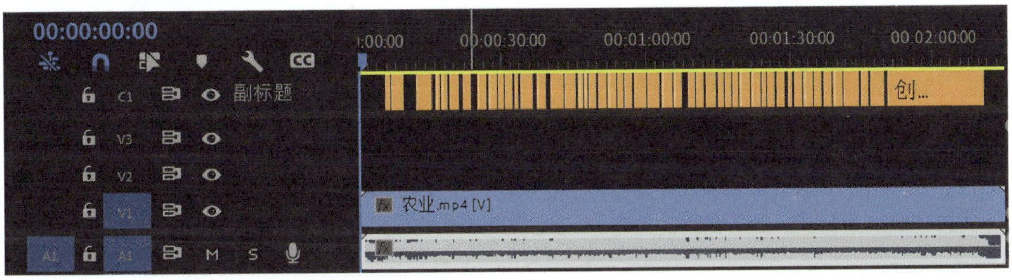

图4-183 添加字幕轨道

图4-184 调整字幕

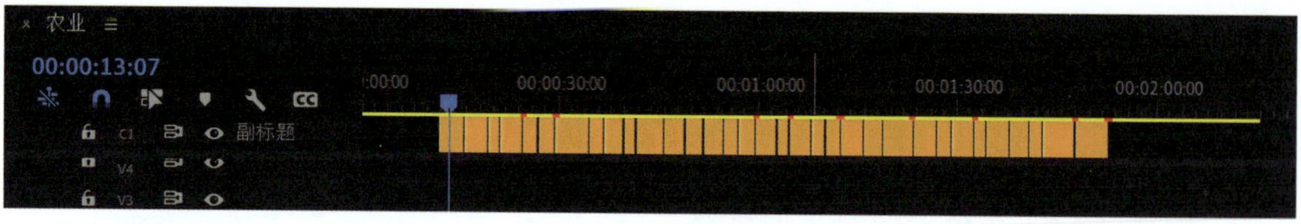

图4-185 调整字幕间隔

本章总结

本章认识了Premiere Pro 2022软件的关键帧动画、视频过渡、视频效果、音频效果、音频过渡和语音自动生成字幕，并进行了实践操作。

重点

（1）关键帧动画：掌握创建、复制、移动和删除关键帧，以及认识关键帧插值。

（2）视频过渡效果：了解视频过渡效果的作用，掌握视频过渡的基本操作。

（3）视频效果：了解视频效果的作用，掌握视频效果的基本操作。

（4）音频效果和音频过渡：了解音频效果和音频过渡的作用，学会运用音频效果和音频过渡。

（5）语音自动生成字幕：学会使用语音自动生成字幕功能。

难点

能够运用所学理论和实践知识，使用Premiere Pro 2022独立完成影视后期制作工作，并保证作品的质量。

课后作业

简答题

（1）什么是关键帧动画?

（2）视频过渡的作用是什么?

（3）视频过渡和视频效果的区别是什么?

实践

根据本章知识制作一个视频，视频必须使用到关键帧动画、视频过渡、视频效果、音频效果、音频过渡和语言自动生成字幕等功能。

思考拓展

通过本章的介绍，思考：在影视后期制作中使用PR软件如何优化工作流程、应用创意特效、加强协作与沟通，并注重学习与创新。这些思路和方法将有助于提升影视后期制作人员的实操能力和创造力，为影片的制作提供更加优质和精彩的效果。

课程资源链接

课件

第五章 AE软件基础

本章主要介绍After Effects 2022软件的图层、蒙版、常用视频效果、过渡效果、颜色校正、抠像和文字效果等功能，通过实践案例实现影视后期制作。

知识目标

（1）了解图层的分类、蒙版、常用视频效果、过渡效果、颜色校正、抠像和文字效果。

（2）使用图层、蒙版、视频效果、过渡效果、颜色校正、抠像和文字效果制作特效视频。

能力目标

能够运用所学理论和实践知识，使用After Effects 2022独立完成影视后期制作工作，并保证作品的质量。

第一节　图层

After Effects图层的基本操作包括对图层的选择、重命名、顺序更改、复制、粘贴、隐藏、显示以及预合成等功能。

图层是构成合成的元素，可根据需要使用许多图层来创建合成。某些合成包含数千个图层，而某些图层仅包含一个图层。

一、图层分类

1. 文本图层（Text layer）

用于创建“文本”的标准方式。在“文本”图层中可以调整文字的大小和对齐方式、文字的间距、字距、颜色以及字体。“文本”还可以添加AE的特效预设，如图5-1、图5-2所示。

2. 纯色图层（Solid layer）

“纯色”图层本质是一个载体，如同一张白纸。可以在“纯色”图层上添加效果，融入合成中，也可以将其应用于遮罩和混合样式功能中，如图5-3、图5-4所示。

创建图层后，更改颜色的快捷键为Ctrl+Shift+Y。

3. 形状图层（Shape layer）

作为AE最重要的图层之一，很多效果都需要用到“形状”图层。可以使用预设形状，也可以使用钢笔工具绘制图形，如图5-5和图5-6所示。

图5-1　新建“文本”图层

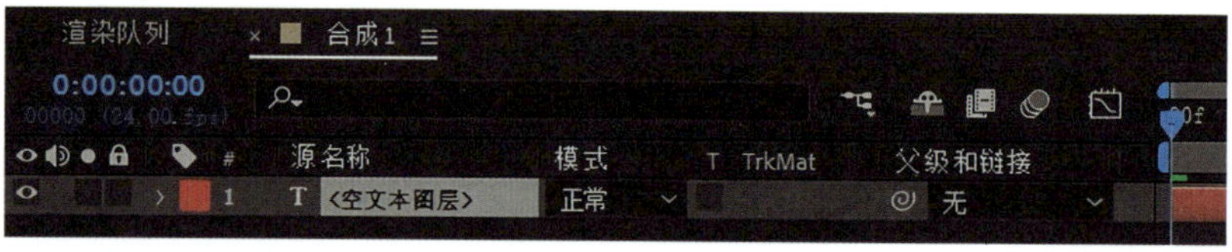

图5-2　“文本”图层

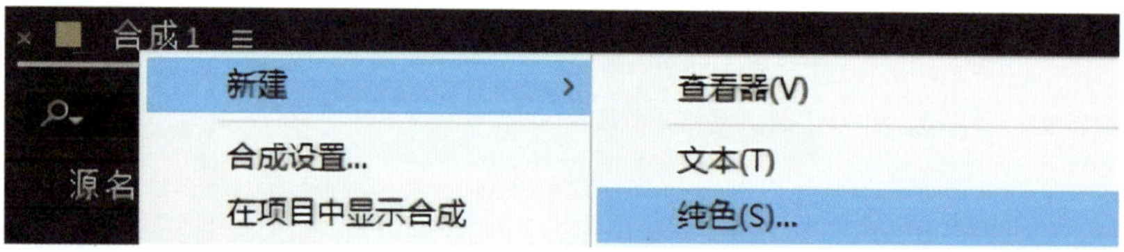

图5-3　新建“纯色”图层

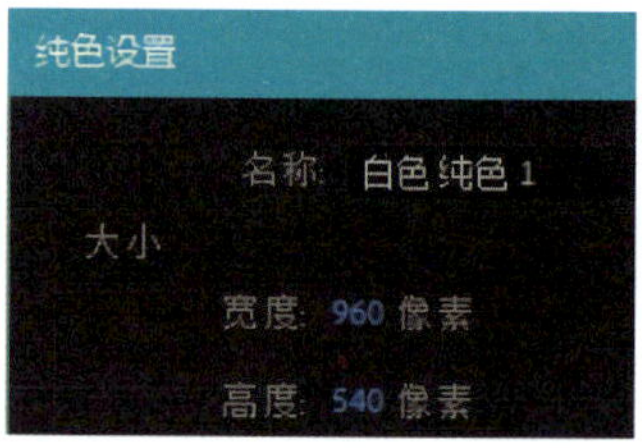

图5-4　“纯色”设置

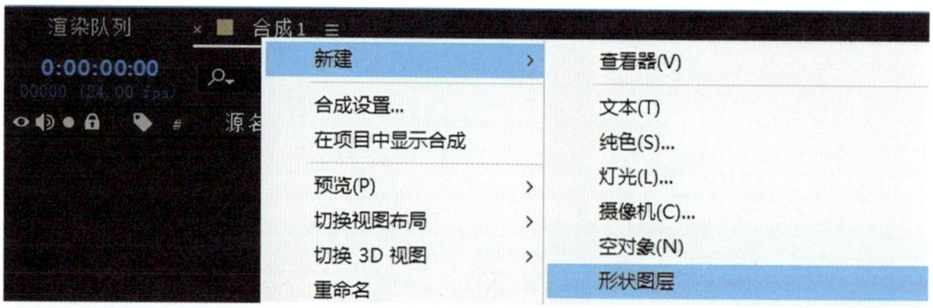

图5-5　新建“形状”图层

图5-6　“形状”图层

4. 调整图层（Adjustment layer）

在向某个图层应用效果时，该效果将仅应用于该图层，不应用于其他图层。应用于某个“调整”图层的任何效果均会影响在图层堆叠顺序中位于该图层之下的所有图层，如图5-7、图5-8所示。

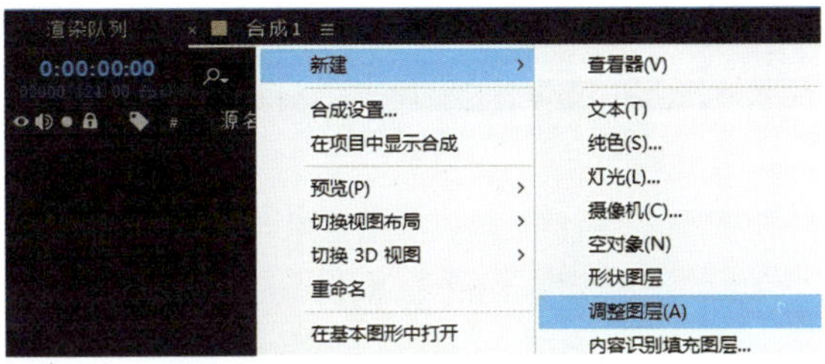

图5-7 新建“调整”图层

图5-8 “调整”图层

5. 摄像机图层（Camara layer）

可以模仿真实摄像机视角移动，控制动画对象的3D和运动，只用于三维的合成，如图5-9、图5-10所示。

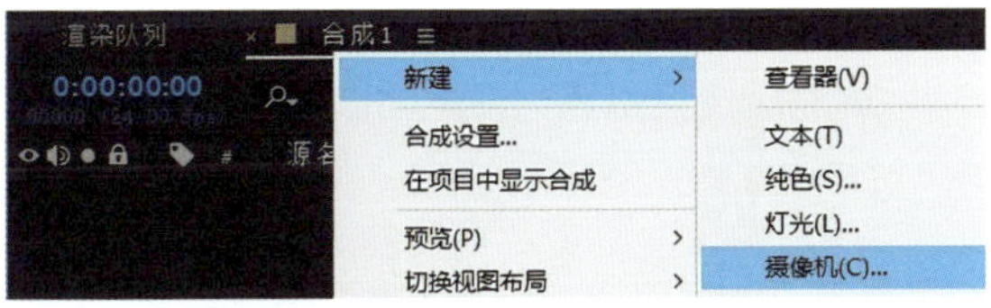

图5-9 新建“摄像机”图层

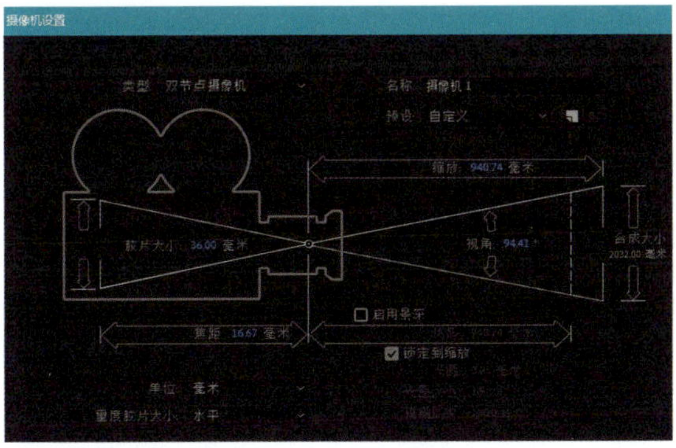

图5-10 “摄像机设置”

6. 灯光图层（light layer）

只用于三维的合成，作为光源可以影响三维图层，如图5-11、图5-12所示。

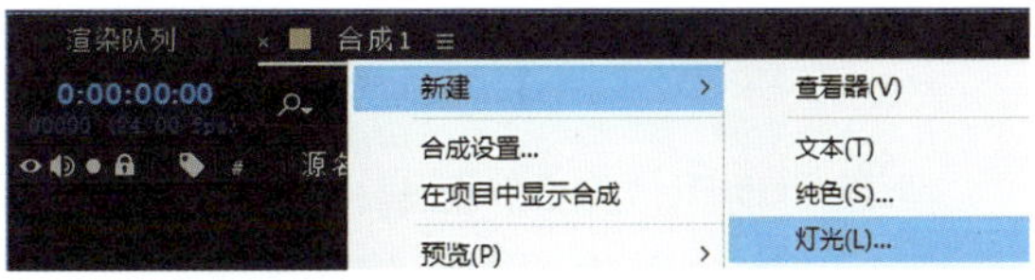

图5-11 新建“灯光”图层

图5-12 “灯光”图层

“灯光”图层有四个类型。

（1）点光源（Point Lights）。点光源顾名思义只在一个点（一个位置）处发射灯光，就像是一个灯泡，灯光层作用于360度，如图5-13所示。

（2）聚光灯（Spot Lights）。聚光灯的光有方向性，可以通过调节光源的范围增大光线的影响范围，如图5-14所示。

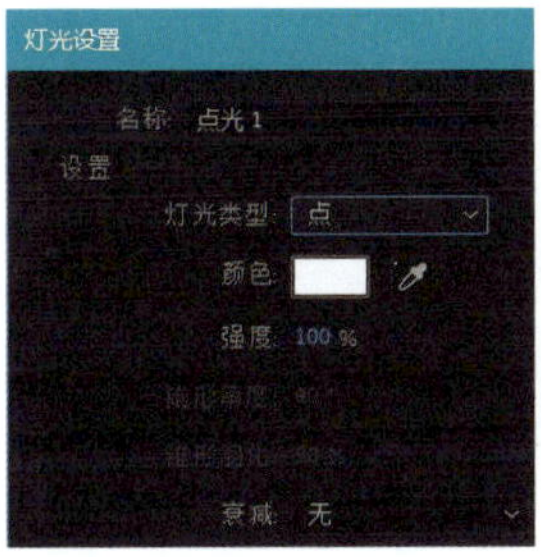

图5-13 设置为点光源

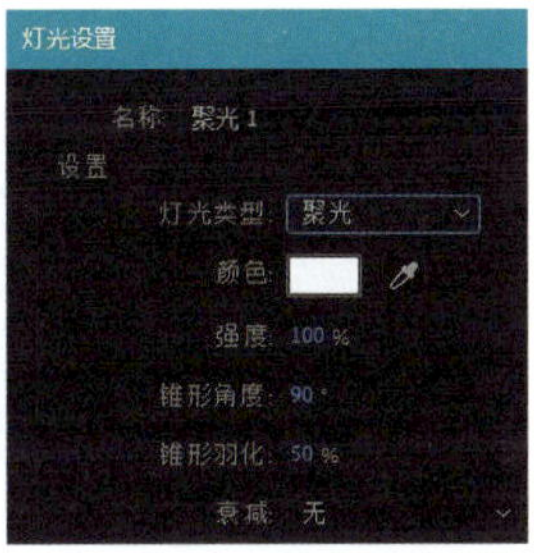

图5-14 设置为聚光灯

（3）环境光（Ambient Lights）。环境光是一个通用光源，环境光没有衰减，亮度可以作用于整个场景，如图5-15所示。

（4）平行光（Parallel Lights）。平行光有点像聚光灯和环境光的混合，平行光能投射到整个构图（如环境光），但是它只能向一个方向投射（如聚光灯）。它就像是我们生活中的太阳一样，发射平行光，如图5-16所示。

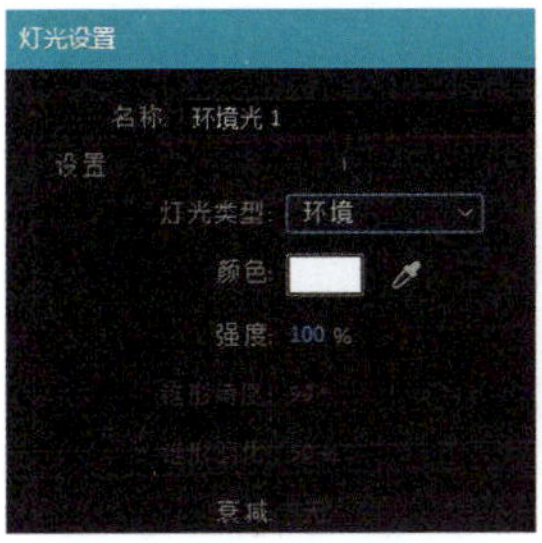

图5-15 设置为环境光

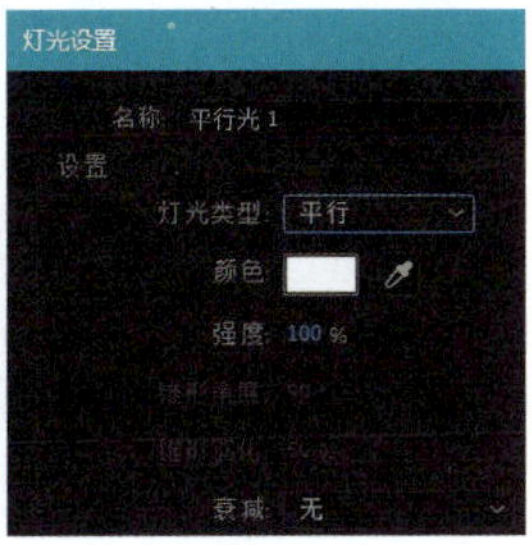

图5-16 设置为平行光

二、综合实例

实例1：使用“文本”图层、“纯色”图层、“形状”图层和“调整”图层制作创意文字

双击After Effects 2022图标，打开软件后，在菜单栏中点击“新建项目”命令。在“项目”面板中右击，选择“新建合成”选项，如图5-17所示。在弹出的“合成设置”面板中设置“合成名称”为“创意文字”，“预设”为“自定义”，“宽度”为960，“高度”为540，“像素长宽比”为“方形像素”，“帧速率”为24，“分辨率”为“完整”，“持续时间”为3秒，其他设置默认不变，单击“确定”按钮，如图5-18所示。也可以在“合成”面板中直接点击“新建合成”。

在“时间轴”面板中右击，选择“新建”/“纯色”，如图5-19所示。在弹出的“纯色设置”面板中设置“名称”为“纯色1”，“颜色”设置为“#FCF752”，其他设置默认不变，如图5-20所示。

图5-17 “新建合成”

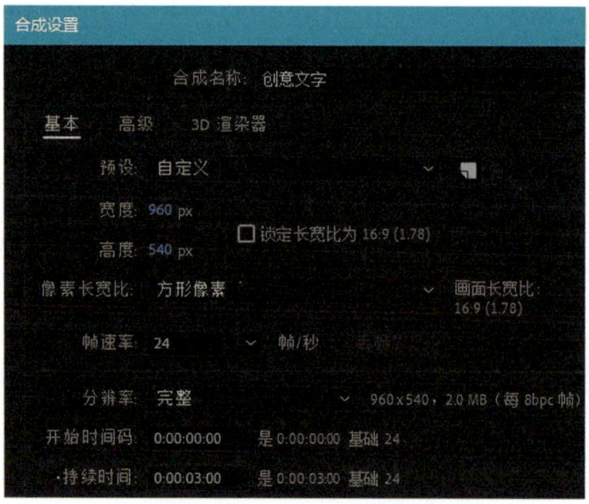

图5-18 “合成设置”

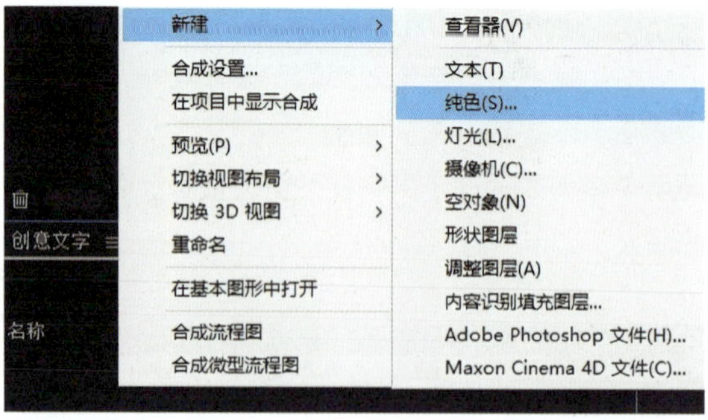

图5-19 新建“纯色”

图5-20 “纯色设置”

在“时间轴”面板中右击，选择“新建”/“形状图层”，在“工具栏”面板中设置，如图5-21所示。“填充颜色”设置为“#ACC121”，单击“确定”按钮（如图5-22所示），将“工具栏”的“描边”设置为“无”，单击“确定”按钮，如图5-23所示。

图5-21 工具栏中的“填充”和“描边”选项

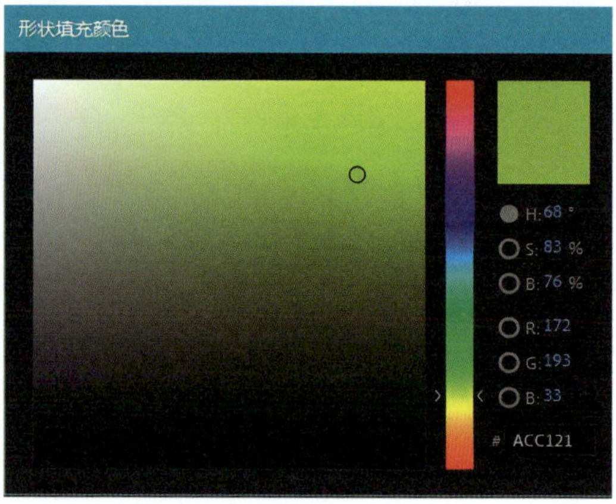

图5-22 “形状图层”填充颜色

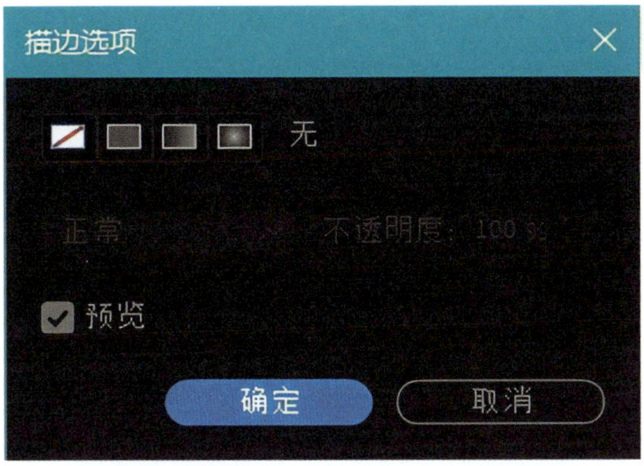

图5-23 “描边”选项

在“时间轴”面板中，选择“形状图层1”，在工具栏面板中，选择“椭圆工具”，如图5-24所示。按住“shift”键，在合成面板中画出多个大小不一的圆形，如图5-25所示。

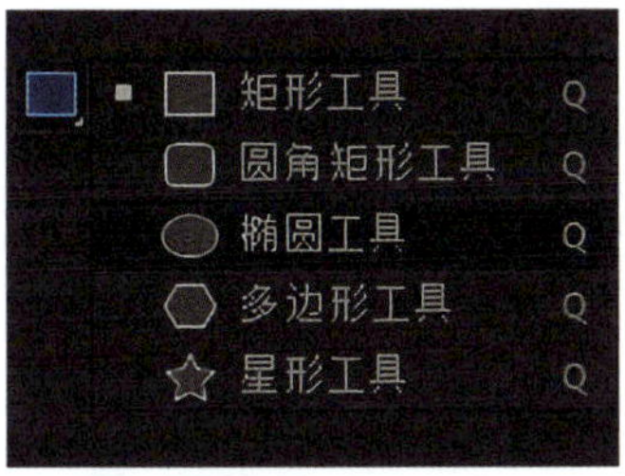

图5-24 “椭圆工具”

图5-25 圆形效果

在“时间轴”面板中，选择“新建”/“文本”，如图5-26所示。在“字符”面板中，设置“字体”为“Comic Sans MS”，“设置字体大小”为80像素，如图5-27所示。在“合成”面板输入spongebob字样。在“时间轴”面板中点击“spongebob”图层中的“变换”，设置“位置”为（280.0，280.0），其他设置默认不变，如图5-28所示。最终文本效果如图5-29所示。

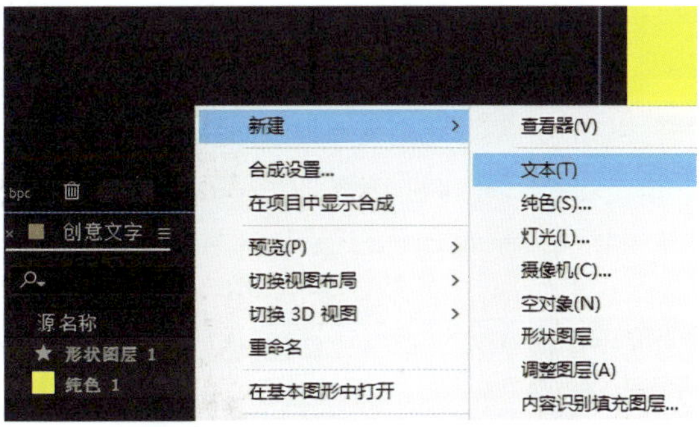

图5-26 新建“文本”图层

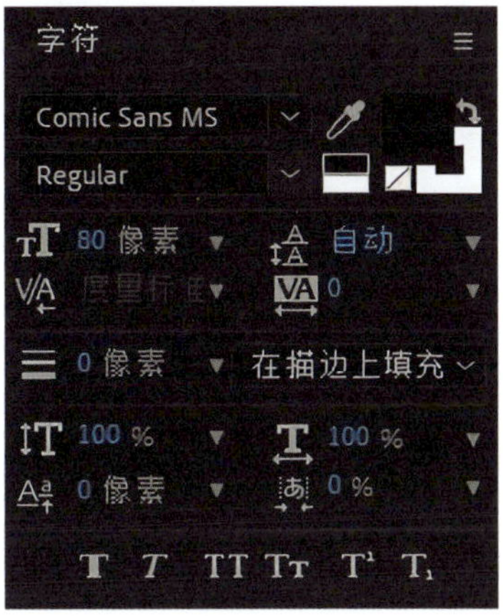

图5-27 设置“字符”面板

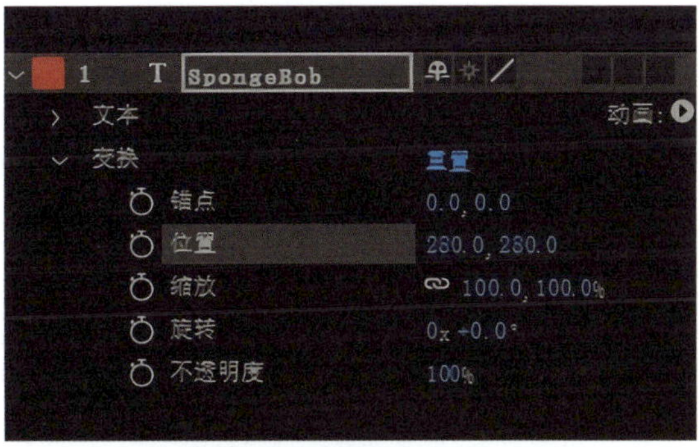

图5-28 调整“文本”图层的位置

图5-29 文本效果

在“时间轴”面板中，选择“新建”/“调整图层”，如图5-30所示。在“效果和预设”中搜索“曲线”，如图5-31所示。将该效果拖曳到调整图层，并在“效果控件”面板调整曲线参数，如图5-32所示。调整后效果如图5-33所示。

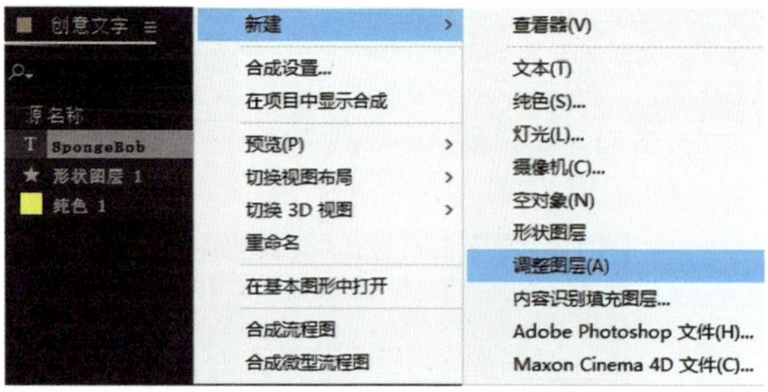

图5-30　新建“调整图层”

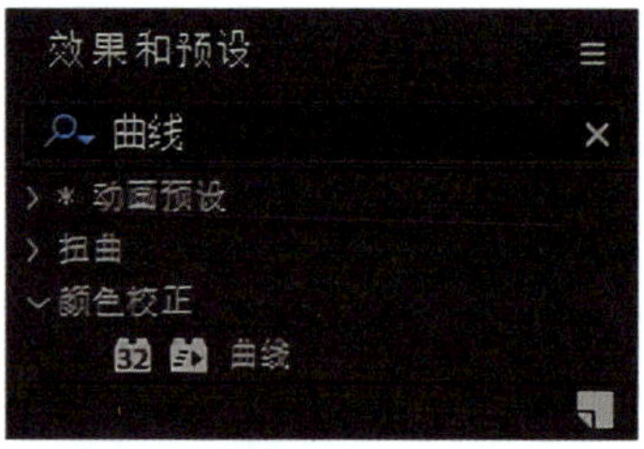

图5-31　搜索“曲线”

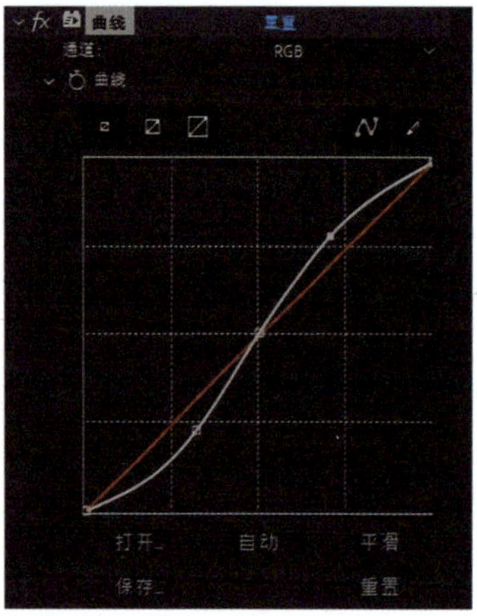

图5-32　调整“曲线”参数

图5-33　调整后效果

在“效果和预设”面板中搜索“线性擦除”，如图5-34所示，并将该效果拖曳至“spongebob”图层上，将“时间指示器”拖动至起始位置，在“效果控件”面板中单击“过渡完成”前的时间变化秒表按钮，设置“过渡完成”为100，“擦除角度”为（0x -90.0°），“羽化”的值为100。再将“时间指示器”拖至1:16s处，设置“过渡完成”为0，如图5-35所示。

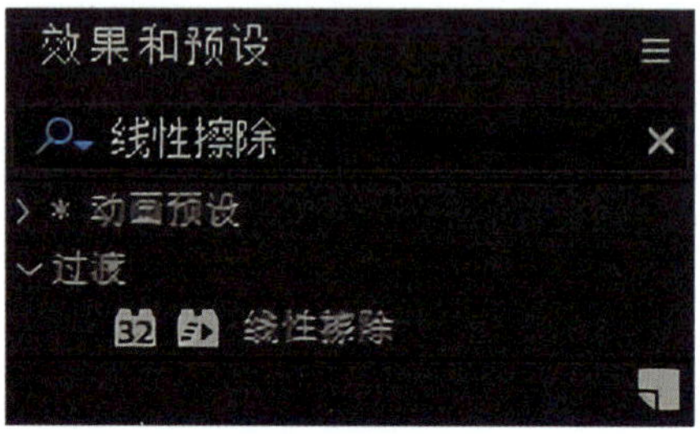

图5-34　搜索“线性擦除”

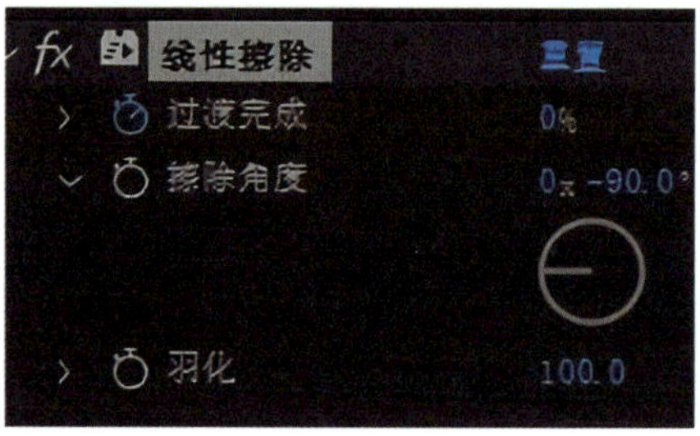

图5-35　“线性擦除”设置

在“时间轴”面板中，选择“spongebob”图层，打开“缩放”面板（快捷键S），将“时间指示器”拖至1:16s帧处，单击时间变化秒表按钮，设置“缩放”为100，将“时间指示器”拖至1:19s处，设置“缩放”的值为140，将“时间指示器”拖至1:22s处，设置“缩放”的值为110，将“时间指示器”拖至2:01s处，设置“缩放”的值为120，将“时间指示器”拖至2:04s处，设置“缩放”的值为110，将“时间指示器”拖至2:07s处，设置“缩放”的值为115，将“时间指示器”拖至2:10s处，设置“缩放”的值为110，为文字增加动态效果，如图5-36所示。

在“菜单栏”面板中，选择“文件”“导出”“添加到渲染列队”（快捷键Ctrl+M）。单击“输出模块”的“无损”，在弹出的“输出模块设置”面板中设置“格式”为AVI，单击“确定”按钮。

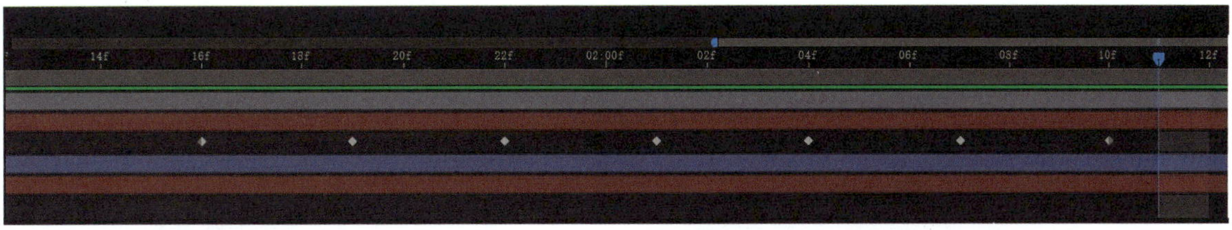

图5-36　文字动态效果关键帧

单击“输出到”后面的文字，在弹出的“将影片输出到”窗口中设置文件保存路径，设置完成后单击“保存”按钮完成此操作。在“渲染队列”面板中单击“渲染”按钮。待听到提示音时，导出操作完成。

实例2：使用“灯光”图层制作视频效果

双击After Effects 2022图标，打开软件后，在菜单栏中点击“新建项目”命令。在“项目”面板中右击，选择“新建合成”选项，在弹出的“合成设置”面板中设置“合成名称”为“花”，“预设”为“自定义”，“宽度”的值为5184px，“高度”的值为3456px，“像素长宽的比值”为“方形像素”，“帧速率”为24，“分辨率”为“完整”，“持续时间”为2秒，其他设置默认不变，单击“确定”按钮（图5-37），也可以在“合成”面板中直接点击“新建合成”。在“菜单栏”中选择“文件”/“导入”/“文件”命令，导入“花.jpg”素材文件。将“项目”面板中的“花.jpg”拖曳到“时间轴”面板中。激活“花.jpg”图层的3D按钮，如图5-38所示。

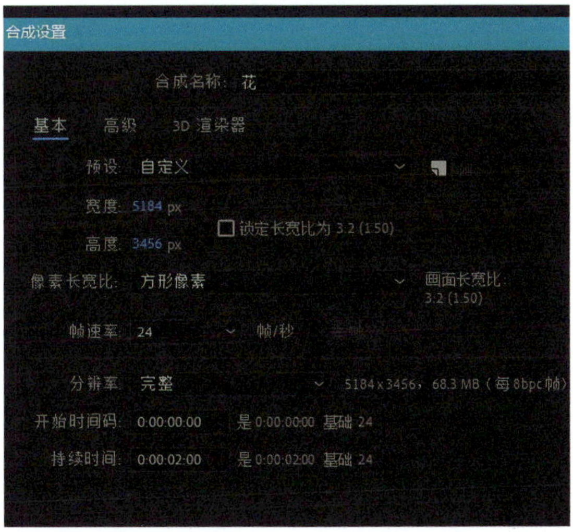

图5-37　合成设置

图5-38　激活“3D按钮”

在“时间轴”面板中右击，选择“新建”/“灯光”，如图5-39所示。在弹出的“灯光设置”面板中设置“灯光类型”为“聚光”，名称为默认的“聚光1”，“颜色”为白色，“强度”为120，“锥形角度”为130°，“锥形羽化”为100，其他设置默认不变，如图5-40所示。调整后效果如图5-41所示。

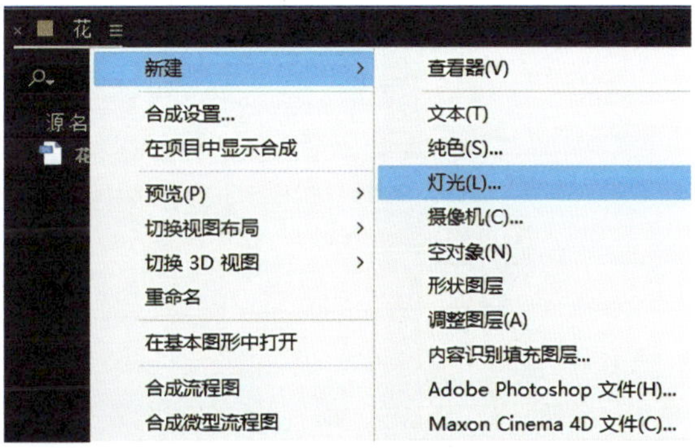

图5-39　新建“灯光”

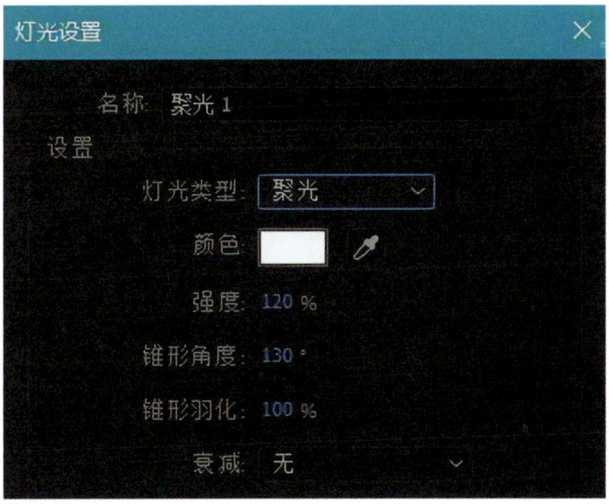

图5-40　“灯光设置”

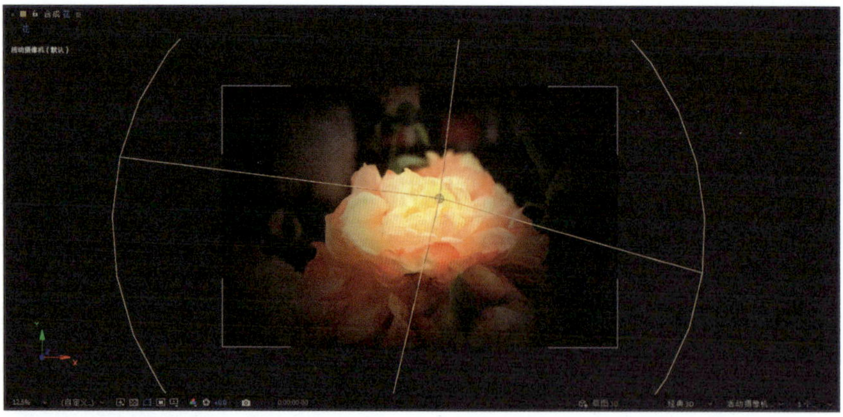

图5-41　调整后效果

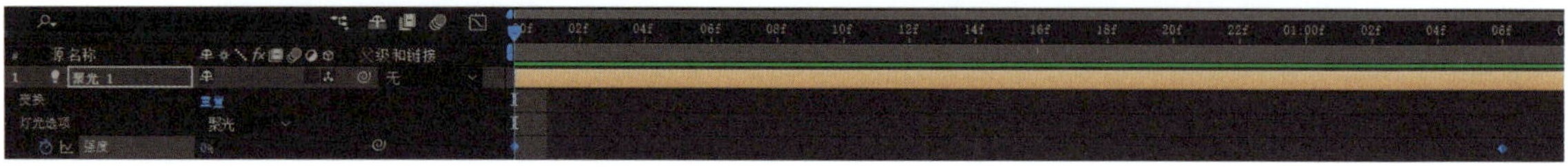

图5-42　“强度”变化效果

在“时间轴”面板中，打开“聚光1”图层中的“灯光选项”，将“时间指示器”拖至1:06s处，单击“强度”前的时间变化秒表按钮，再将“时间指示器”拖动至起始位置，设置“强度”的值为0，如图5-42所示。

选中“时间轴”面板，使用“渲染队列”快捷键Ctrl+M。单击“输出模块”的“无损”，在弹出的“输出模块设置”面板中设置“格式”为JPEG，单击“确定”按钮。

单击“输出到”后面的文字，在弹出的“将影片输出到”窗口中设置文件保存路径，设置完成后单击“保存”按钮完成此操作。在“渲染队列”面板中单击“渲染”按钮。待听到提示音时，导出操作完成。

实例3：使用摄像机图层制作拉镜动画

双击After Effects 2022图标，打开软件后，在菜单栏中点击“新建项目”命令。在“项目”面板中右击，选择“新建合成”选项，在弹出的“合成设置”面板中设置“合成名称”为“创意文字”，“预设”为“自定义”，“宽度”的值为1920px，“高度”的值为1080px，“像素长宽比”为“方形像素”，“帧速率”为24，“分辨率”为“完整”，“持续时间”为2秒，其他设置默认不变，单击“确定”按钮，如图5-43所示。也可以在“合成”面板中直接点击“新建合成”。

在“时间轴”面板中右击，选择“新建”/“纯色”，在弹出的“纯色设置”面板中设置“名称”为“纯色1”，“颜色”设置为“#61FFD1”，其他设置默认不变，如图5-44所示。

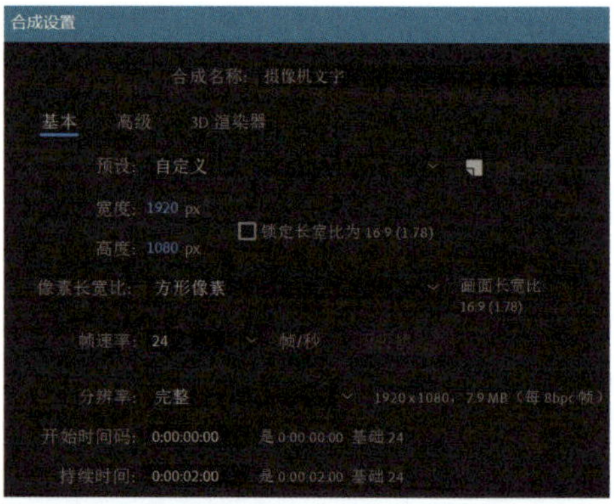

图5-43　“新建合成”

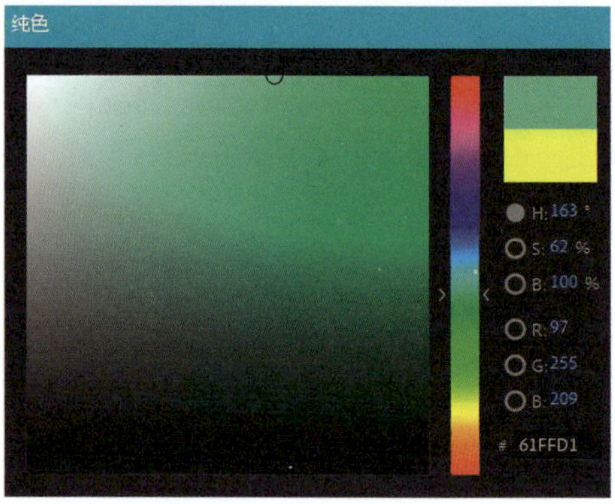

图5-44　“纯色设置”

在“时间轴”面板中右击，选择“新建”/“摄像机”，在弹出的“摄像机设置”面板中设置“名称”为“摄像机1”，其他设置默认不变，如图5-45所示。在“时间轴”面板中，选择“摄像机1”图层，设置“父级和链接”为“纯色1”，如图5-46所示。

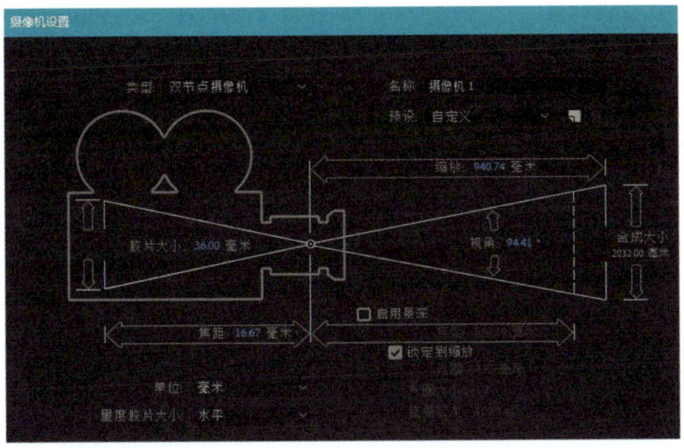

图5-45 “摄像机”设置

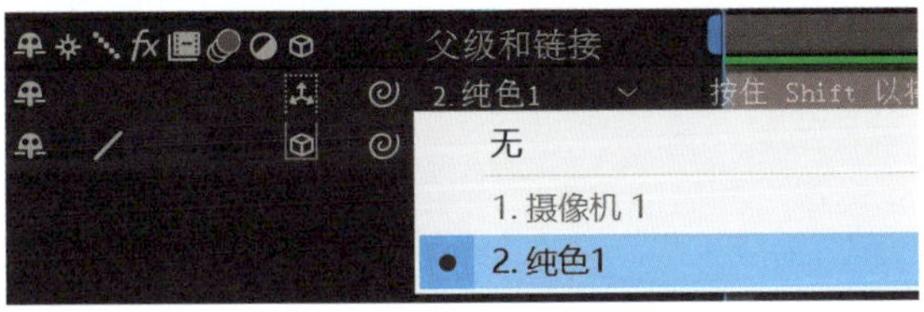

图5-46 设置“父级和链接”

在“时间轴”面板中，选择“新建”/“文本”。在“字符”面板中，设置“字体”为“Franklin Gothic Medium”，“设置字体大小”为50像素，“颜色”为白色，其他设置默认不变，如图5-47所示。在“合成”面板输入AE字样，在“时间轴”面板中打开“AE”图层中的“变换”，设置“位置”

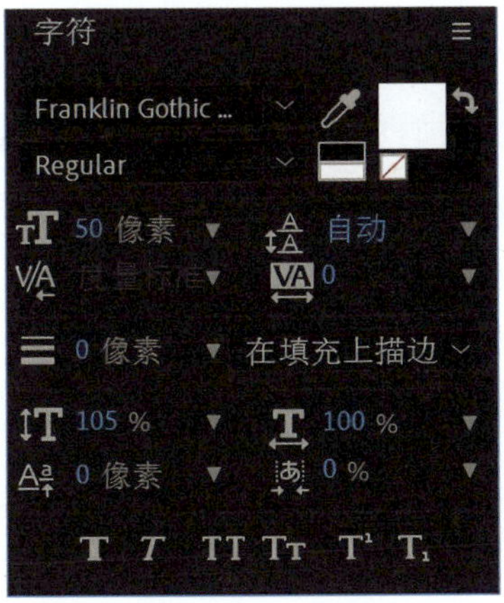

图5-47 设置“字符”面板

的值为（935，560）。

在“时间轴”面板中，选择“新建”/“文本”。在“字符”面板中，设置“字体”为“Franklin Gothic Medium”，“设置字体大小”为150像素，“颜色”为白色，其他设置默认不变，如图5-48所示。在“合成”面板输入PR字样，在“时间轴”面板中打开“PR”图层中的“变换”，设置“位置”的值为（460，870）。

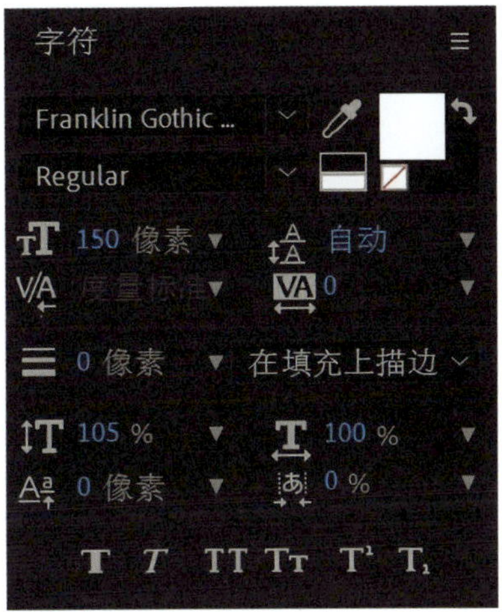

图5-48 设置“字符”面板

在“时间轴”面板中，选择“新建”/“文本”。在“字符”面板中，设置“字体”为“Franklin Gothic Medium”，“设置字体大小”为150像素，“颜色”为白色，其他设置默认不变。在“合成”面板输入PS字样，在“时间轴”面板中打开“PS”图层中的“变换”，设置“位置”的值为（1400，340）。

在“时间轴”面板中，选择“新建”/“文本”。在“字符”面板中，设置“字体”为“Franklin Gothic Medium”，“设置字体大小”为150像素，“颜色”为白色，其他设置默认不变。在“合成”面板输入AI字样，在“时间轴”面板中打开“AI”图层中的“变换”，设置“位置”的值为（290，390）。

在“时间轴”面板中，选择“新建”/“文本”。在“字符”面板中，设置“字体”为“Franklin Gothic Medium”，“设置字体大小”为150像素，“颜色”为白色，其他设置默认不变。在“合成”面板输入ID字样，在“时间轴”面板中打开“ID”

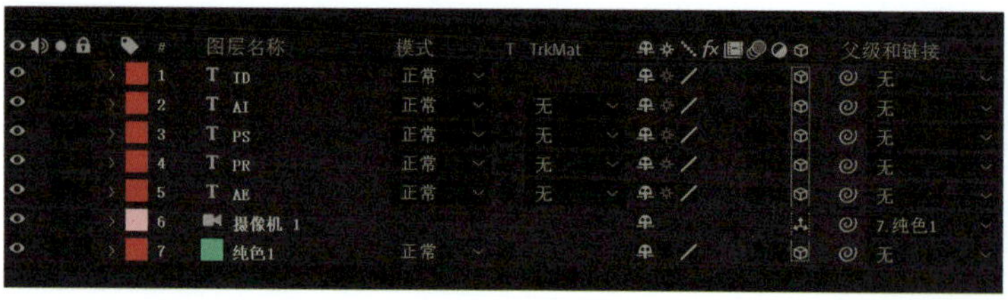

图5-49 激活“3D按钮”

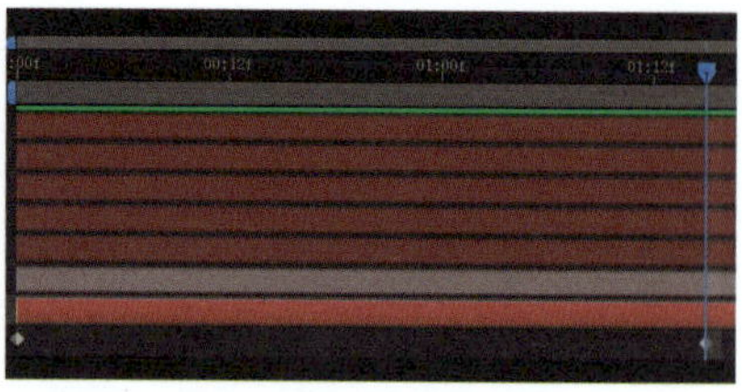

图5-50 设置“缩放”关键帧

图层中的“变换”，设置“位置”的值为（1300，880）。

在“时间轴”面板中，激活“纯色1”/“AE”/“PR”/“AI”/“ID”图层的3D按钮，如图5-49所示。

在“时间轴”面板中，选择“纯色1”图层，打开“缩放”面板（快捷键S），将“时间指示器”拖动至起始位置，单击“缩放”前的时间变化秒表按钮，再将“时间指示器”拖至1:15s处，设置“缩放”的值为10，如图5-50所示。

选中“时间轴”面板，使用“渲染队列”快捷键Ctrl+M。单击“输出模块”的“无损”，在弹出的“输出模块设置”面板中设置“格式”为AVI，单击“确定”按钮。

单击“输出到”后面的文字，在弹出的“将影片输出到”窗口中设置文件保存路径，设置完成后单击“保存”按钮完成此操作。在“渲染队列”面板中单击“渲染”按钮。待听到提示音时，导出操作完成。

第二节　蒙版

蒙版是影视后期制作中的一个重要操作工具，可用于合成图像或制作特殊效果。绘制蒙版，可以使素材只显示区域内的部分，而区域外的部分则被蒙版覆盖不显示，还可以通过绘制多个蒙版达到更多元化的视觉效果。

一、了解蒙版

在After Effects中，绘制蒙版的工具有很多种，其中包括“形状工具”（图5-51）、“钢笔工具”（图5-52）、“画笔工具”和“橡皮擦工具”等。

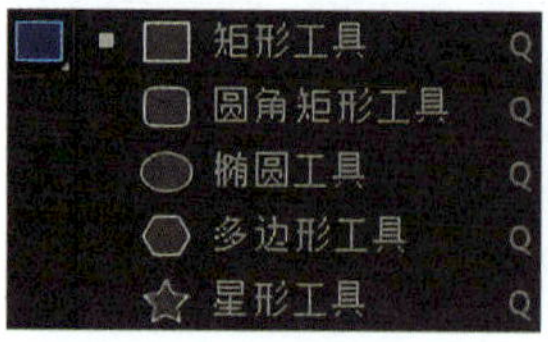

图5-51 “形状工具”

图5-52 “钢笔工具”

二、综合实例

实例1：使用“钢笔工具”制作蒙版羽化

双击After Effects 2022图标，打开软件后，在菜单栏中点击“新建项目”命令。在“项目”面板中右击，选择“新建合成”选项，在弹出的“合成设置”面板中设置“合成名称”为“碰杯”，“预设”为“自定义”，“宽度”的值为6000px，“高度”的值为4000px，“像素长宽比”为“方形像素”，“帧速率”为24，“分辨率”为“完整”，“持续时间”为2秒，其他设置默认不变，单击“确定”按钮，如图5-53所示，也可以在“合成”面板中直接点击“新建合成”。在“菜单栏”中选择“文件”/“导入”/“文件”命令，导入“碰杯.jpg”素材文件。将“项目”面板中的“碰杯.jpg”拖曳到“时间轴”面板中。

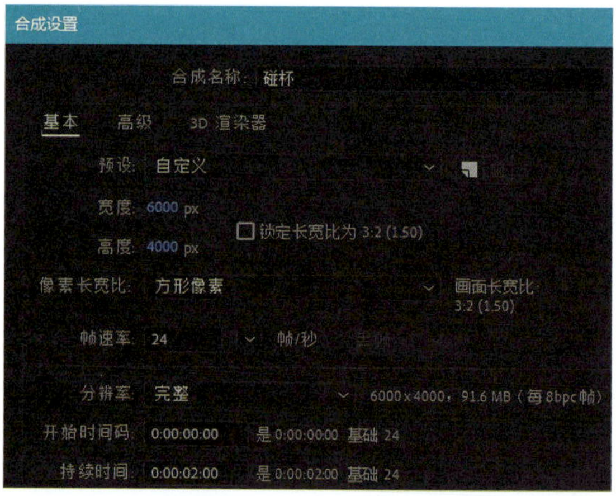

图5-53 “合成设置”

在“工具栏”中选择“钢笔工具”，如图5-54所示。在“合成”面板中绘制一个四边形蒙版，如图5-55所示。

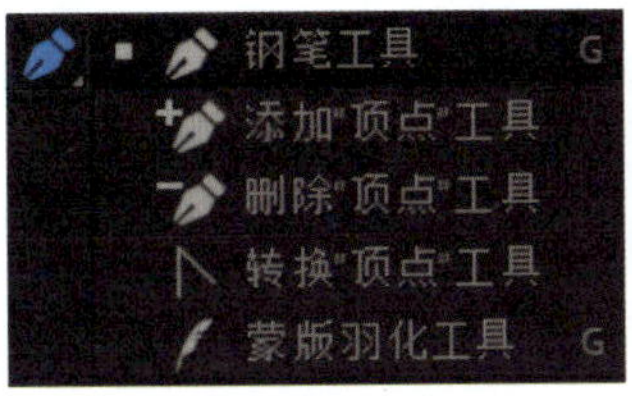

图5-54　选择“钢笔工具”

图5-55　绘制四边形

在“时间轴”面板中点击“碰杯”图层下方的“蒙版”，打开“蒙版1”，将“时间指示器”拖动至起始位置，单击“蒙版羽化”前的时间变化秒表按钮，设置“蒙版羽化”的值为3000，再将“时间指示器”拖动至1:16s处，设置“蒙版羽化”的值为1000，如图5-56所示。

选中“时间轴”面板，使用“渲染队列”快捷键Ctrl+M。单击“输出模块”的“无损”，在弹出的“输出模块设置”面板中设置“格式”为AVI，单击“确定”按钮。

单击“输出到”后面的文字，在弹出的“将影片输出到”窗口中设置文件保存路径，设置完成后单击“保存”按钮完成此操作。在“渲染队列”面板中单击“渲染”按钮。待听到提示音时，导出操作完成。

实例2：使用“矩形工具”制作蒙版效果

双击After Effects 2022图标，打开软件后，在菜单栏中点击“新建项目”命令。在“项目”面板中右击，选择“新建合成”选项，在弹出的“合成设置”面板中设置“合成名称”为“风景图片渐变”，“预设”为“自定义”，“宽度”的值为1170px，“高度”的值为864px，“像素长宽比”为“方形像素”，“帧速率”为24，“分辨率”为“完整”，“持续时间”为2秒，其他设置默认不变，单击“确定”按钮，如图5-57所示，也可以在“合成”面板中直接点击“新建合成”。在“菜单栏”中选择“文件”/“导入”/“文件”命令，导入“绿幕素材.jpg”“风景1.jpg”和“风景2.jpg”素材文件。将“项目”面板中的“绿幕素材.jpg”“风景1.jpg”和“风景2.jpg”按顺序拖曳到“时间轴”面板中，如图5-58所示。

在“时间轴”面板中，分别点击“风景1”和

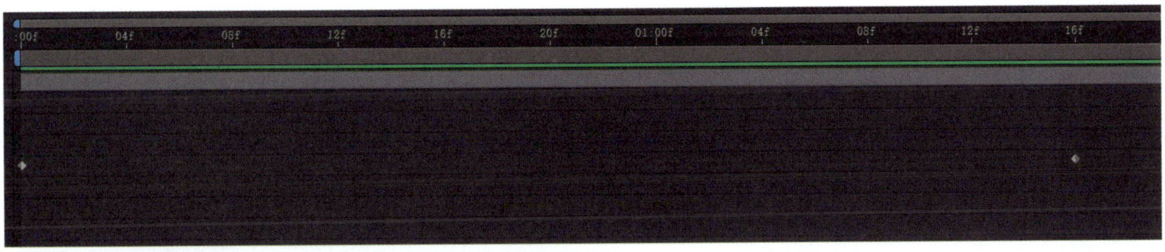

图5-56　设置“蒙版羽化”

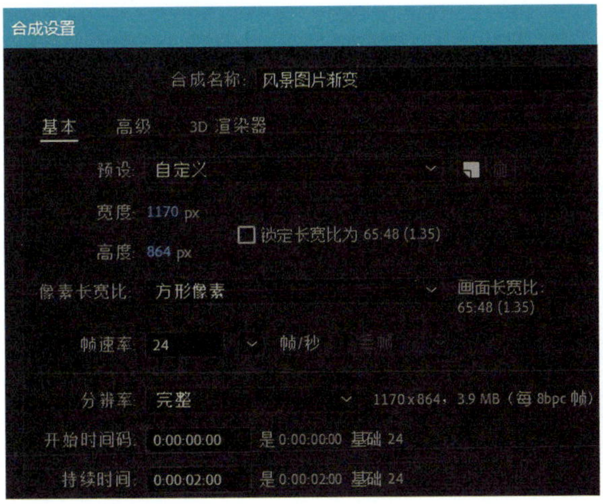

图5-57　合成设置

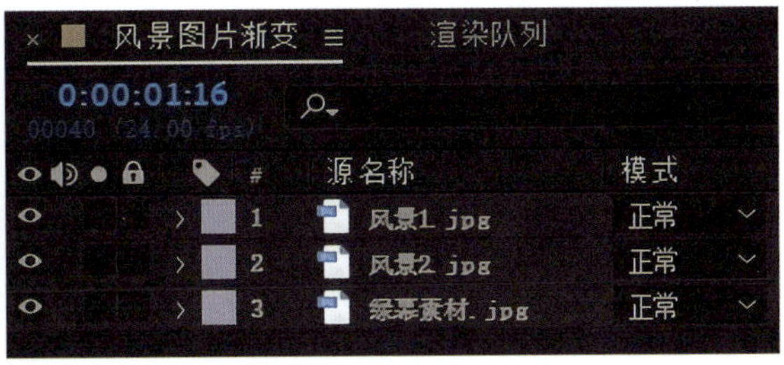

图5-58　导入素材

“风景2”图层中的“变换”，设置“风景1”和“风景2”图层的“位置”的值为（560.0，520.0），“缩放”的值为20，其他设置默认不变，如图5-59所示。

在“时间轴”面板中，分别点击“风景1”和“风景2”图层前的“显现/隐藏”按钮，将两个图层隐藏。在“时间轴”面板中，单击选择“风景1”图层，在“工具栏”面板选择“矩形工具”，如图5-60所示。在“合成”面板绘制一个和绿幕同样大小的矩形，如图5-61所示。在“时间轴”面板中选择“风景1”图层中的“蒙版1”，复制该蒙版（快捷键Ctrl+C），单击选中“风景2”图层，快捷键“Ctrl+V”粘贴蒙版，如图5-62所示。

分别点击“风景1”和“风景2”图层前的“显现/隐藏”按钮，将两个图层显现。在“时间轴”面板中，将“风景1”图层拖动至最上层，如图5-63所示。选择“风景1”图层，将“时间指示器”拖动至起始位置，打开“不透明度”面板（快捷键T），单击“不透明度”前的时间变化秒表按钮，再将“时间指示器”拖至1:16s处，设置“不透明度”的值为0，如图5-64所示。

选中“时间轴”面板，使用“渲染队列”快捷键Ctrl+M。单击“输出模块”的“无损”，在弹出的“输出模块设置”面板中设置“格式”为AVI，单击“确定”按钮。

单击“输出到”后面的文字，在弹出的“将影片输出到”窗口中设置文件保存路径，设置完成后单击“保存”按钮完成此操作。在“渲染队列”面板中单击“渲染”按钮。待听到提示音时，导出操作完成。

图5-59　调整“位置”和“缩放”

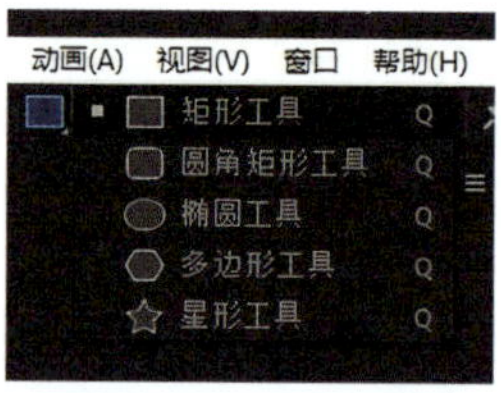

图5-60　选择“矩形工具”

图5-61　绘制矩形

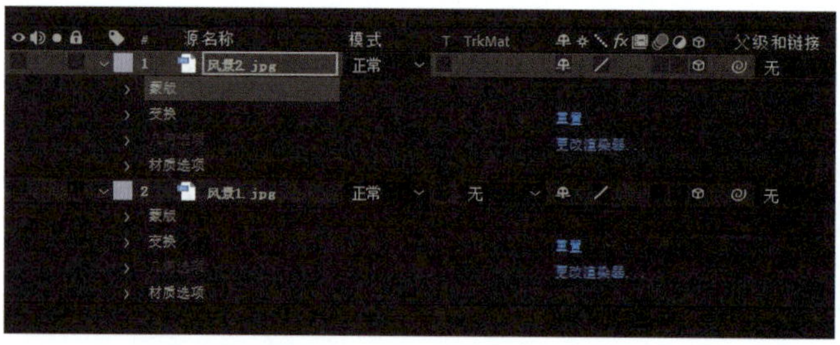

图5-62　复制粘贴“蒙版”

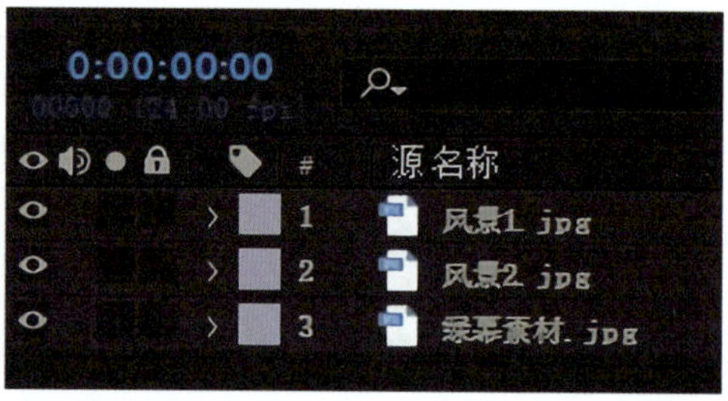

图5-63　拖动图层

图5-64　设置“不透明度”关键帧

第三节　常用视频效果

视频效果是After Effects中最为主要的部分，其效果类型非常多，每个效果包含众多参数。可以通过调整参数，观察其对画面的影响。影视作品中的很多特殊效果都可以用After Effects的视频效果功能实现。

一、风格化

“风格化”可以为作品添加特殊效果，使作品的视觉效果更丰富、更具风格，如图5-65所示。

图5-65 “风格化”

二、模糊和锐化

“模糊和锐化”主要用于模糊图像和锐化图像，如图5-66所示。

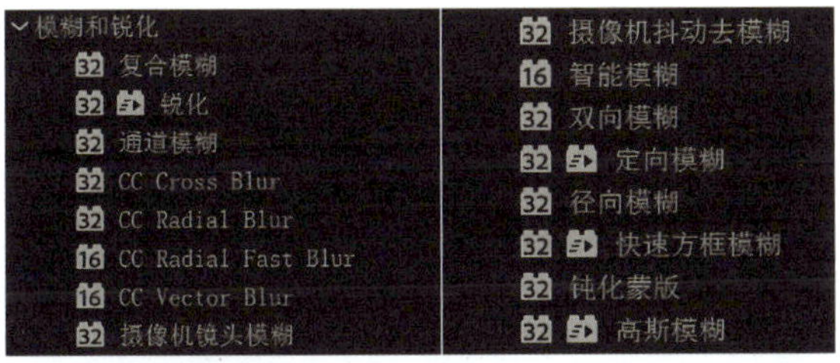

图5-66 “模糊和锐化”

综合实例

实例：使用多种“风格化”效果、“模糊和锐化”效果制作日出视频

双击After Effects 2022图标，打开软件后，在菜单栏中点击“新建项目”命令。在“项目”面板中右击，选择“新建合成”选项，在弹出的“合成设置”面板中设置“合成名称”为“日出”，“预设”为“自定义”，“宽度”的值为1920px，“高度”的值为1080px，“像素长宽比”为“方形像素”，“帧速率”为24，“分辨率”为“完整”，“持续时间”为27秒，其他设置默认不变，单击“确定”按钮，如图5-67所示，也可以在“合成”面板中直接点击“新建合成”。在“菜单栏”中选择“文件”/“导入”/“文件”命令，导入“日出.mp4”素材文件。将“项目”面板中的“日出.mp4”拖曳到“时间轴”面板中。

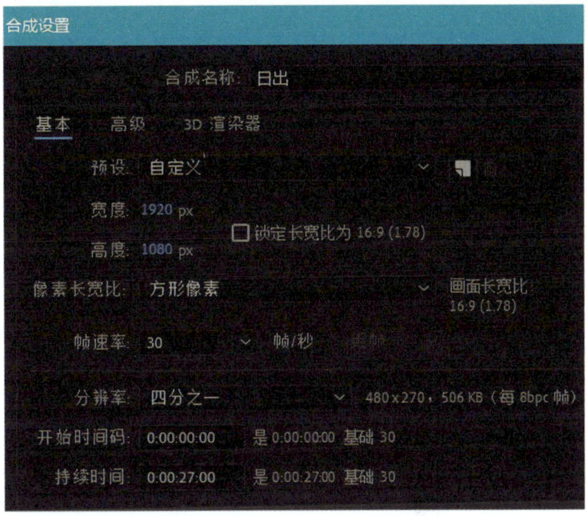

图5-67 “合成设置”

在“时间轴”面板选择“日出”图层，将“时间指示器”拖至2:00s处，分割视频（快捷键Ctrl+shift+D），再将“时间指示器”分别拖至4秒、6秒、8秒、10秒、12秒、14秒、16秒、18秒、20秒、22秒和24秒处，分割视频，将视频共分为13个图层，如图5-68所示。

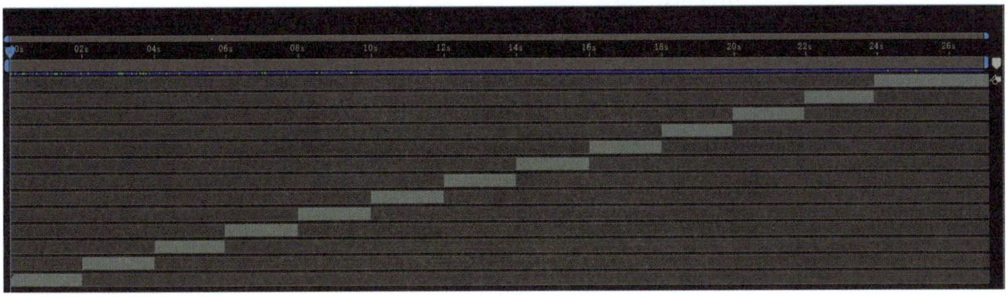

图5-68 分割视频

在“时间轴”面板中选择第13个“日出”图层，在“效果与预设”面板中搜索“画笔描边”，将该效果拖曳到第13个“日出”图层，在“效果控件”面板中，设置“描边角度”的值为135.0°，“画笔大小”的值为2.0，“描边长度”的值为5，其他设置默认不变，如图5-69所示。

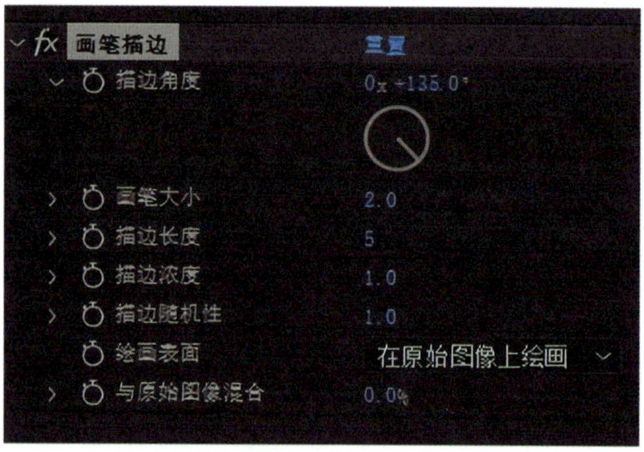

图5-69　设置“画笔描边”

在“时间轴”面板中选择第12个“日出”图层，在“效果与预设”面板中搜索“卡通”，将该效果拖曳到第12个“日出”图层，设置“半径细节”的值为8.0，“半径阈值”的值为10.0，其他设置默认不变，如图5-70所示。

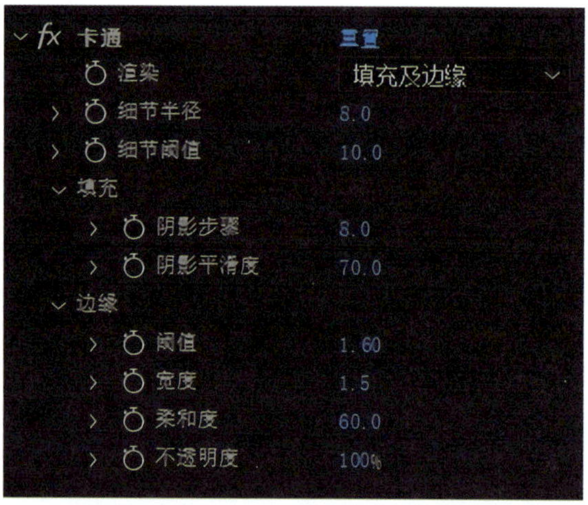

图5-70　设置“卡通”

在“时间轴”面板中选择第11个“日出”图层，在“效果与预设”面板中搜索“散布”，将该效果拖曳到第11个“日出”图层。将“时间指示器”拖动至4:00s处，在“效果控件”面板中单击“散布数量”前的时间变化秒表按钮，设置“散布数量”的值为0；再将“时间指示器”拖动至5:00s处，设置“散布数量”的值为100；再将“时间指示器”拖动至6秒处，设置“散布数量”的值为0。其他设置默认不变，如图5-71所示。

图5-71　设置“散布”

在“时间轴”面板中选择第10个“日出”图层，在“效果与预设”面板中搜索“查找边缘”，将该效果拖曳到第10个“日出”图层。将“时间指示器”拖动至6:00s处，在“效果控件”面板中单击“与原始图像混合”前的时间变化秒表按钮，设置“与原始图像混合”的值为100；再将“时间指示器”拖动至7:00s处，设置“与原始图像混合”的值为0；再将“时间指示器”拖动至8:00s处，设置“与原始图像混合”为100。其他设置默认不变，如图5-72所示。

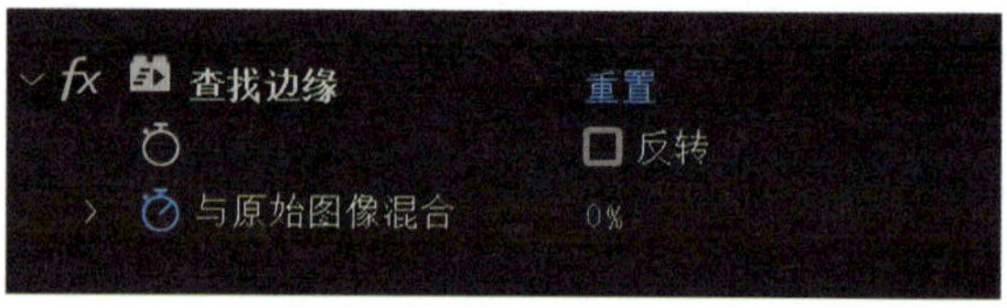

图5-72　设置“查找边缘”

在“时间轴”面板中选择第9个“日出”图层，在“效果与预设”面板中搜索“毛边”，将该效果拖曳到第9个“日出”图层。将“时间指示器”拖动至8:00s处，在“效果控件”面板中单击“边界”前的时间变化秒表按钮，设置“边界”的值为0；再将“时间指示器”拖动至9:00s处，设置“边界”的值为200；再将“时间指示器”拖动至10:00s处，设置“边界”的值为0。其他设置默认不变，如图5-73所示。

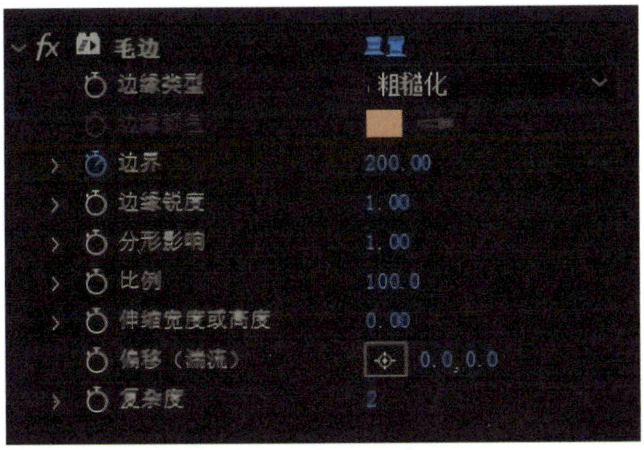

图5-73　设置“毛边”

在“时间轴”面板中选择第8个“日出”图层，在“效果与预设”面板中搜索“复合模糊”，将该效果拖曳到第8个“日出”图层。将“时间指示器”拖动至10:00s处，在“效果控件”面板中单击“最大模糊”前的时间变化秒表按钮，设置“最大模糊”的值为0；再将“时间指示器”拖动至11:00s处，设置“最大模糊”的值为50；再将“时间指示器”拖动至12:00s处，设置“最大模糊”的值为0。其他设置默认不变，如图5-74所示。

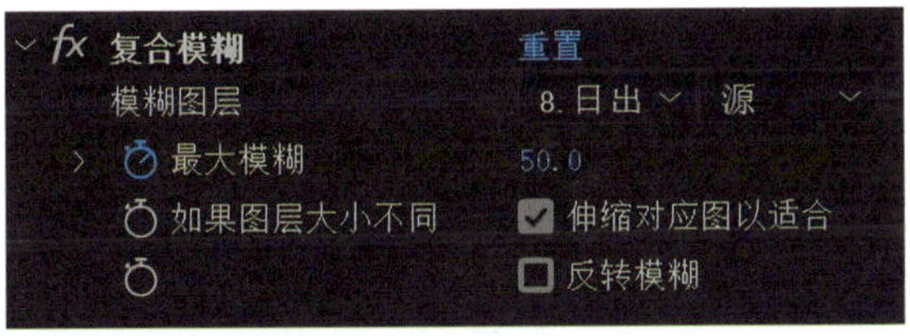

图5-74　设置“复合模糊”

在“时间轴”面板中选择第7个“日出”图层，在“效果与预设”面板中搜索“锐化”，将该效果拖曳到第7个“日出”图层。将“时间指示器”拖动至12:00s处，在“效果控件”面板中单击“锐化量”前的时间变化秒表按钮，设置“锐化量”的值为0；再将“时间指示器”拖动至13:00s处，设置“锐化量”的值为500；再将“时间指示器”拖动至14:00s处，设置“锐化量”的值为0。其他设置默认不变，如图5-75所示。

图5-75　设置“锐化”

在“时间轴”面板中选择第6个“日出”图层，在“效果与预设”面板中搜索“双向模糊”，将该效果拖曳到第6个“日出”图层。将“时间指示器”拖动至14:00s处，在“效果控件”面板中单击“半径”前的时间变化秒表按钮，设置“半径”的值为0；再将“时间指示器”拖动至15:00s处，设置“半径”的值为1500；再将“时间指示器”拖动至16:00s处，设置“半径”的值为0。其他设置默认不变，如图5-76所示。

图5-76　设置“双向模糊”

在“时间轴”面板中选择第5个“日出”图层，在“效果与预设”面板中搜索“定向模糊”，将该效果拖曳到第5个“日出”图层。将“时间指示器”拖动至16:00s处，在“效果控件”面板中单击“模糊长度”前的时间变化秒表按钮，设置“模糊长度”的值为0；再将“时间指示器”拖动至17:00s处，设置“模糊长度”的值为100.0；再将“时间指示器”拖动至18:00s处，设置“模糊长度”的值为0。其他设置默认不变，如图5-77所示。

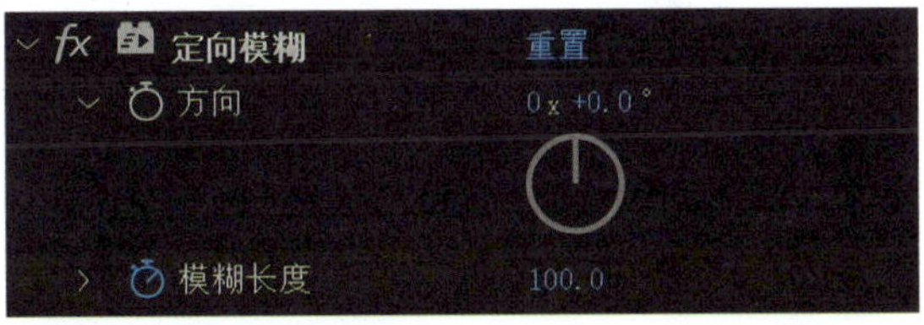

图5-77　设置“定向模糊”

在“时间轴”面板中选择第4个“日出”图层，在“效果与预设”面板中搜索“径向模糊”，将该效果拖曳到第4个“日出”图层。将“时间指示器”拖动至18:00s处，在“效果控件”面板中单击“数量”前的时间变化秒表按钮，设置“数量”的值为0；再将“时间指示器”拖动至19:00s处，设置“数量”的值为20；再将“时间指示器”拖动至20:00s处，设置“数量”的值为0。其他设置默认不变，如图5-78所示。

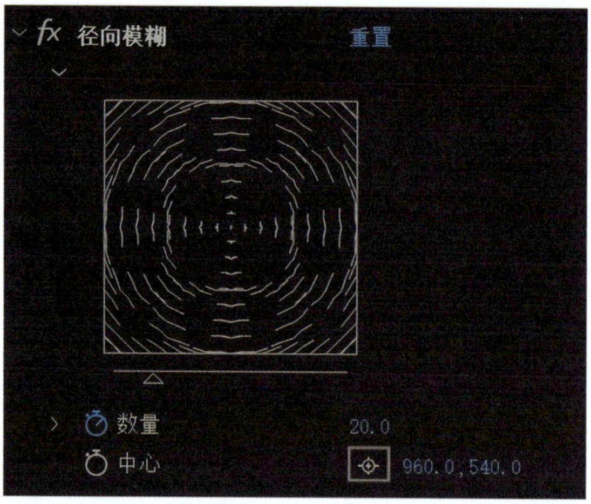

图5-78　设置“径向模糊”

在“时间轴”面板中选择第3个“日出”图层，在“效果与预设”面板中搜索“快速方框模糊”，将该效果拖曳到第3个“日出”图层。将“时间指示器”拖动至20:00s处，在“效果控件”面板中单击“模糊半径”前的时间变化秒表按钮，设置“模糊半径”的值为0；再将“时间指示器”拖动至21:00s处，设置“模糊半径”的值为20；再将“时间指示器”拖动至22:00s处，设置“模糊半径”的值为0。其他设置默认不变，如图5-79所示。

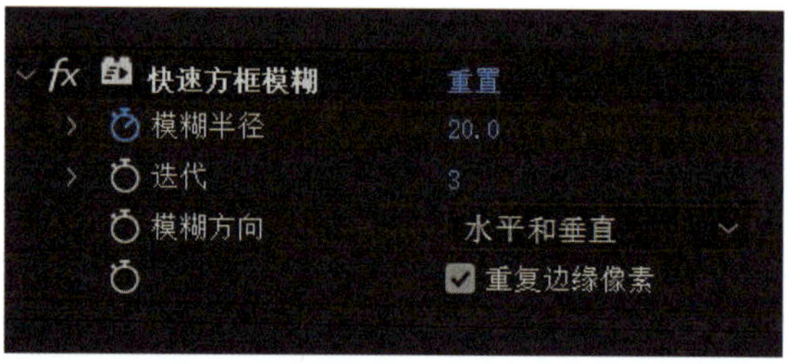

图5-79　设置“快速方框模糊”

在“时间轴”面板中选择第2个“日出”图层，在“效果与预设”面板中搜索“高斯模糊”，将该效果拖曳到第2个“日出”图层。将“时间指示器”拖动至22:00s处，在“效果控件”面板中单击“模糊度”前的时间变化秒表按钮，设置“模糊度”的值为0；再将“时间指示器”拖动至23:00s处，设置“模糊度”的值为30；再将“时间指示器”拖动至24:00s处，设置“模糊度”的值为0。其他设置默认不变，如图5-80所示。

图5-80　设置“高斯模糊”

选中“时间轴”面板，使用“渲染队列”快捷键Ctrl+M。单击“输出模块”的“无损”，在弹出的“输出模块设置”面板中设置“格式”为AVI，单击“确定”按钮。

单击“输出到”后面的文字，在弹出的“将影片输出到”窗口中设置文件保存路径，设置完成后单击“保存”按钮完成此操作。在“渲染队列”面板中单击“渲染”按钮。待听到提示音时，导出操作完成。

三、模拟和生成

“模拟”可以模拟各种特殊效果，如下雪、下雨、泡沫等，如图5-81所示。“生成”可以使图像生成闪电、镜头光晕等常见效果，还可以对图像进行颜色填充、渐变填充、滴管填充等操作，如图5-82所示。

图5-81　“模拟”

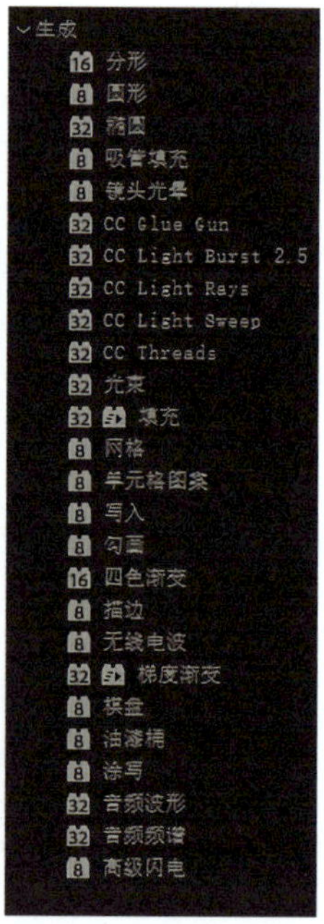

图5-82　“生成”

实例：使用“Rainfall”效果和“真实闪电”效果制作雷雨天气

双击After Effects 2022图标，打开软件后，在菜单栏中点击“新建项目”命令。在“项目”面板中右击，选择“新建合成”选项，在弹出的“合成设置”面板中设置“合成名称”为“夜景”，“预设”为“自定义”，“宽度”的值为4288px，“高度”的值为2848px，“像素长宽比”为“方形像素”，“帧速率”为24，“分辨率”为“完整”，“持续时间”为3秒，其他设置默认不变，单击“确定”按钮，如图5-83所示，也可以在“合成”面板中直接点击“新建合成”。在“菜单栏”中选择“文件”/“导入”/“文件”命令，导入“夜景.jpg”素材文件。将“项目”面板中的“夜景.jpg”拖曳到“时间轴”面板中。

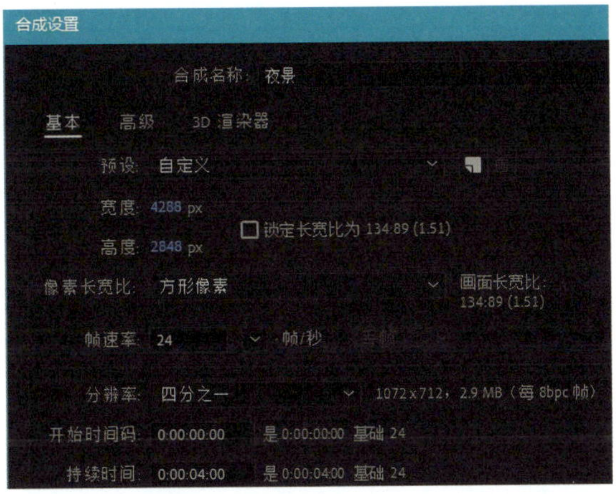

图5-83 “合成设置”

在“时间轴”面板中，选择“新建”/“调整图层”，如图5-84所示。

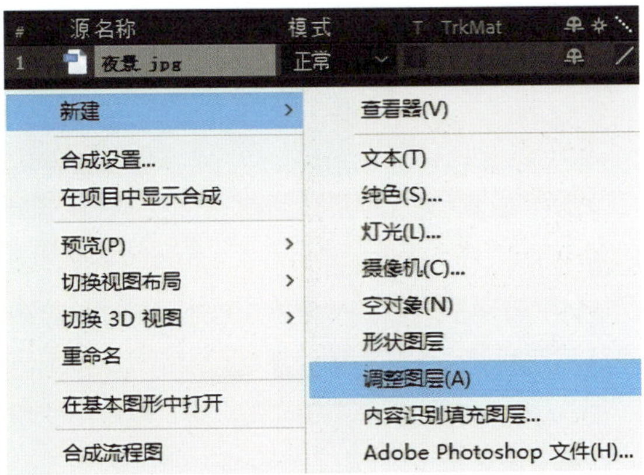

图5-84 新建“调整图层”

在“效果和预设”面板中搜索“CC Rainfall”效果，如图5-85所示。并将该效果拖曳到“调整图层1”上，为画面增加雨景效果，如图5-86所示。

图5-85 搜索“CC Rainfall”

图5-86 雨景浏览效果

在“时间轴”面板中，选择“新建”/“纯色”，如图5-87所示。在弹出的“纯色设置”面板中设置“颜色”为黑色，“名称”为默认的“黑色 纯色1”，其他设置默认不变，单击“确定”按钮，如图5-88所示。

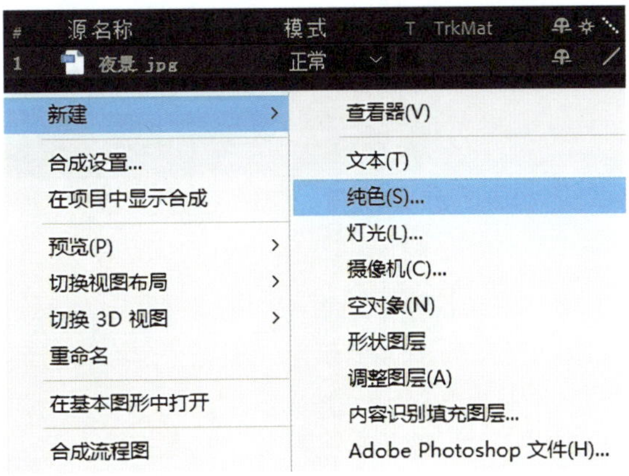

图5-87 新建“纯色”

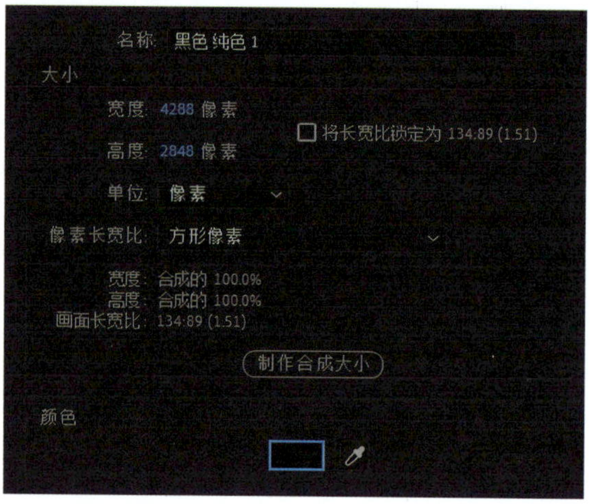

图5-88 “纯色设置”

在“效果和预设”面板中搜索“高级闪电”效果，如图5-89所示。将该效果拖曳到“时间轴”面板的“黑色 纯色1”上，为画面增加闪电效果，如图5-90所示。

图5-89 搜索“高级闪电”

图5-90 闪电预览效果（1）

在“效果控件”面板中，设置“闪电类型”为“击打”，如图5-91所示。设置“源点”的值为（-20.0，262.0），“方向”的值为（1390.0，1105.0），“分叉”的值为6.0，“衰减”的值为0.24，其他设置默认不变，如图5-92所示。

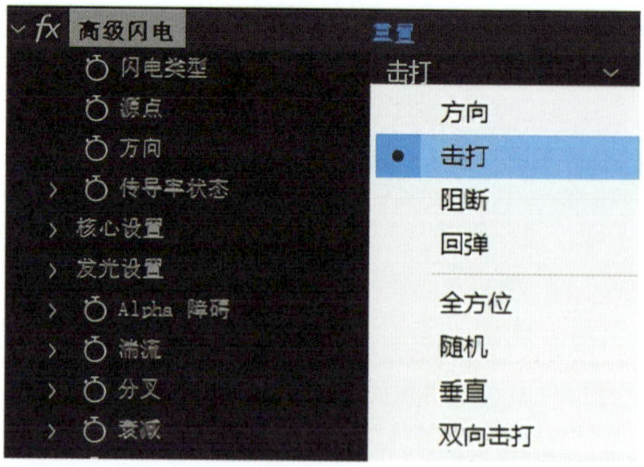

图5-91 设置“闪电类型”

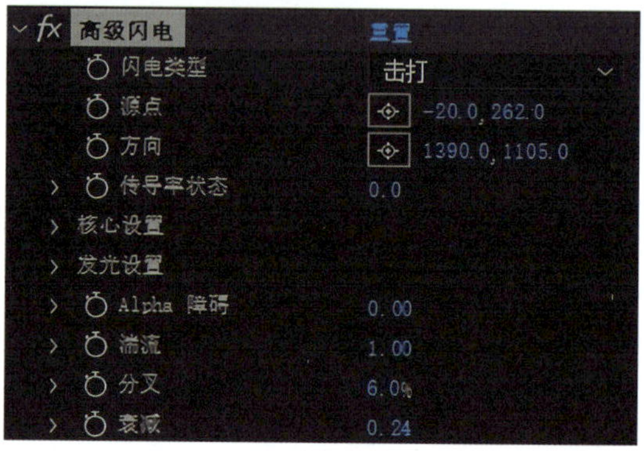

图5-92 设置“高级闪电”

选择“黑色 纯色1”图层，复制图层（快捷键Ctrl+D），并右击该图层重命名为“黑色 纯色2”，如图5-93所示。

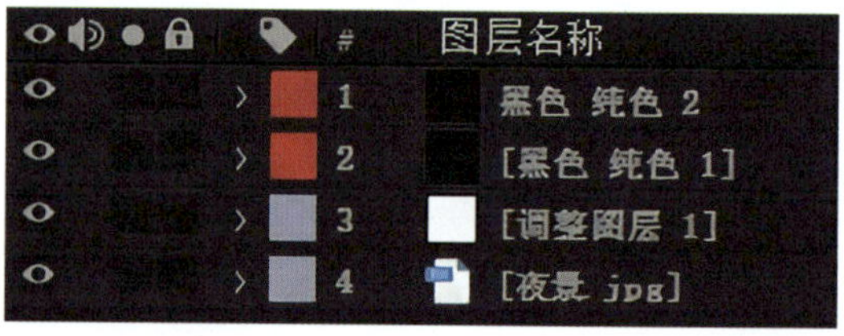

图5-93 复制图层

单击选择“黑色 纯色2”图层，在“效果控件”面板设置“源点”的值为（2506.0，-138.0），“方向”的值为（2670.0，1025.0），其他设置默认不变，如图5-94所示，调整后效果如图5-95所示。

将“时间指示器”移至2:00s处，在“效果控件”面板中分别点击“黑色 纯色1”和“黑色 纯色2”两个纯色图层中的“方向”前的时间变化秒表按钮（快捷键U），在“时间轴”面板显示关键帧，如图5-96所示。

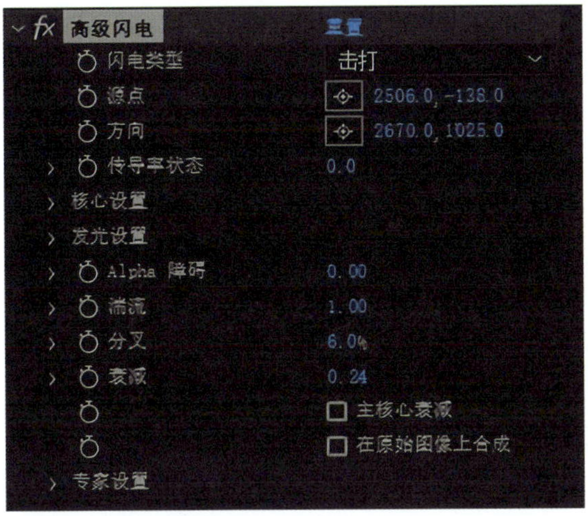

图5-94 设置“高级闪电”

图5-95 闪电预览效果（2）

在“时间轴”面板选择“黑色 纯色2”图层，将“时间指示器”移至1:12s处，更改“方向”的值为（2500.0，-50.0）。

在“时间轴”面板选择“黑色 纯色1”图层，将“时间指示器”移至1:12s处，更改“方向”的值为（-66.0，320.0），如图5-97所示。

在“时间轴”面板中同时选择“黑色 纯色1”和“黑色 纯色2”两个图层，打开“不透明度”面板（快捷键 T）。将“时间指示器”移至2:00s处，分别点击“黑色 纯色1”和“黑色 纯色2”两个纯色图层中的“不透明度”前的时间变化秒表按钮，将“时间指示器”移至2:12s处，设置两个图层的“不透明度”的值为0，如图5-98所示。

在“时间轴”面板中选择“黑色 纯色2”图层，打开关键帧面板（快捷键 U），选中“黑色 纯色2”图层所有关键帧，向后拖动1秒，如图5-99所示。

选中“时间轴”面板，使用“渲染队列”快捷键Ctrl+M。单击“输出模块”的“无损”，在弹出的“输出模块设置”面板中设置“格式”为AVI，单击“确定”按钮。

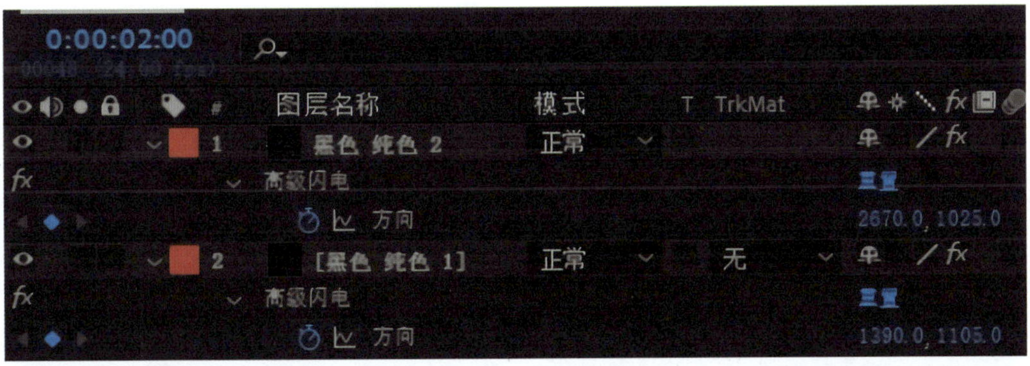

图5-96 显示关键帧

图5-97 设置“方向”关键帧

图5-98　设置“不透明度”关键帧

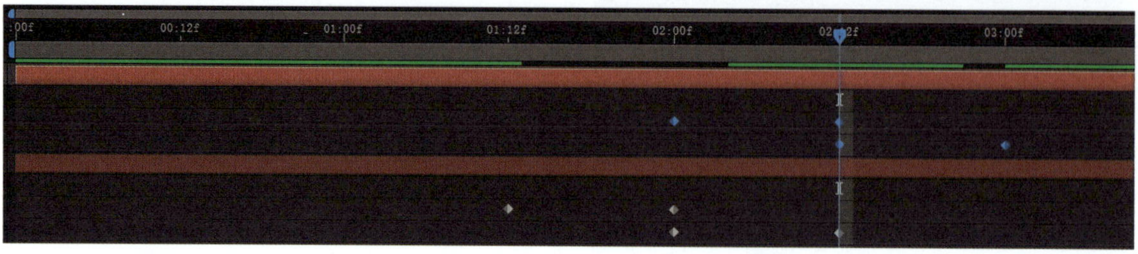

图5-99　调整关键帧

单击“输出到”后面的文字，在弹出的“将影片输出到”窗口中设置文件保存路径，设置完成后单击“保存”按钮完成此操作。在“渲染队列”面板中单击“渲染”按钮。待听到提示音时，导出操作完成。

四、扭曲

“扭曲”可以对图像进行扭曲、旋转等变形操作，以达到特殊的视觉效果，如图5-100所示。

图5-100　“扭曲”

实例：使用“扭曲”效果制作动画效果

双击After Effects 2022图标，打开软件后，在菜单栏中点击“新建项目”命令。在“项目”面板中右击，选择“新建合成”选项，在弹出的“合成设置”面板中设置“合成名称”为“扭曲效果”，“预设”为“自定义”，“宽度”的值为852px，“高度”的值为480px，“像素长宽比”为“方形像素”，“帧速率”为24，“分辨率”为“完整”，“持续时间”为3:20s，其他设置默认不变，单击“确定”按钮，如图5-101所示，也可以在“合成”面板中直接点击“新建合成”。在“菜单栏”中选择“文件”/“导入”/“文件”命令，导入“动漫素材.mp4”素材文件。将“项目”面板中的“动漫素材.mp4”拖曳到“时间轴”面板中。

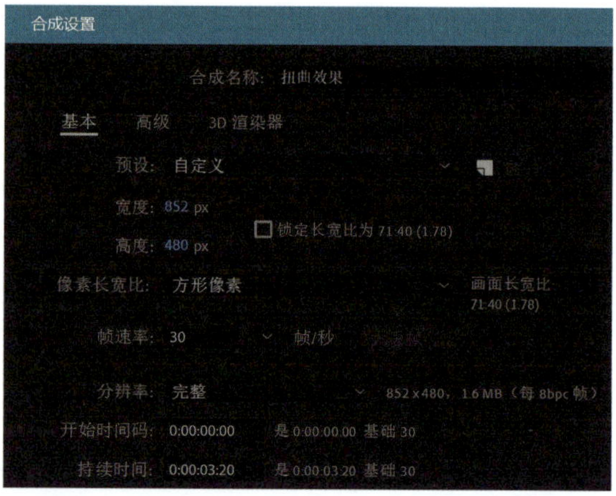

图5-101　“合成设置”

在“时间轴”面板中，右击选择“新建”/“调整图层”，如图5-102所示，并右击该图层重命名为“扭曲效果”。在“效果和预设”中搜索“球面化”，如图5-103所示，将该效果拖曳到“扭曲效果”。

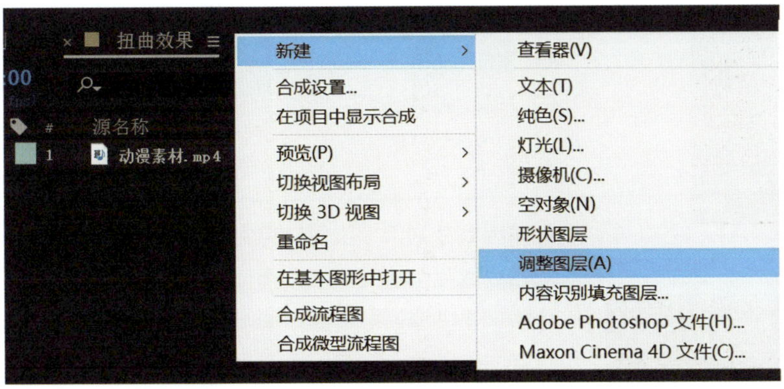

图5-102　新建“调整图层”

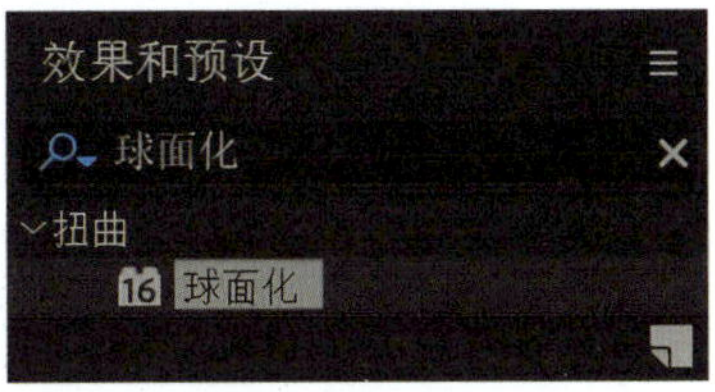

图5-103　搜索“球面化”

将“时间指示器”拖动1:15s处，在“效果控件”面板中，单击“半径”前的时间变化秒表按钮，设置“半径”的值为0，再将“时间指示器”拖至2:20s处，设置“半径”的值为1000，再将“时间指示器”拖至3:10s处，设置“半径”的值为0。设置“球面中心”的值为（500.0，300.0），其他设置默认不变，如图5-104所示。在“时间轴”面板中，框选“半径”中的3个关键帧，右键单击“关键帧辅助”/“缓入”（快捷键F9），如图5-105所示。

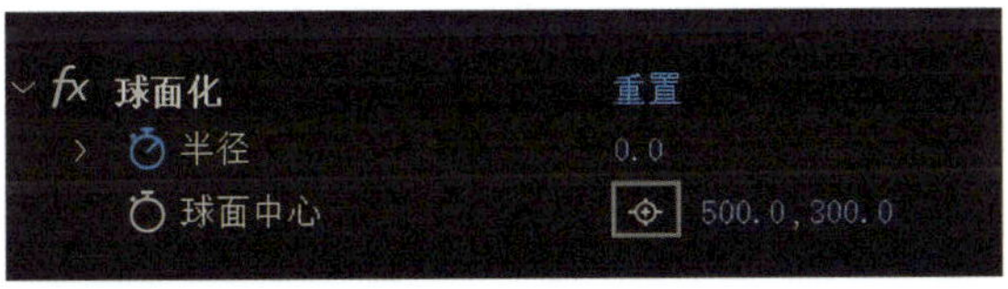

图5-104　设置“球面化”

图5-105　设置“缓动”

在“效果和预设”中搜索“湍流置换”，如图5-106所示，将该效果拖曳到“扭曲效果”。将“时间指示器”拖动1:15s处，在“效果控件”面板中，设置“数量”的值为25，单击“大小”前的时间变化秒表按钮，设置“大小”的值为2；再将“时间指示器”拖至3:00s处，设置“大小”的值为25；再将“时间指示器”拖至3:10s处，设置“大小”的值为2。其他设置默认不变，如图5-107所示。

在“效果和预设”中搜索“波纹”，选择“扭曲”/“波纹”，如图5-108所示，将该效果拖曳到“扭曲效果”。将“时间指示器”拖动1:15s处，在“效果控件”面板中，单击“半径”前的时间变化秒表按钮，设置“半径”的值为0；再将“时间指示器”拖至3:00s处，设置“半径”的值为100；再将“时间指示器”拖至3:10s处，设置“半径”的值为0。其他设置默认不变，如图5-109所示。

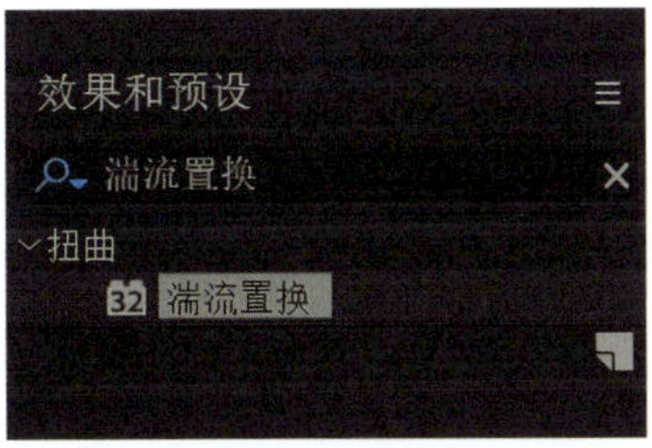

图5-106　搜索“湍流置换”

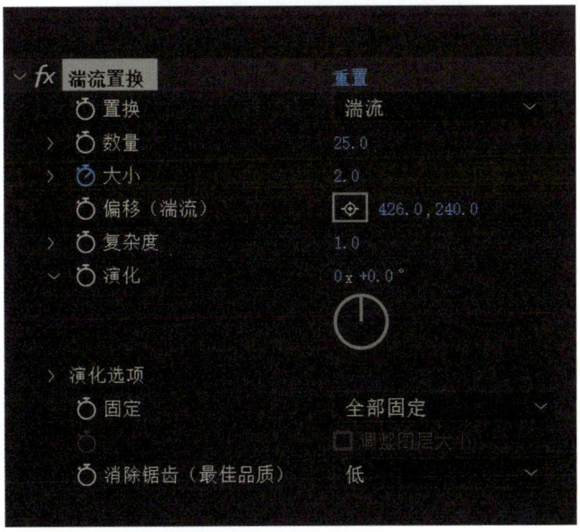

图5-107　设置“湍流置换”

图5-108　搜索“波纹”

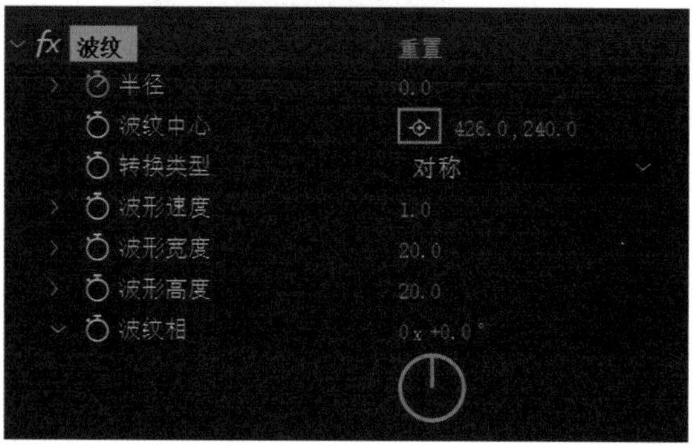

图5-109　设置“波纹”

在“效果和预设”中搜索“光学补偿”，如图5-110所示，将该效果拖曳到“扭曲效果”。在“效果控件”面板中打开“反转镜头扭曲”，将“时间指示器”拖动1:15s处，在“效果控件”面板中，单击“现场”前的时间变化秒表按钮，设置“现场”的值为0；再将“时间指示器”拖至3:00s处，设置“现场”的值为80；再将“时间指示器”拖至3:10s处，设置“现场”的值为0。其他设置默认不变，如图5-111所示。

图5-110　搜索“光学补偿”

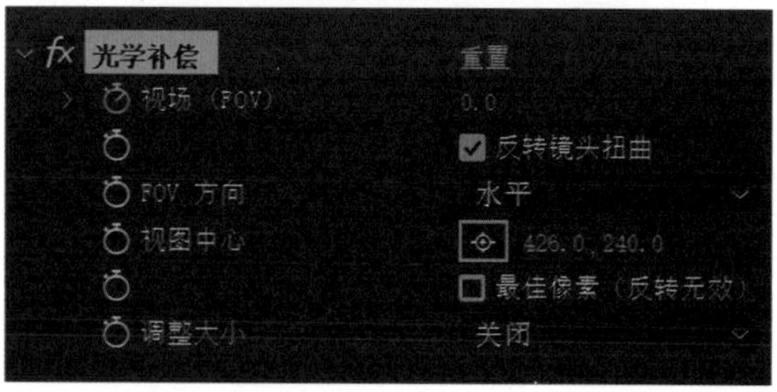

图5-111　设置“光学补偿”

选中“时间轴”面板，使用“渲染队列”快捷键Ctrl+M。单击“输出模块”的“无损”，在弹出的“输出模块设置”面板中设置“格式”为AVI，单击“确定”按钮。

单击“输出到”后面的文字，在弹出的“将影片输出到”窗口中设置文件保存路径，设置完成后单击“保存”按钮完成此操作。在“渲染队列”面板中单击“渲染”按钮。待听到提示音时，导出操作完成。

五、透视

“透视”可以为图像制作透视效果，也可以为二维素材添加三维效果，如图5-112所示。

图5-112　“透视”

实例：使用“3D摄像机跟踪器”制作3D文字跟踪

双击After Effects 2022图标，打开软件后，在菜单栏中点击“新建项目”命令。在“项目”面板中右击，选择“新建合成”选项，在弹出的“合成设置”面板中设置“合成名称”为“跟踪文字”，“预设”为“自定义”，“宽度”的值为1920px，“高度”的值为1080px，“像素长宽比”为“方形像素”，“帧速率”为24，“分辨率”为“完整”，“持续时间”为7秒，其他设置默认不变，单击“确定”按钮，也可以在“合成”面板中直接点击“新建合成”，如图5-113所示。在“菜单栏”中选择“文件”/“导入”/“文件”命令，导入“道路空镜.mp4”素材文件。将“项目”面板中的“道路空镜.mp4”拖曳到“时间轴”面板中。

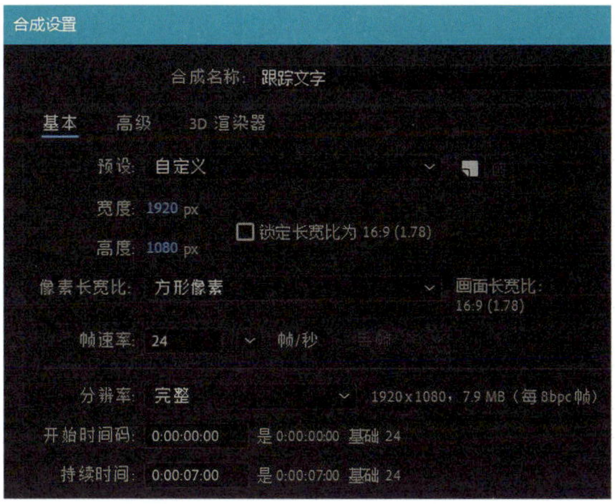

图5-113 “合成设置”

在“效果和预设”面板搜索框中搜索“3D 摄像机跟踪器”，如图5-114所示。将该效果拖曳到“时间轴”面板的图层上，等待效果解析完毕，画面中会出现很多跟踪点，如图5-115所示。

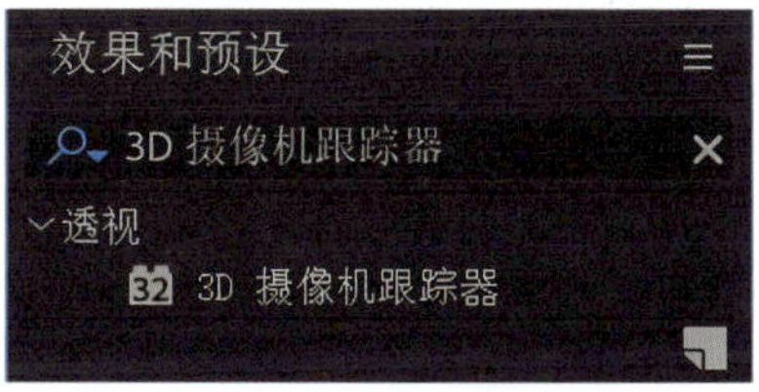

图5-114 搜索“3D摄像机跟踪器”

图5-115 出现跟踪点

将“时间指示器”移动至6:00s处，在“合成”面板选择一个可以建立实底对象的面，右键“创建文本和摄像机”，如图5-116所示，在“时间轴”面板选择“文本”图层，在“合成”面板中双击文字改为“你好”，打开“字符”面板，设置“字体”为“方正粗黑宋简体”，“颜色”为白色，“大小”的值为50像素，“描边”的值为0像素，其他设置默认不变，如图5-117所示。选择文字图层，移动X、Y、Z轴调整文字到合适的位置，如图5-118所示。

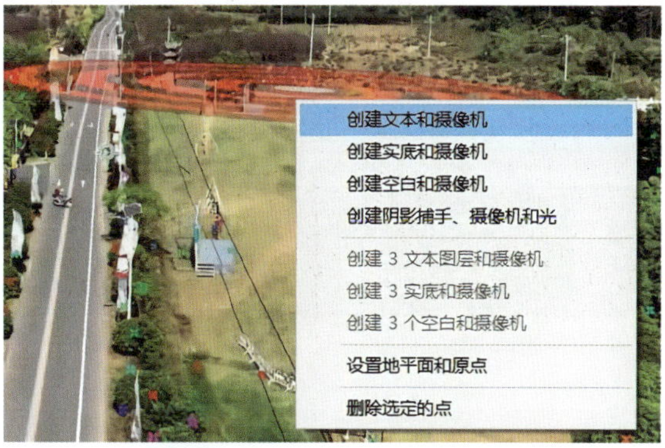

图5-116 “创建文本和摄像机”

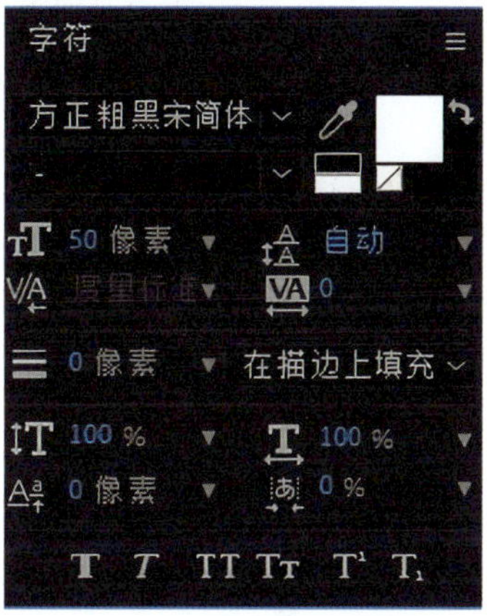

图5-117 设置“字符”面板

图5-118 预览效果

在“时间轴”面板中，选择“你好”图层，复制图层（快捷键Ctrl+D），将“你好 2”重命名为“投影”。选中“投影”图层，在“字符”面板中，将“颜色”改为黑色，调整到合适位置作为投影。在“时间轴”面板中，点击“投影”图层中的“变换”，设置“不透明度”的值为30，如图5-119所示。调整后效果如图5-120所示。

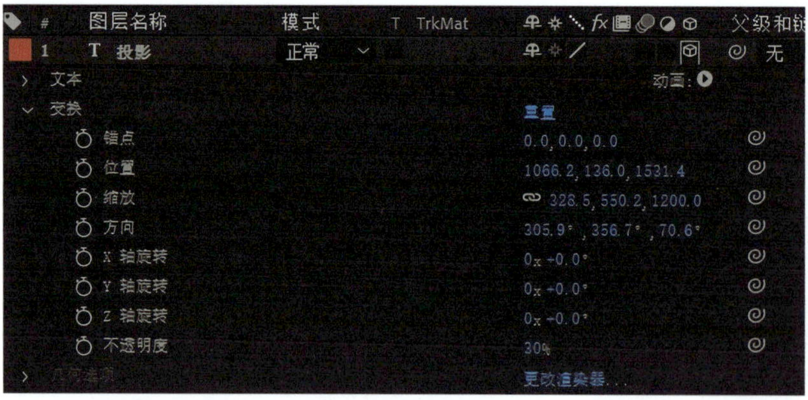

图5-119 设置“不透明度”

图5-120 预览效果

选中“时间轴”面板，使用“渲染队列”快捷键Ctrl+M。单击“输出模块”的“无损”，在弹出的“输出模块设置”面板中设置“格式”为AVI，单击“确定”按钮。

单击“输出到”后面的文字，在弹出的“将影片输出到”窗口中设置文件保存路径，设置完成后单击“保存”按钮完成此操作。在“渲染队列”面板中单击“渲染”按钮。待听到提示音时，导出操作完成。

六、杂色和颗粒

“杂色和颗粒”主要用于为图像素材添加或移除作品中的噪波或颗粒的效果，如图5-121所示。

图5-121 “杂色和颗粒”

实例：使用“杂色和颗粒”效果制作动画效果

双击After Effects 2022图标，打开软件后，在菜单栏中点击“新建项目”命令。在“项目”面板中右击，选择“新建合成”选项，在弹出的“合成设置”面板中设置“合成名称”为“杂色和颗粒”，“预设”为“自定义”，“宽度”的值为1107，“高度”的值为864px，“像素长宽比”为“方形像素”，“帧速率”为24，“分辨率”为“完整”，“持续时间”为3:05s，其他设置默认不变，单击“确定”按钮，如图5-122所示，也可以在“合成”面板中直接点击“新建合成”。在“菜单栏”中选择“文件”/“导入”/“文件”命令，导入“平板素材.jpg”素材文件。将“项目”面板中的“平板素材.jpg”拖曳到“时间轴”面板中。

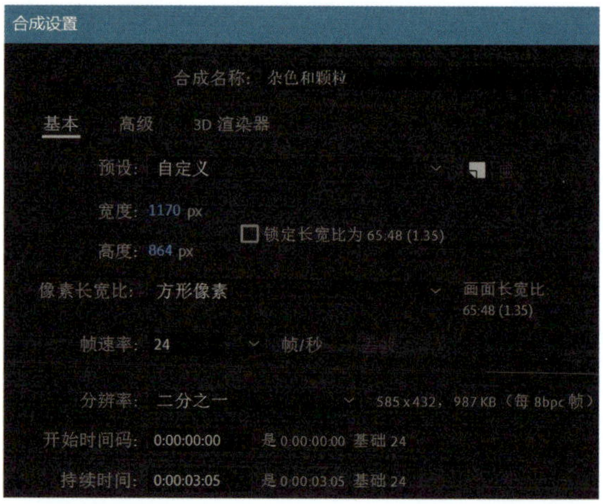

图5-122 “合成设置”

在“时间轴”面板中，选择“新建”/“调整图层”，并右击该图层重命名为“中间值”，在“时间轴”面板中，单击选择“中间值”图层，在“工具栏”面板选择“矩形工具”，如图5-123所示，在“合成”面板绘制一个和屏幕同样大小的矩形，如图5-124所示。

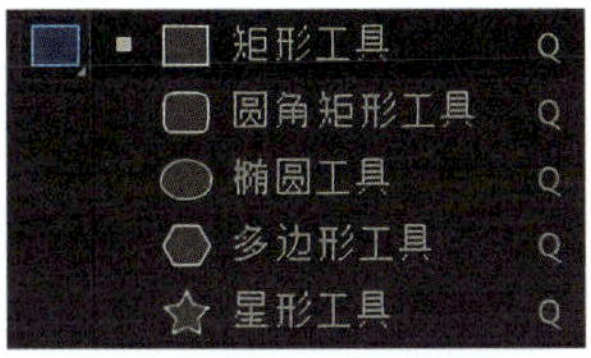

图5-123 选择“矩形工具”

图5-124 绘制矩形

在“时间轴”面板中，选择“中间值”图层，复制两次该图层（快捷键Ctrl+D），并分别右击图层重命名为“杂色”和“蒙尘与划痕”，如图5-125所示。

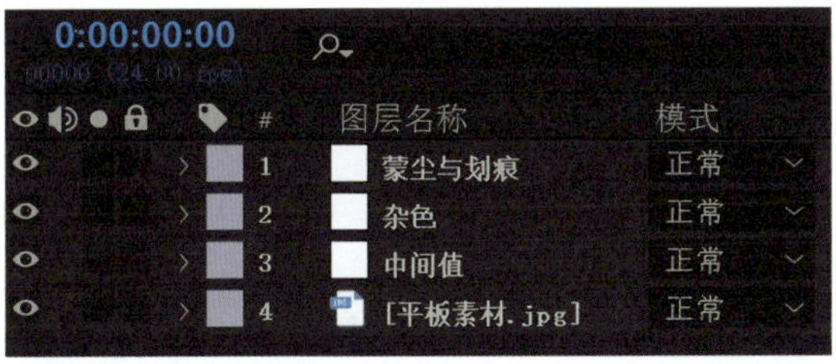

图5-125 复制并重命名图层

在“时间轴”面板中，选择“中间值”图层，在“效果与预设”面板中，搜索“中间值”，如图5-126所示，并将该效果拖曳到“中间值”图层，将“时间指示器”拖动至起始位置，在“效果控件”面板中，单击“半径”前的时间变化秒表按钮，设置“半径”的值为0，再将“时间指示器”拖至0:12s处，设置“半径”的值为10，再将“时间指示器”拖至1:00s处，设置“半径”的值为0，其他设置默认不变，如图5-127所示。

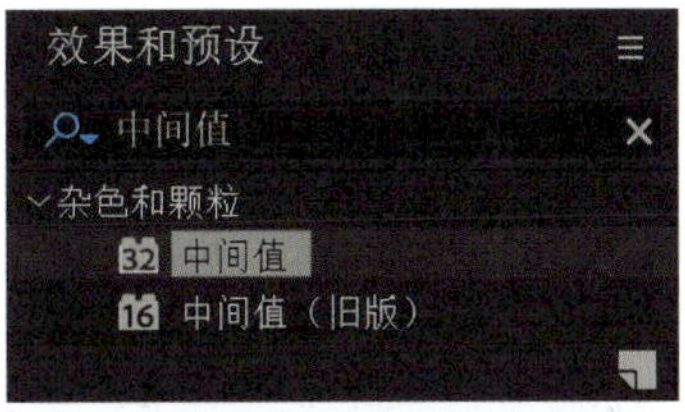

图5-126 搜索“中间值”

图5-127 设置“中间值”

在“时间轴”面板中，选择“杂色”图层，在“效果与预设”面板中，搜索“杂色”，选择“杂色与颗粒”/“杂色”（如图5-128所示），并将该效果拖曳到“杂色”图层。将“时间指示器”拖至1:00s处，在“效果控件”面板中，单击“杂色数量”前的时间变化秒表按钮，设置“杂色数量”的值为0；再将“时间指示器”拖至1秒12帧处，设置“杂色数量”的值为100；再将“时间指示器”拖至2:00s处，设置“杂色数量”的值为0。其他设置默认不变，如图5-129所示。

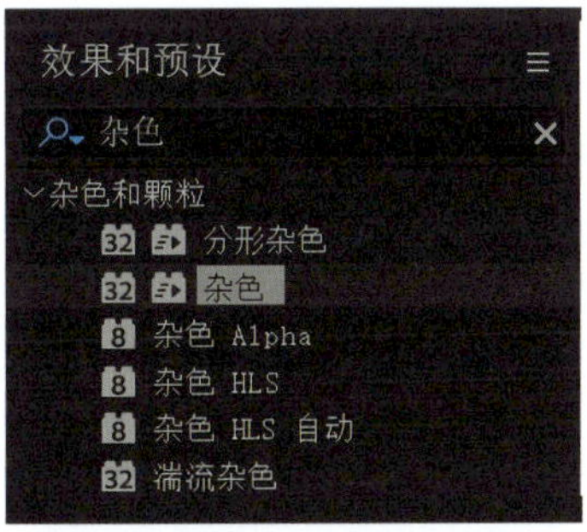

图5-128 搜索“杂色”

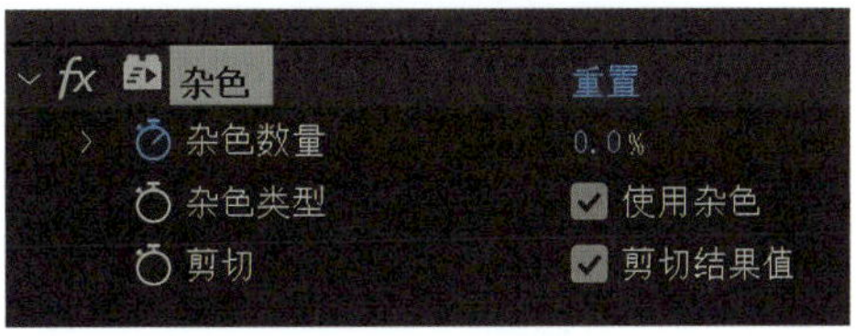

图5-129 设置“杂色”

在“时间轴”面板中，选择“蒙尘与划痕”图层，在“效果与预设”面板中，搜索“蒙尘与划痕”，如图5-130所示，并将该效果拖曳到“蒙尘与划痕”图层。将“时间指示器”拖至2:00s处，在“效果控件”面板中，单击“半径”前的时间变化秒表按钮，设置“半径”的值为0；再将“时间指示器”拖至2:12s处，设置“半径”的值为20；再将“时间指示器”拖至3:00s处，设置“半径”的值为0。其他设置默认不变，如图5-131所示。

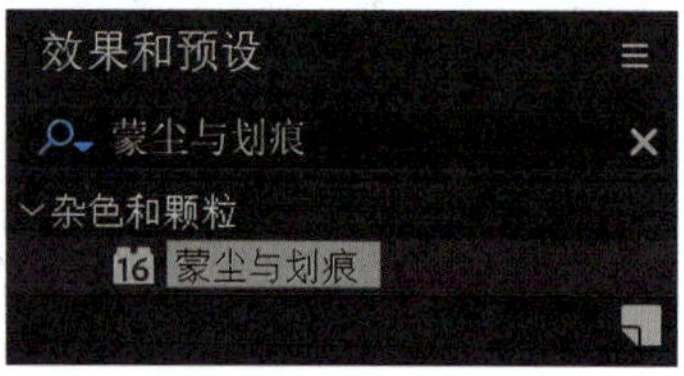

图5-130　搜索“蒙尘与划痕”

图5-131　设置“蒙尘与划痕”

选中“时间轴”面板，使用“渲染队列”快捷键Ctrl+M。单击“输出模块”的“无损”，在弹出的“输出模块设置”面板中设置“格式”为AVI，单击“确定”按钮。

单击“输出到”后面的文字，在弹出的“将影片输出到”窗口中设置文件保存路径，设置完成后单击“保存”按钮完成此操作。在“渲染队列”面板中单击“渲染”按钮。待听到提示音时，导出操作完成。

七、遮罩

“遮罩”可以为图像创建蒙版进行抠像，如图5-132。

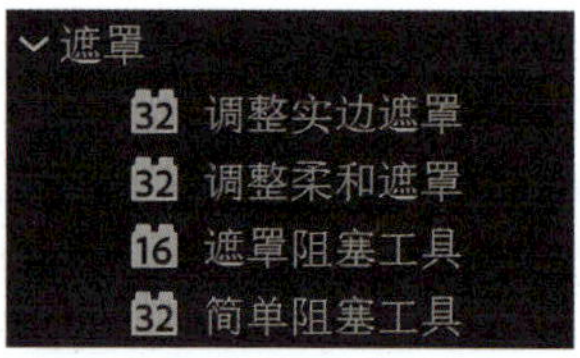

图5-132　“遮罩”

实例：使用“遮罩”制作视频羽化遮罩效果

双击After Effects 2022图标，打开软件后，在菜单栏中点击“新建项目”命令。在“项目”面板中右击，选择“新建合成”选项，在弹出的“合成设置”面板中设置“合成名称”为“遮罩”，“预设”为“自定义”，“宽度”的值为1920px，“高度”的值为1080px，“像素长宽比”为“方形像素”，“帧速率”为24，“分辨率”为“完整”，“持续时间”为6秒，其他设置默认不变，单击“确定”按钮，如图5-133所示，也可以在“合成”面板中直接点击“新建合成”。在“菜单栏”中选择“文件”/“导入”/“文件”命令，导入“遮罩素材.mp4”素材文件。将“项目”面板中的“遮罩素材.mp4”拖曳到“时间轴”面板中。

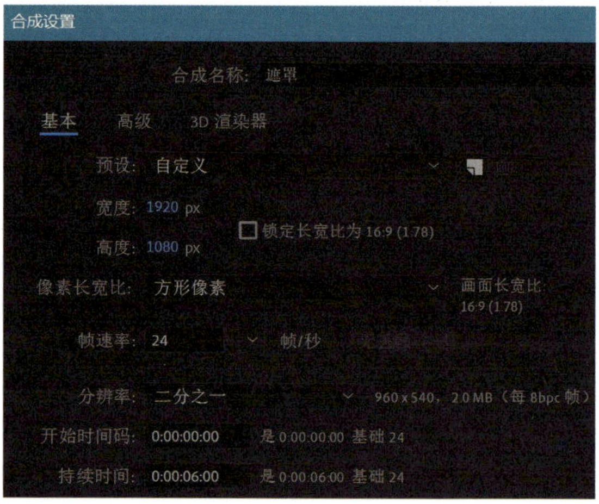

图5-133　“合成设置”

在“工具栏”面板选择“矩形工具”，在“合成”面板绘制矩形，如图5-134所示。将“时间指示器”分别拖至2:00s和4:00s处，分割视频（快捷键Ctrl+shift+D），将视频共分为3个图层，如图5-135所示。

图5-134　绘制矩形

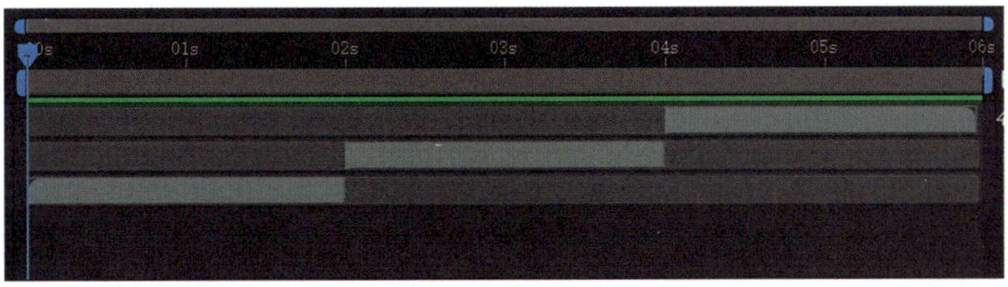

图5-135　分割图层

在“时间轴”面板中选择第3个“遮罩素材”图层，在“效果与预设”面板中搜索“调整实边遮罩”，如图5-136所示。将该效果拖曳到第3个“遮罩素材”图层，在“效果控件”面板中，设置“羽化”的值为200，“对比度”的值为80，“减少震颤”的值为50，其他设置默认不变，如图5-137所示。

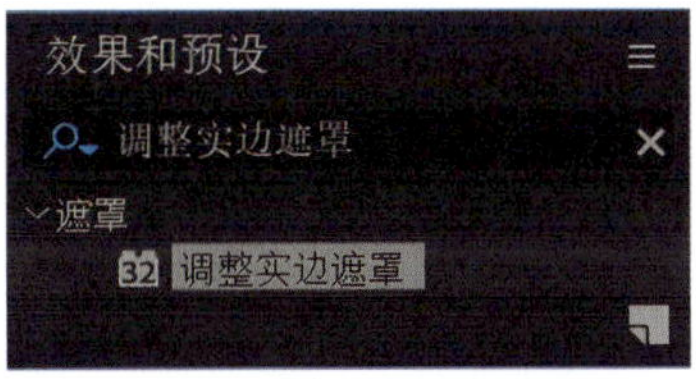

图5-136　搜索“调整实边遮罩”

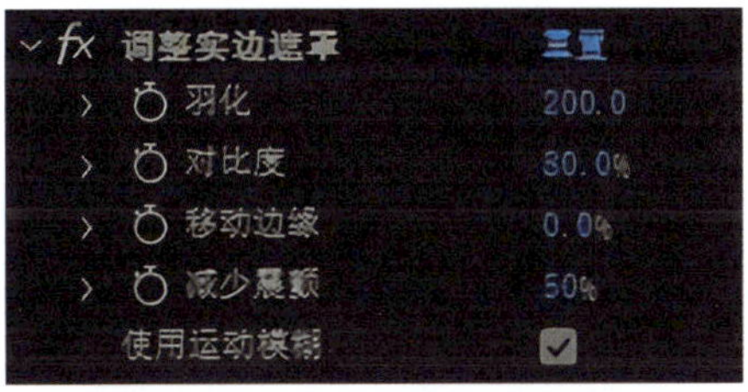

图5-137　设置“调整实边遮罩”

在“时间轴”面板中选择第2个“遮罩素材”图层，在“效果与预设”面板中搜索“调整柔和遮罩”，如图5-138所示。将该效果拖曳到第2个“遮罩素材”图层，在“效果控件”面板中，设置“其他边缘半径”的值为60，“羽化”的值为100，其他设置默认不变，如图5-139所示。

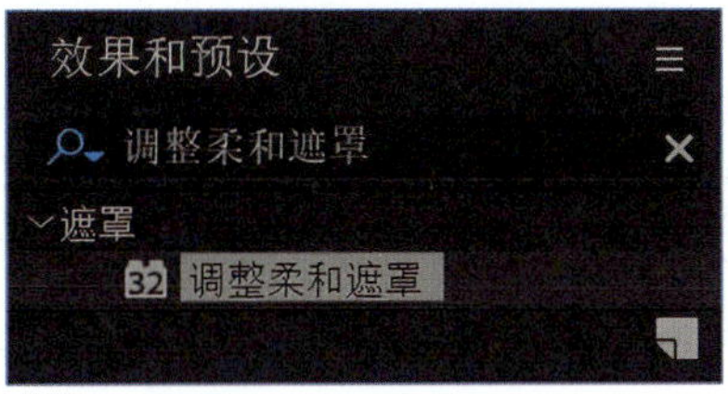

图5-138　搜索“调整柔和遮罩”

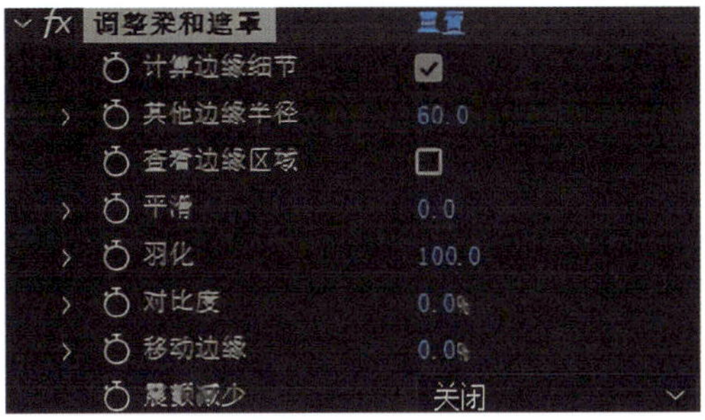

图5-139　设置“调整柔和遮罩”

在“时间轴”面板中选择第1个“遮罩素材”图层，在“效果与预设”面板中搜索“遮罩阻塞工具”，如图5-140所示。将该效果拖曳到第1个“遮罩素材”图层，在“效果控件”面板中，设置“几何柔和度1”的值为100，“阻塞1”的值为-120，“灰色阶柔和度1”的值为20，设置“几何柔和度2”的值为100，“阻塞2”的值为120，“灰色阶柔和度2”的值为100，其他设置默认不变，如图5-141所示。

选中“时间轴”面板，使用“渲染队列”快捷键Ctrl+M。单击“输出模块”的“无损”，在弹出

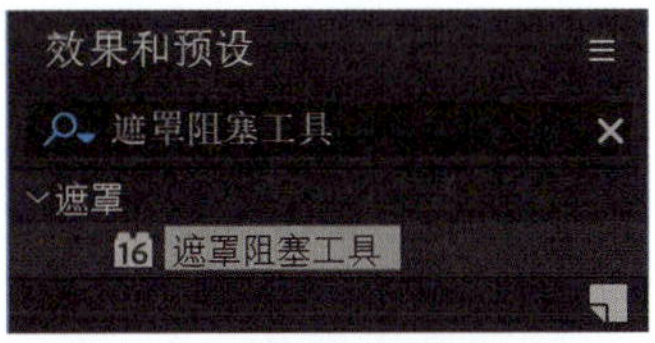

图5-140　搜索“遮罩阻塞工具”

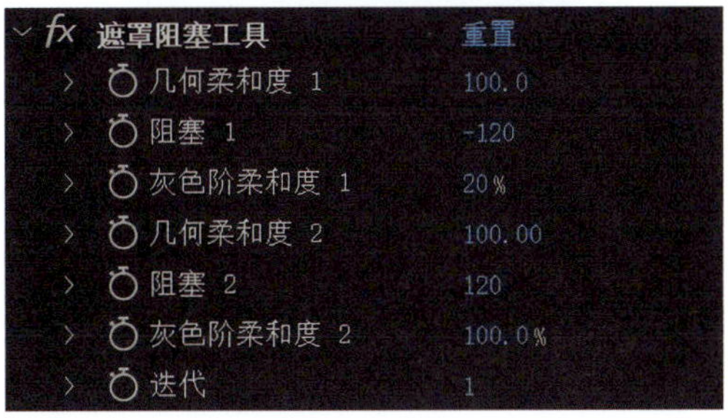

图5-141　设置“遮罩阻塞工具”

的“输出模块设置”面板中设置“格式”为AVI，单击“确定”按钮。

单击“输出到”后面的文字，在弹出的“将影片输出到”窗口中设置文件保存路径，设置完成后单击“保存”按钮完成此操作。在“渲染队列”面板中单击“渲染”按钮。待听到提示音时，导出操作完成。

第四节　过渡效果

After Effects中的过渡效果是指素材与素材之间的转场动画效果。在制作作品时使用合适的过渡效果，可以提升作品播放的连贯性，呈现出特殊的动态效果和震撼的视觉体验，如图5-142所示。

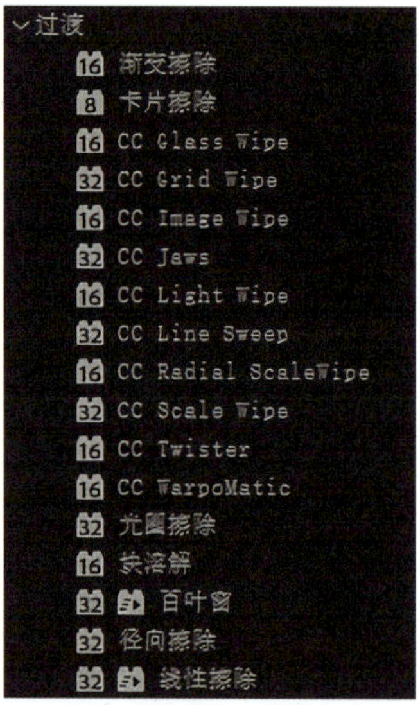

图5-142　“过渡”

一、常用的过渡效果

1. 渐变擦除

“渐变擦除”效果可以利用图片的明亮度来创建擦除效果，使其逐渐过渡到另一个素材中。

2. 卡片擦除

“卡片擦除”效果可以模拟卡片翻转效果进行过渡。

3. 光圈擦除

“光圈擦除”效果可以通过修改Alpha通道执行星形擦除，从而过渡到下一个画面。

4. 块溶解

“块溶解”效果可以使图层在随机快中消失，从而过渡到下一个画面。

5. 径向擦除

“径向擦除”效果可以通过修改Alpha通道进行线性擦除，从而过渡到下一个画面。

6. CC Glass Wipe（CC玻璃擦除）

“CC Glass Wipe”效果可以融化当前图层过渡到下一个素材中。

二、综合实例

实例：使用“过渡效果”制作花草视频

双击After Effects 2022图标，打开软件后，在菜单栏中点击“新建项目”命令。在“项目”面板中右击，选择“新建合成”选项，在弹出的“合成设置”面板中设置“合成名称”为“花草过渡”，“预设”为“自定义”，“宽度”为4000，“高度”为6000，“像素长宽比”为“方形像素”，“帧速率”为24，“分辨率”为“完整”，“持续时间”为7:00s，其他设置默认不变，单击“确定”按钮，如图5-143所示。也可以在“合成”面板中直接点击“新建合成”。

在“菜单栏”中选择“文件”/“导入”/“文件”命令，导入“花草1.jpg”~“花草7.jpg”素材文件。将“项目”面板中的“花草1.jpg”~“花草7.jpg”拖曳到“时间轴”面板中。

在“效果和预设”面板中搜索“渐变擦除”效

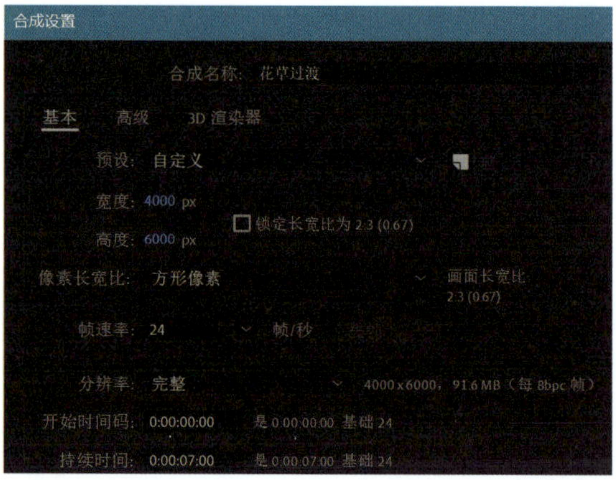

图5-143　“合成设置”

果，如图5-144所示，并将该效果拖曳到“花草 1”图层上。将“时间指示器”拖至起始位置，在“效果控件”面板中，单击“过渡完成”前的时间变化秒表按钮，设置“过渡完成”为0%；再将“时间指示器”拖至1:00s处，设置“过渡完成”为100%。设置“过渡柔和度”为100%，其他设置默认不变，如图5-145所示。

在“时间轴”面板中，拖动图层“花草2”，将结尾位置与2:00s位置对齐，如图5-146所示。在“效果和预设”面板中搜索“卡片擦除”效果，并将该效果拖曳到“花草 2”图层上。将“时间指示器”拖至1:00s处，在“效果控件”面板中，单击“过渡完成”前的时间变化秒表按钮，设置“过渡完成”为0%；再将“时间指示器”拖至2:00s处，设置“过渡完成”为100%。设置“过渡宽度”为100%，“背面图层”为“花草3”，其他设置默认不变，如图5-147所示。

在“效果和预设”面板中搜索“光圈擦除”效果，如图5-148所示，并将该效果拖曳到“花草 3”图层上。将“时间指示器”拖至2:00s处，在“效果控件”面板中，设置“点光圈”为16，单击“使用内径”按钮，单击“外径”和“内径”前的时间变化秒表按钮，设置“外径”和“内径”为0%；再将“时间指示器”滑动至3:00s处，设置“外径”和“内径”为2000，设置“羽化”为1000，其他设置默认不变，如图5-149所示。

图5-144　搜索“渐变擦除”

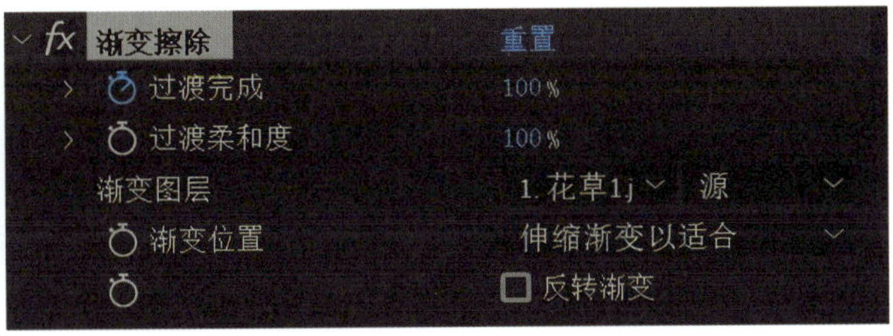

图5-145　设置“渐变擦除”

图5-146　拖动图层

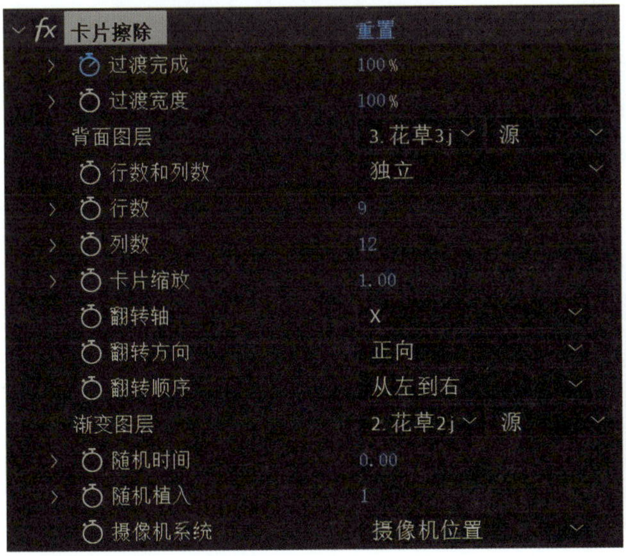

图5-147　设置“卡片擦除”

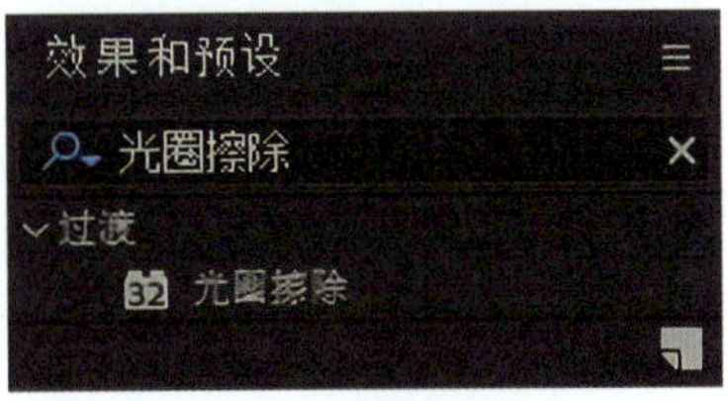

图5-148　搜索“光圈擦除”

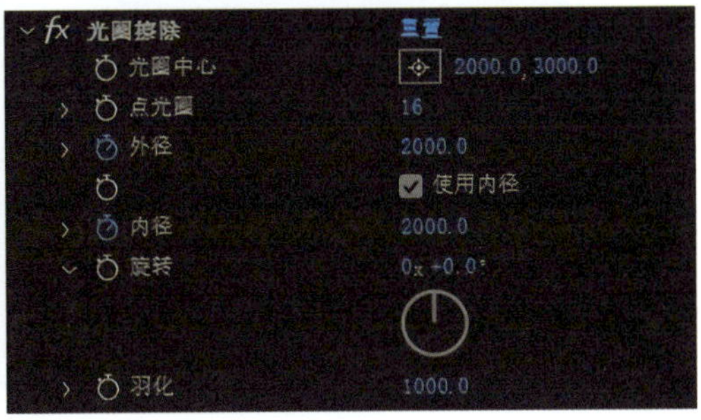

图5-149　设置“光圈擦除”

将“时间指示器”拖至2:00s处，在“时间轴”面板中，打开“缩放”面板（快捷键S），单击“缩放”前的时间变化秒表按钮，设置“缩放”为100。再将“时间指示器”拖至3:00s处，设置“缩放”为230，如图5-150所示。

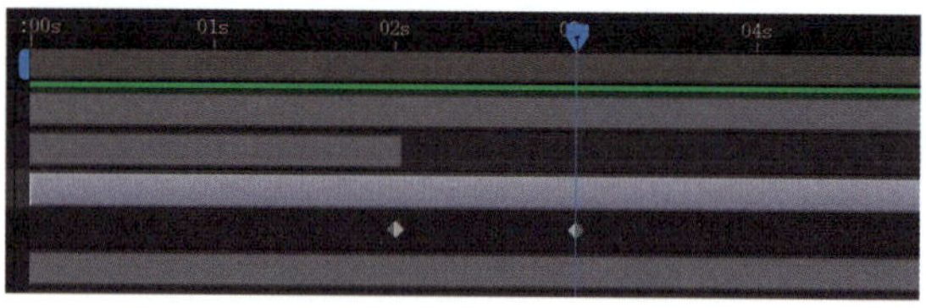

图5-150　设置“缩放”

在“效果和预设”面板中，搜索“块溶解”效果，选择“过渡”/“块溶解”，如图5-151所示，并将该效果拖曳到“花草4”图层上。将“时间指示器”拖至3:00s处，单击“过渡完成”前的时间变化秒表按钮，设置“过渡完成”为0%；再将“时间指示器”拖至4:00s处，设置“过渡完成”为100%，设置“块宽度”为5.0，“块高度”为5.0，“羽化”为500，如图5-152所示。

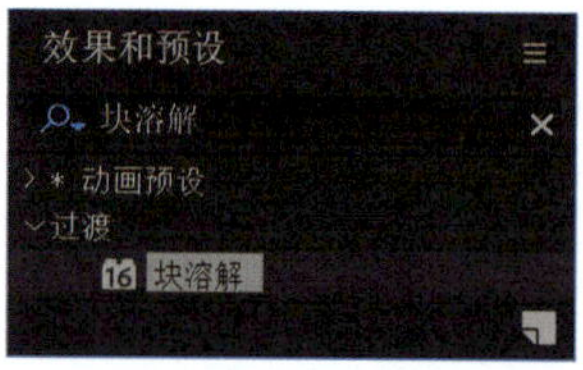

图5-151　搜索“块溶解”

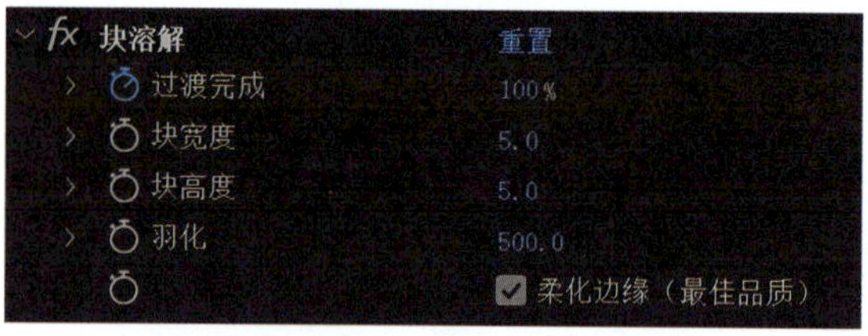

图5-152　设置“块溶解”

在“效果和预设”面板中搜索“径向擦除”效果，选择“过渡”/“径向擦除”，如图5-153所示，并将该效果拖曳到“花草5”图层上。将“时间指示器”拖至4:00s处，单击“过渡完成”前的时间变化秒表按钮，设置“过渡完成”为0%；再将“时间指示器”拖至5:00s处，设置“过渡完成”为100%，设置“羽化”为500。其他设置默认不变，如图5-154所示。

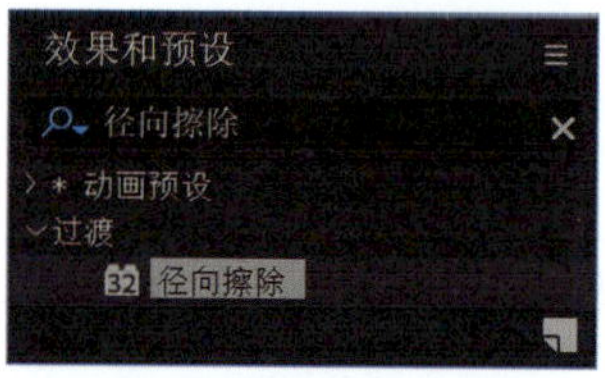

图5-153　搜索“径向擦除”

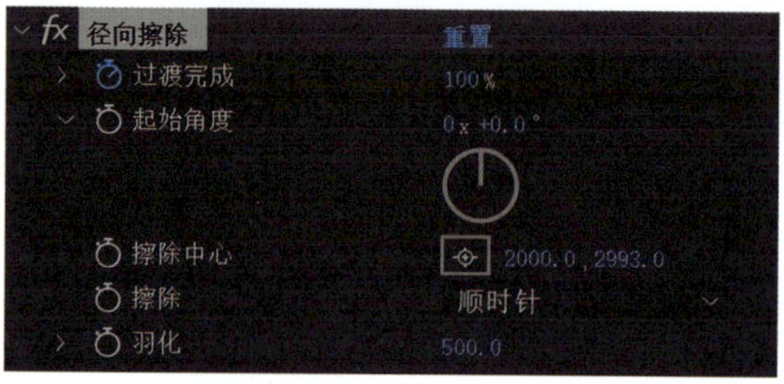

图5-154　设置“径向擦除”

在“效果和预设”面板中搜索“CC Glass Wipe”效果，如图5-155所示，并将该效果拖曳到“花草6”图层上。将“时间指示器”拖至5:00s处，单击“Completion”前的时间变化秒表按钮，设置“Completion”为0%；再将“时间指示器”拖至6:00s处，设置“Completion”为100%，设置“Layer to Reveal”为“花草7”，“Gradient Layer”为“花草6”，“Softness”为500。其他设置默认不变，如图5-156所示。

图5-155　搜索“CC Glass Wipe”

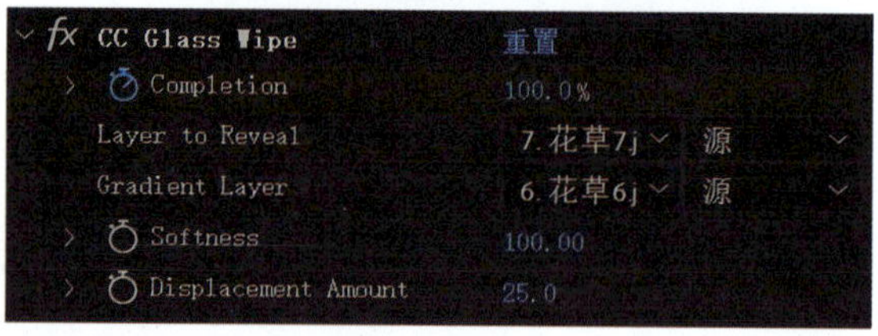

图5-156　设置“CC Glass Wipe”

选中“时间轴”面板，使用“渲染队列”（快捷键Ctrl+M）。单击“输出模块”的“无损”，在弹出的“输出模块设置”面板中设置“格式”为AVI，单击“确定”按钮。

单击“输出到”后面的文字，在弹出的“将影片输出到”窗口中设置文件保存路径，设置完成后单击“保存”按钮完成此操作。在“渲染队列”面板中单击“渲染”按钮。待听到提示音时，导出操作完成。

第五节　颜色校正

一、了解颜色校正

颜色校正是After Effects中非常重要的功能，能够提升作品的质量。制作出与作品主题相协调的色彩才能正确传达作品的主旨，因此，正确地使用颜色校正效果对作品至关重要，如图5-157所示。

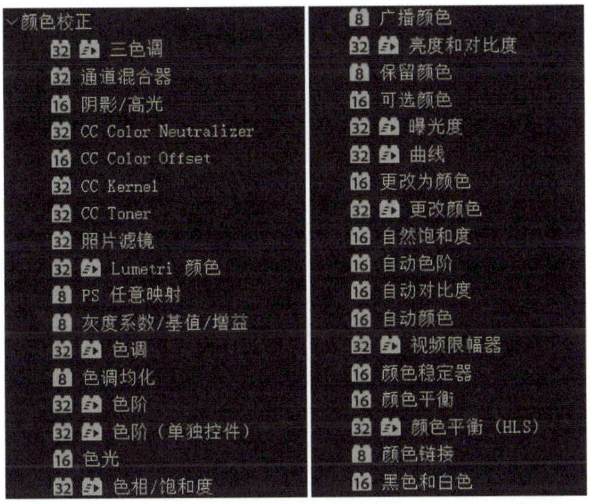

图5-157　部分“颜色校正”

二、综合实例

实例：使用“颜色校正”制作视频效果

双击After Effects 2022图标，打开软件后，在菜单栏中点击“新建项目”命令。在“项目”面板中右击，选择“新建合成”选项，在弹出的“合成设置”面板中设置“合成名称”为“颜色校正”，“预设”为“自定义”，“宽度”为5184，“高度”为3456，“像素长宽比”为“方形像素”，“帧速率”为24，“分辨率”为“完整”，“持续时间”为3:00s，其他设置默认不变，单击“确定”按钮，如图5-158所示，也可以在“合成”面板中直接点击“新建合成”。

在“菜单栏”中选择“文件”/“导入”/“文件”命令，导入“书桌背景.jpg”和“文字.jpg”素材文件。将“项目”面板中的“书桌背景.jpg”和“文字.jpg”拖曳到“时间轴”面板中。

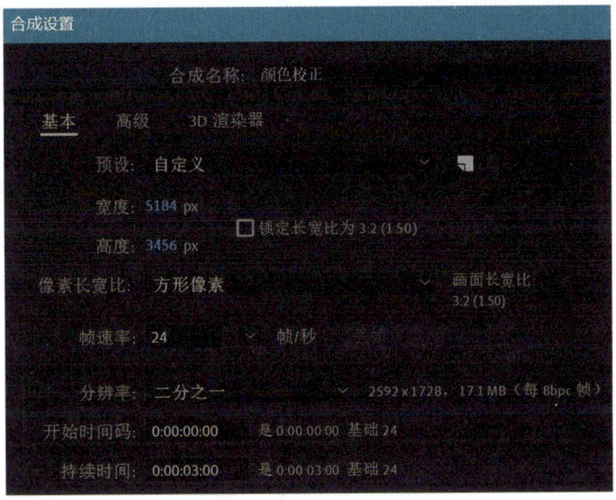

图5-158　“合成设置”

在“时间轴”面板中，将“文字”图层排列至顶层，并选择文字图层，如图5-159所示。在“菜单栏”面板中，选择“矩形工具”，在“合成”面板中，在“静”字处绘制一个矩形，如图5-160所示。在“时间轴”面板中打开“文字”/“蒙版”/“蒙版1”，设置“蒙版羽化”为500像素，再打开“文字”/“变换”，设置“位置”为（2150.0，1100.0），“旋转”为-3°，如图5-161所示。

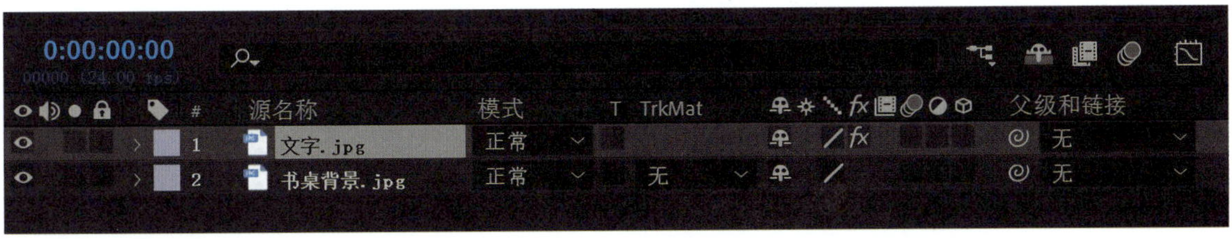

图5-159　排列图层

图5-160　绘制矩形

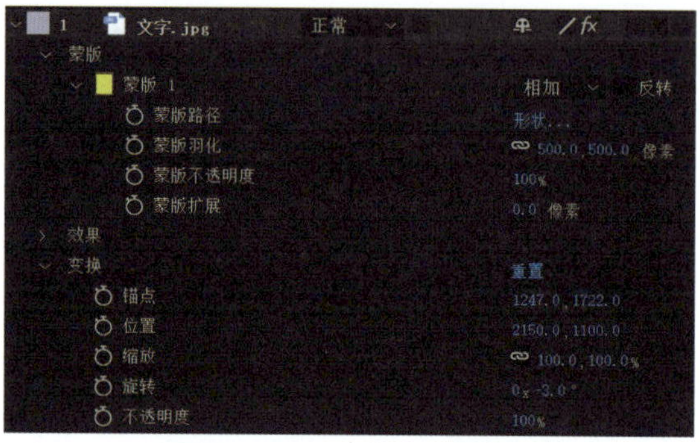

图5-161　调整参数

在“效果和预设”面板中搜索“Lumetri 颜色”效果，如图5-162所示，并将该效果拖曳到“文字”图层上，在“效果控件”面板中，设置“基本校正”/“颜色”/“色温”为55，“色调”为0，“饱和度”为88。设置“基本校正”/“轻”/“曝光度”为-2.5，“对比度”为0，“高光”为0，“阴影”为-45，“白色”为-40，“黑色”为-80，其他设置默认不变，如图5-163所示。

在“效果和预设”面板中搜索“色阶”效果，选择“颜色校正”/“色阶”，如图5-164所示，并将该效果拖曳到“文字”图层上，在“效果控件”面板中，设置“输入白色”为195，“输出白色”为290，其他设置默认不变，如图5-165所示。

图5-162　搜索“Lumetri 颜色”

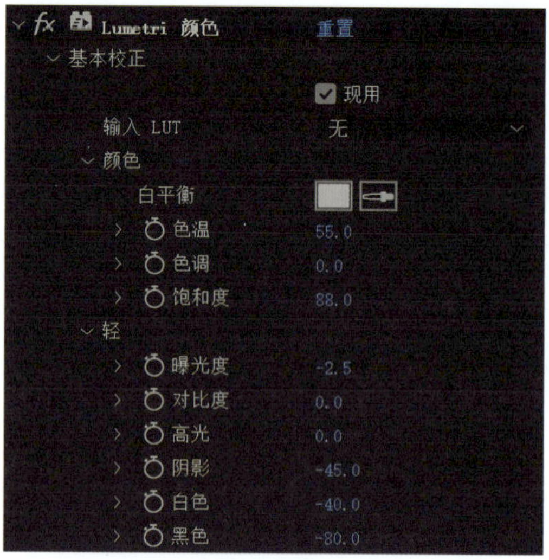

图5-163　设置“Lumetri 颜色”

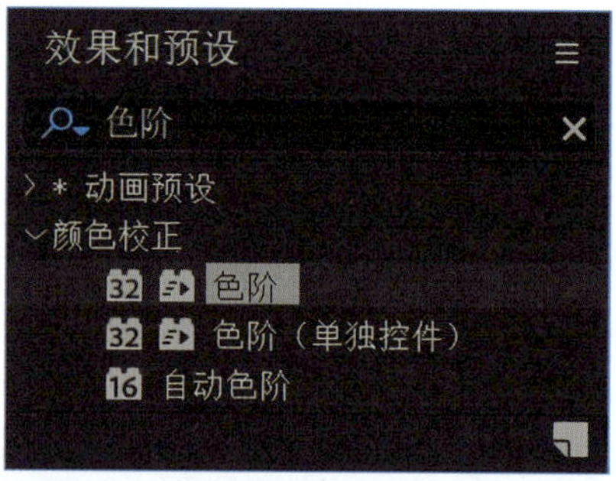

图5-164　搜索“色阶”

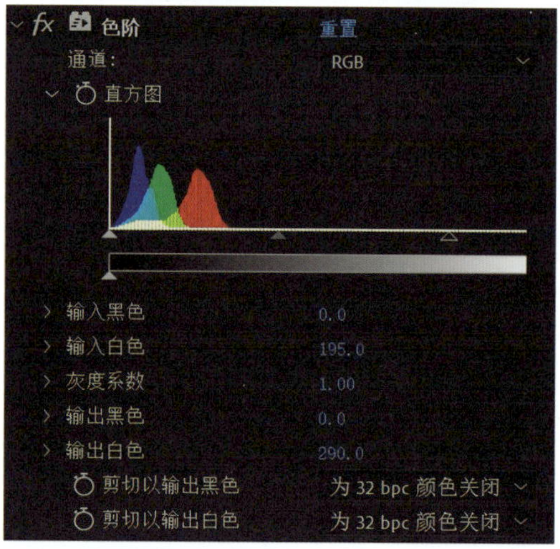

图5-165　设置“色阶”

在“效果和预设”面板中搜索“色相/饱和度”效果，如图5-166所示，并将该效果拖曳到“文字”图层上，在“效果控件”面板中，设置“主饱和度”为10，“主亮度”为-5，其他设置默认不变，如图5-167所示。

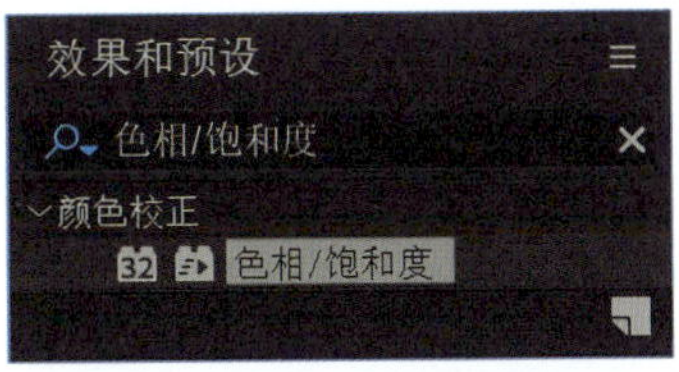

图5-166　搜索“色相/饱和度”

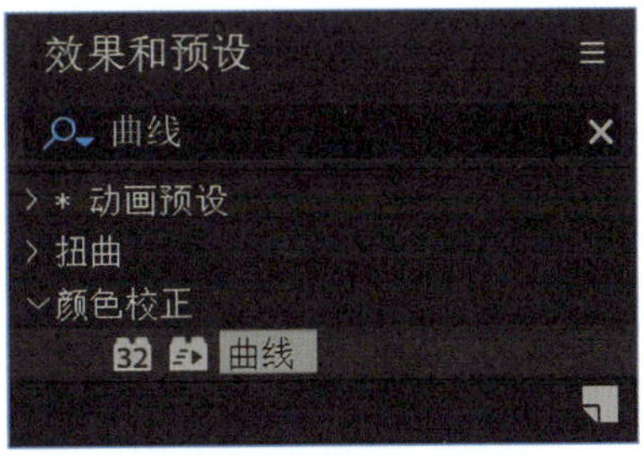

图5-168　搜索“曲线”

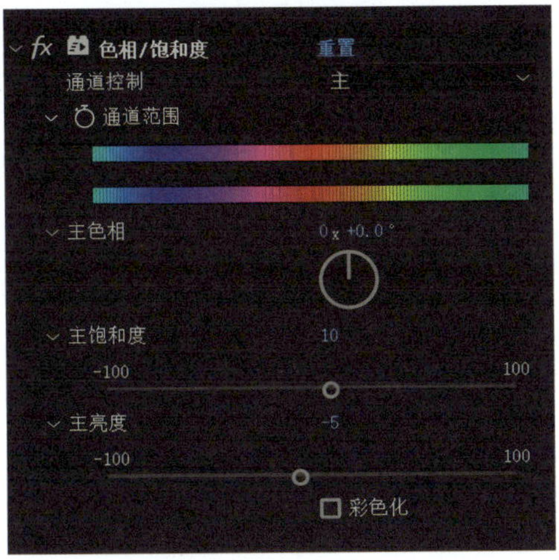

图5-167　设置“色相/饱和度”

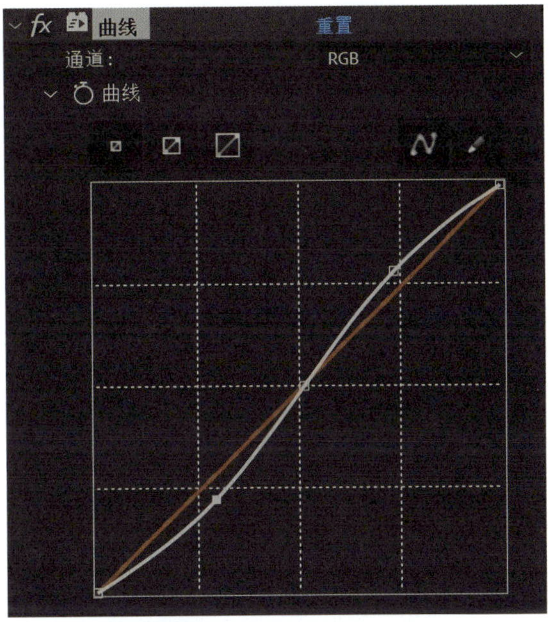

图5-169　调整“曲线”

在“效果和预设”面板中搜索“曲线”效果，选择“颜色校正”/“曲线”，如图5-168所示，并将该效果拖曳到“文字”图层上，在“效果控件”面板中调整曲线，如图5-169所示。调整后效果如图5-170所示。

在“时间轴”面板中，选择“文字”图层，打开“不透明度”面板（快捷键T）。将“时间指示器”拖动到起始位置，单击“不透明度”前的时间变化秒表按钮，设置“不透明度”为0%；再将“时间指示器”拖至2:00s处，设置“不透明度”为100%，如图5-171所示。

选中“时间轴”面板，使用“渲染队列”（快捷键Ctrl+M）。单击“输出模块”的“无损”，在弹出的“输出模块设置”面板中设置“格式”为AVI，单击“确定”按钮。

图5-170　调整后效果

图5-171　设置“不透明度”关键帧

单击“输出到”后面的文字，在弹出的“将影片输出到”窗口中设置文件保存路径，设置完成后单击“保存”按钮完成此操作。在“渲染队列”面板中单击“渲染”按钮。待听到提示音时，导出操作完成。

第六节　抠像

一、认识抠像

抠像是通过定义图像中特定范围内的颜色值或亮度值来获取透明通道。通过抠像可轻松替换背景，这在因使用过于复杂的物体而无法轻松进行遮蔽时非常有用，如图5-172所示。

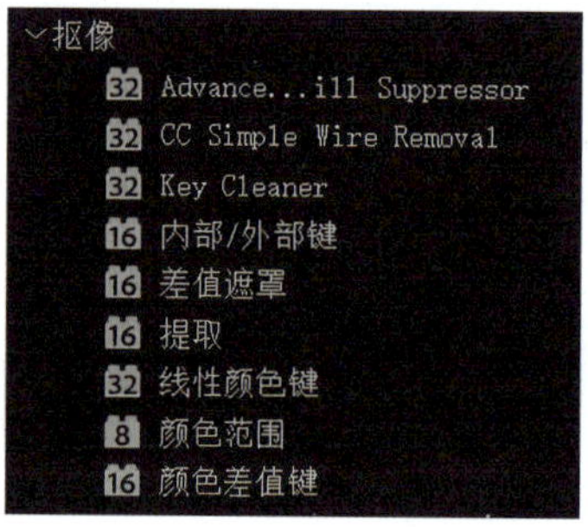

图5-172　“抠像”

二、综合实例

实例1：使用“Roto笔刷”制作抠像视频效果

双击After Effects 2022图标，打开软件后，在菜单栏中点击“新建项目”命令。在“项目”面板中右击，选择“新建合成”选项，在弹出的“合成设置”面板中设置“合成名称”为“Roto笔刷”，“预设”为“自定义”，“宽度”为1920，“高度”为1040，“像素长宽比”为“方形像素”，“帧速率”为30，“分辨率”为“完整”，“持续时间”为5:00s，其他设置默认不变，单击“确定”按钮，如图5-173所示，也可以在“合成”面板中直接点击“新建合成”。

在“菜单栏”中选择“文件”/“导入”/“文件”命令，导入“抠像素材”素材文件。将“项目”面板中的“抠像素材”拖曳到“时间轴”面板中。

在“时间轴”面板中，选择“抠像素材”图层，复制该图层（快捷键Ctrl+D），并右击该图层重命名为“抠像素材2”，如图5-174所示。

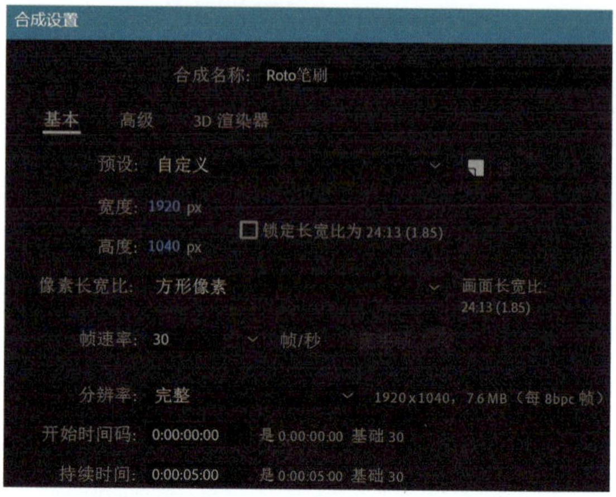

图5-173　“合成设置”

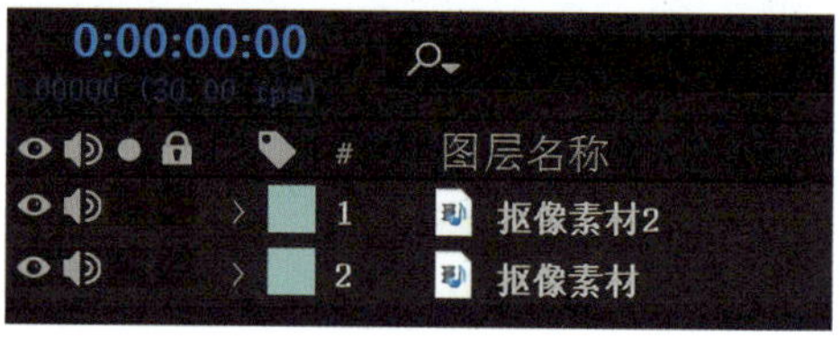

图5-174　复制并重命名图层

在“时间轴”面板中，双击“抠像素材2”图层，进入编辑面板。在“菜单栏”中，选择“Roto笔刷”工具，如图5-175所示。

在“合成”面板中，长按鼠标左键在人物轮廓上绘制一条直线以生成蒙版，如图5-176所示，再

图5-175　选择“Roto笔刷”

图5-176　绘制蒙版

按住“Alt”键，在人物以外的部分绘制以删减蒙版（图5-177），逐帧检查，保证蒙版只出现在人物身上，如图5-178所示，如有瑕疵可再使用上述操作修改。

图5-177　删减蒙版

图5-178　调整后蒙版效果

在“时间轴”面板中，右击选择“新建”/“文本”，在“合成”面板中打出Tommas Shelby字样，在“字符”面板中设置“设置字体系列”为“Impact”，“设置字体大小”为180，“颜色”为白色，其他设置默认不变，如图5-179所示。在“时间轴”面板中，将“Tommas Shelby”图层排列至第二层，如图5-180所示。

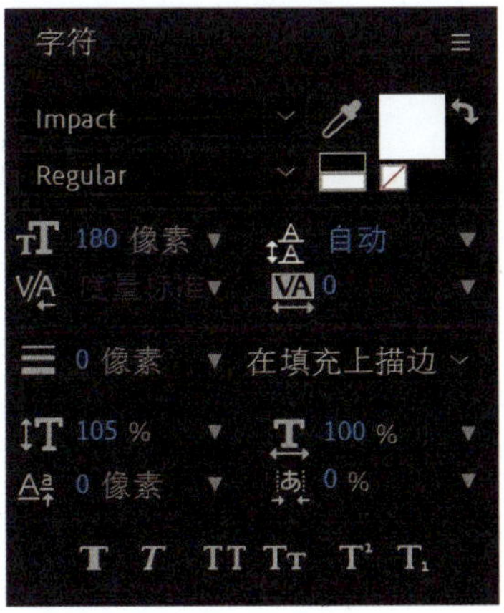

图5-179　设置“字符”面板

图5-180　排列图层

在“时间轴”面板中，打开“Tommas Shelby”图层中的“变换”，将“时间指示器”拖至起始位置，单击“位置”前的时间变化秒表按钮，设置“位置”为（-1200，520），再将“时间指示器”拖至4:00s处，设置“位置”为（1950，520），如图5-181所示。调整后效果如图5-182所示。

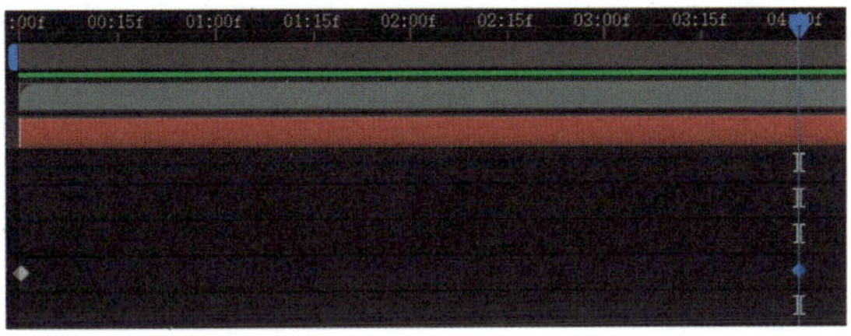

图5-181　设置“位置”关键帧

图5-182　调整后效果

选中“时间轴”面板，使用“渲染队列”（快捷键Ctrl+M）。单击“输出模块”的“无损”，在弹出的“输出模块设置”面板中设置“格式”为AVI，单击“确定”按钮。

单击“输出到”后面的文字，在弹出的“将影片输出到”窗口中设置文件保存路径，设置完成后单击“保存”按钮完成此操作。在“渲染队列”面板中单击“渲染”按钮。待听到提示音时，导出操作完成。

实例2：使用“线性颜色键”制作抠像视频效果

在“项目”面板中右击，选择“新建合成”选项，在弹出的“合成设置”面板中设置“合成名称”为“线性颜色键”，“预设”为“自定义”，“宽度”为4288，“高度”为2848，“像素长宽比”为“方形像素”，“帧速率”为24，“分辨率”为“完整”，“持续时间”为2:00s，其他设置默认不变，单击“确定”按钮，如图5-183所示，也可以在“合成”面板中直接点击“新建合成”。

在“菜单栏”中选择“文件”/“导入”/“文件”命令，导入“海绵宝宝.mp4”和“背景.jpg”素材文件。将“项目”面板中的“海绵宝宝.mp4”和“背景.jpg”拖曳到“时间轴”面板中，并将“海绵宝宝”图层排列至上层，如图5-184所示。

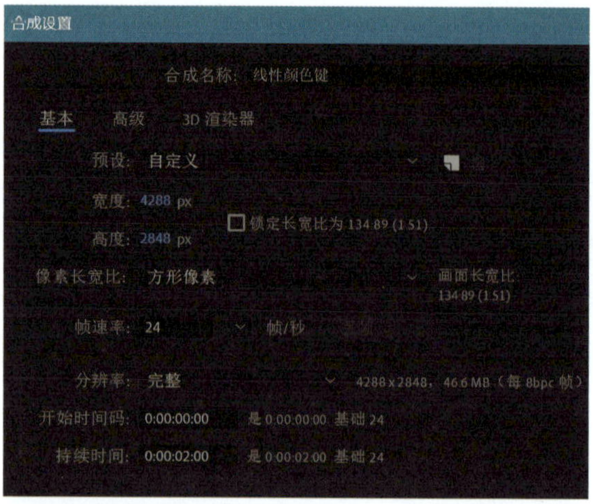

图5-183 “合成设置”

图5-184 排列图层

在“时间轴”面板中，打开“海绵宝宝”图层中的“变换”，设置“位置”为（2145.0，1635.0），“缩放”为505，其他设置默认不变，如图5-185所示。

在“效果和预设”面板中，搜索“线性颜色键”效果，如图5-186所示，并将该效果拖曳到“海绵宝宝”图层上，在“效果控件”面板中，设置“主色”为“20FF0A”“匹配容差”为10.0%，“匹配柔和度”为20.0%，其他设置默认不变，如图5-187所示。

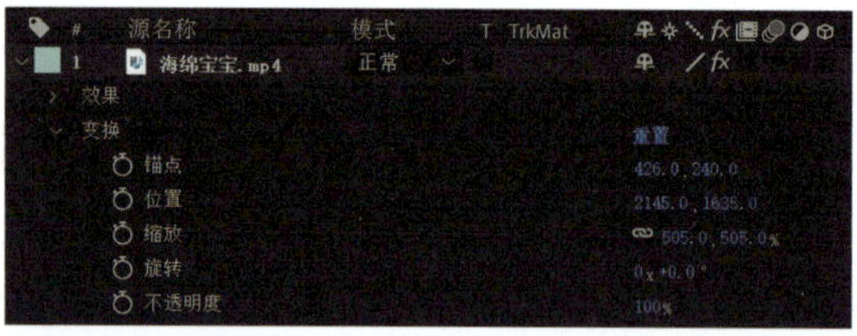

图5-185 调整参数

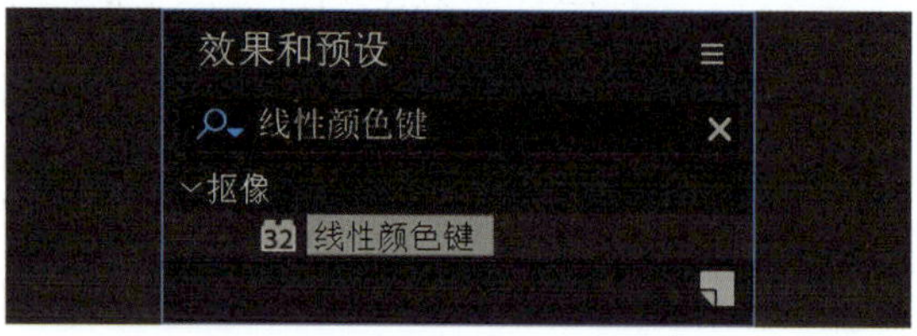

图5-186 搜索“线性颜色键”

选中“时间轴”面板，使用“渲染队列”（快捷键Ctrl+M）。单击“输出模块”的“无损”，在弹出的“输出模块设置”面板中设置“格式”为AVI，单击“确定”按钮。

单击“输出到”后面的文字，在弹出的“将影片输出到”窗口中设置文件保存路径，设置完成后单击“保存”按钮完成此操作。在“渲染队列”面板中单击“渲染”按钮。待听到提示音时，导出操作完成。

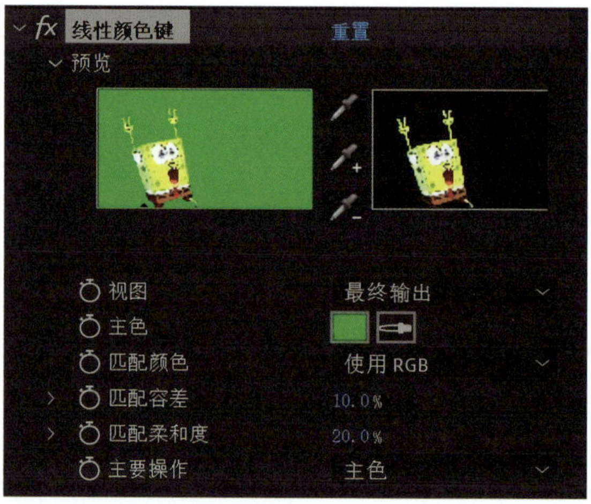

图5-187 设置“线性颜色键”

第七节　文字效果

一、认识文字效果

文字是影视作品中常见的元素之一，它不仅可以用来表述作品信息，也可以起到美化版面的作用。After Effects中有非常强大的文字创建与编辑功能，不仅可以使用多种文字工具，还可以通过设置参数修正文字效果。

二、综合实例

实例1：路径文字效果

在创建文本图层后，可以为文本图层添加遮罩路径，使该图层内的文字沿绘制的路径进行排列，从而产生路径文字效果。

双击After Effects 2022图标，打开软件后，在菜单栏中点击“新建项目”命令。在“项目”面板中右击，选择“新建合成”选项，在弹出的“合成设置”面板中设置“合成名称”为“文字效果”，“预设”为“自定义”，“宽度”为720，“高度”为480，“像素长宽比”为“方形像素”，“帧速率”为24，“分辨率”为“完整”，“持续时间”为5:00s，其他设置默认不变，单击“确定”按钮，如图5-188所示。也可以在“合成”面板中直接点击“新建合成”。

在“时间轴”面板中右击，选择“新建”/“文本”，在“字符”面板中，设置“字体”为“Franklin Gothic Medium”，“设置字体大小”为50像素，“颜色”为白色，其他设置默认不变（如图5-189所示）。在“合成”面板中打出“Good Morning”字样，在“时间轴”面板中，选择“Good Morning”图层中的“变换”/“位置”，设置“位置”为（210，240），其他设置默认不变，如图5-190所示。

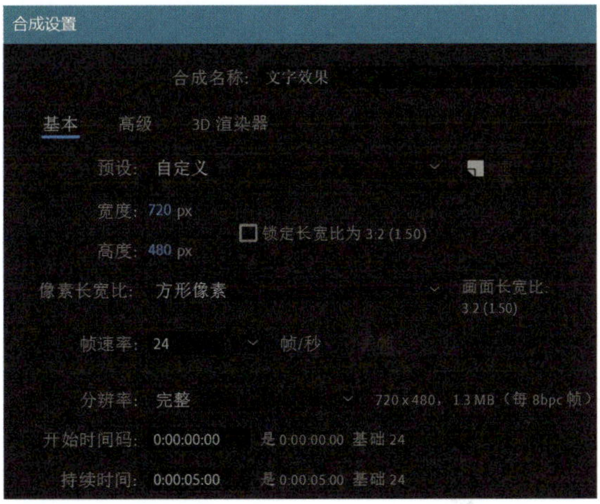

图5-188　“合成设置”

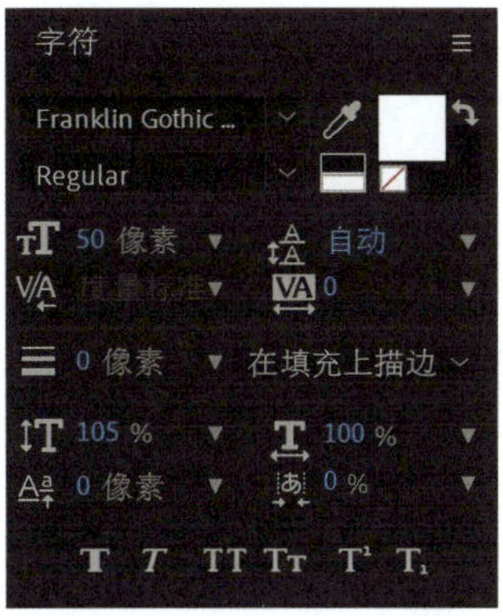

图5-189　设置“字符”面板

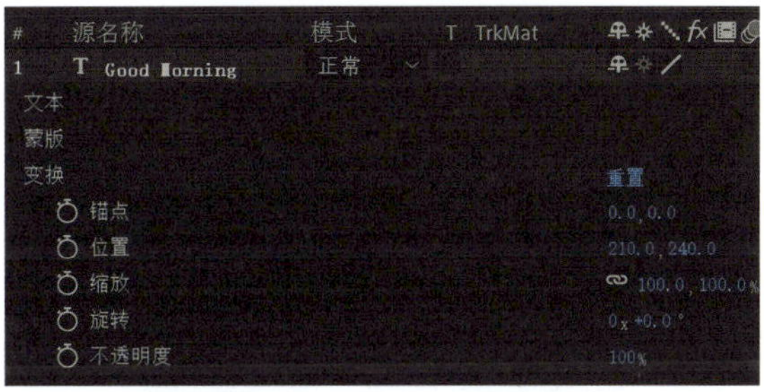

图5-190　调整参数

在“时间轴”面板中，选择“Good Morning”图层，在“菜单栏”面板中选择“钢笔工具”，在“合成”面板绘制一个路径，如图5-191所示。在“时间轴”面板中，选择“Good Morning”/“文本”/“路径选择”，在“路径选择”面板中，设置“路径”为“蒙版1”，“垂直于路径”为“关”，其他设置默认不变，如图5-192所示。调整后效果如图5-193所示。

图5-191　绘制路径

图5-192 设置“路径选项”

图5-193 调整后效果

实例2：打字机效果

在“效果和预设”面板中搜索“打字机”效果，如图5-194所示，并将该效果拖曳到“Good Morning”图层。

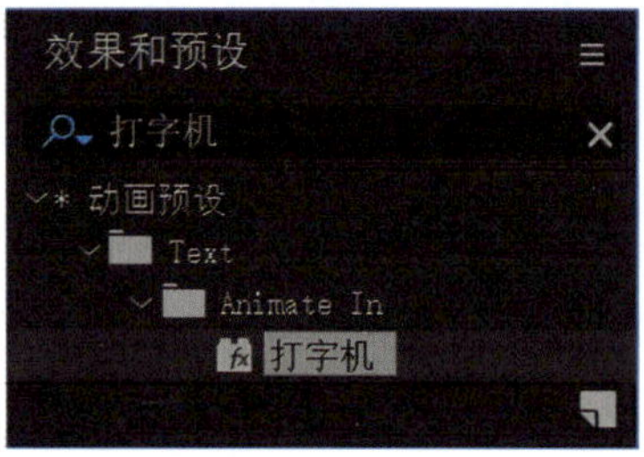

图5-194 搜索“打字机”

在“时间轴”面板中单击打开该文本图层下方的“文本”/“动画1”/“范围选择器1”，选择“起始”中的第二个关键帧，将其拖动至2:00s处，如图5-195所示。

图5-195 拖动关键帧

实例3：制作文字动效

在“时间轴”面板中，单击“文本”图层右侧的“动画”按钮，在弹出的属性栏中选择“旋转”，如图5-196所示。

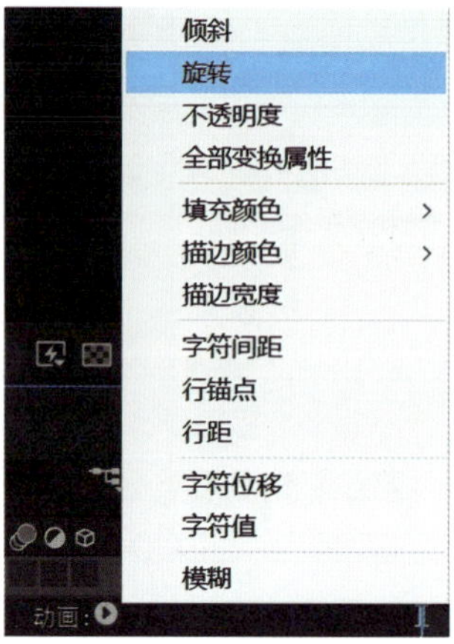

图5-196 设置“旋转”

在“时间轴”面板中，选择“Good Morning”/“文本”/“动画制作工具1”/“旋转”。将“时间指示器”移至2:00s处，单击“旋转”前的时间变化秒表按钮；再将“时间指示器”移至2:07s处，设置“旋转”为220°；再将“时间指示器”移至2:14s处，设置“旋转”为130°；再将“时间指示器”移至2:21s处，设置“旋转”为220°；再将“时间指示器”移至3:04s处，设置“旋转”为130°。在“时间轴”面板中，框选“旋转”中的4个关键帧，右键单击“关键帧辅助”/“缓动”，如图5-197所示。

在“时间轴”面板中，选择“Good Morning”/“文本”/“动画制作工具1”/“范围选择器1”/“偏移”，“时间指示器”移至2:12s处，单击“偏移”前的时间变化秒表按钮，再将“时间指示器”移至

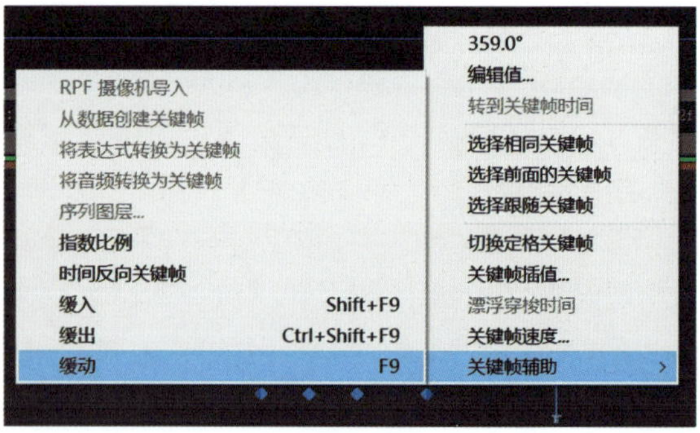

图5-197 设置“关键帧缓动”

3:12s处，设置“偏移”为100%，框选“偏移”中的2个关键帧，右键单击“关键帧辅助”/“缓动”，如图5-198所示。

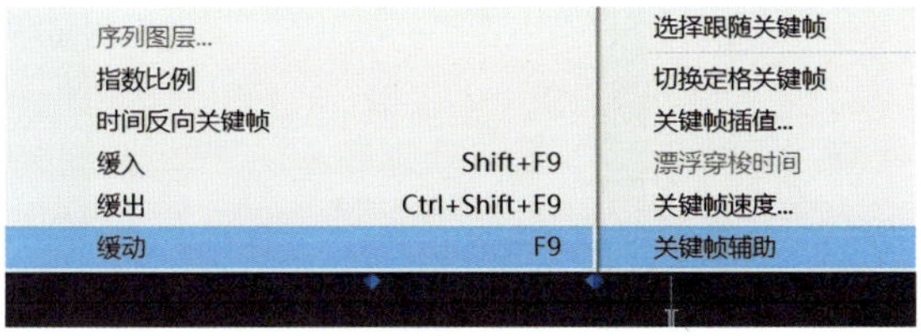

图5-198　设置“关键帧缓动”

实例4：3D文字效果

在“时间轴”面板中，激活“Good Morning”图层的3D按钮，如图5-199所示。

在“时间轴”面板中，单击“Good Morning”图层中的“变换”，设置“方向”为（350°，320°，350°），“X轴旋转”为-8°，“Y轴旋转”为+10°，“Z轴旋转”为+15°，其他设置默认不变，如图5-200所示。

图5-199　激活“3D按钮”

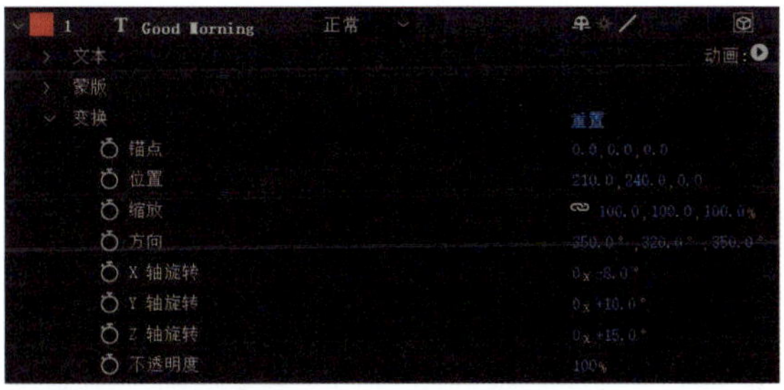

图5-200　调整参数

选中“时间轴”面板，使用“渲染队列”（快捷键Ctrl+M）。单击“输出模块”的“无损”，在弹出的“输出模块设置”面板中设置“格式”为AVI，单击“确定”按钮。

单击“输出到”后面的文字，在弹出的“将影片输出到”窗口中设置文件保存路径，设置完成后单击“保存”按钮完成此操作。在“渲染队列”面板中单击“渲染”按钮。待听到提示音时，导出操作完成。

本章总结

本章认识了After Effects 2022软件的图层、蒙版、常用视频效果、过渡效果、颜色校正、抠像和文字效果，并进行了实践操作。

重点

（1）了解图层的分类、蒙版、常用视频效果、过渡效果、颜色校正、抠像和文字效果。

（2）使用图层、蒙版、视频效果、过渡效果、颜色校正、抠像和文字效果制作特效视频。

难点

能够运用所学理论和实践知识，使用After Effects 2022独立完成影视后期制作工作，并保证作品的质量。

课后作业

简答题

（1）常用视频效果有哪些？

（2）过渡效果的作用是什么？

（3）颜色校正的作用是什么？

实践

根据本章知识制作一个视频，视频必须使用到图层、蒙版、视频效果、过渡效果、颜色校正、抠像和文字效果中其中三种功能。

思考拓展

通过本章的介绍，思考：在影视后期制作中使用AE软件如何优化工作流程、应用创意特效、加强协作与沟通，并注重学习与创新。这些思路和方法将有助于提升影视后期制作人员的实操能力和创造力，为影片的制作提供更加出色和独特的视觉效果。

课程资源链接

课件

第三部分

影视后期制作的项目解析

第六章 宣传片

本章主要介绍宣传片的概念与特征，熟悉和掌握运用Premiere Pro 2022软件和After Effects 2022软件制作宣传片。

知识目标

（1）宣传片的概念与特征。

（2）熟练运用Premiere Pro 2022软件和After Effects 2022软件。

能力目标

运用Premiere Pro 2022软件和After Effects 2022软件制作宣传片。

第一节　概念与特征

宣传片是一种用于宣传推广产品、服务、组织或活动的短片。影视后期制作在宣传片的创作过程中有至关重要的作用。

以下是宣传片在影视后期制作过程中的特征。

（1）剪辑和编辑：剪辑和编辑是宣传片后期制作中的内核环节。通过对拍摄素材进行选择、剪辑和分配，制作人可以构建引人入胜的故事线和情节，使宣传片更具有吸引力和影响力。剪辑和编辑的技巧对传达宣传信息、突显产品特点和吸引目标受众至关重要。

（2）音效和音乐：音效和音乐在宣传片的后期制作中扮演着重要的角色。制作人可以通过添加合适的音效来增强画面的视听效果，例如环境音、声效或声音设计。此外，精心挑选的音乐可以帮助营造气氛，增强情感共鸣，并与宣传内容相协调，从而提升宣传片的吸引力和感染力。

（3）字幕和标题设计：字幕和标题在宣传片中起到传递关键信息的重要作用。影视后期制作涉及字幕的设计，包含选择合适的字体、颜色和动画效果，以及确定字幕的时间和位置。字幕和标题应清澈、易读，并能充分吸取观众的注意力，同时准确传达信息。

（4）色彩调整：色彩调整可以增强宣传片的视觉效果和整体气氛。通过后期制作，制作人可以调整画面的色彩、对比度和饱和度，使之更加活跃、吸引人。色彩调整还可以帮助塑造特定的品牌形象和风格，让宣传片与品牌一起产生视觉冲击力。

（5）视觉特效和图形设计：在宣传片的影视后期制作中，视觉特效和图形设计可以为宣传片增加视觉上的吸引力和创造意。制作人可以运用各种特殊技术和图形设计元素，如动画效果、图形、文字动画等，增强宣传片的视觉效果和信息传递能力。这些视觉特效和图形设计元素可以使宣传片更加引人注目，并突显所宣传的产品、服务或活动的特点和优势。

（6）输出和分发：在影视后期制作完成后，宣传片需要进行最后的输出和分发。这包括选择合适的文件格式、区分率和彩色空间，以及将宣传片制作成数字文件，以便能够在不同的渠道和媒体上传播和展示。输出和分发的目的是确保宣传片能够以最好的质量和最佳的效果呈现在给目标受众，提升宣传的影响力和触达范围。

总而言之，宣传片的影视后期制作是将拍摄素材转化为具有吸引力和影像反响力的宣传作品的关键环节。通过剪辑和编辑、音效和音乐、字幕和标题设计、色彩调整、视觉特效和图形设计等后期制作工作，可以使宣传片更具有视觉冲击力、传达清楚的信息，并与品牌形象一致。同时，输出和分发的环节确保宣传片能够以适当的格式和平台呈递给目标受众，提升宣传效果和触达效果。

第二节　综合实训

一、农业宣传片

双击Premiere Pro 2022图标，打开软件后，点击“新建项目”按钮，在导入模式中设置“项目名”为“农业”，为项目选择合适的路径文件夹，点击“创建按钮”，如图6-1所示，进入Premiere Pro 2022的编辑模式。

图6-1　设置项目名和文件位置

按“Ctrl+N”组合键，打开“新建序列”对话框，点击“设置”选项卡，设置“编辑模式”为自定义，“时基”为“25帧/秒”，“帧大小”的值为1920，“水平”的值为1080，“像素长宽比”为“方形像素（1.0）”，“序列名称”为农业，其他设置默认不变，单击“确定”按钮，也可以在“序列”中直接点击“序列设置”，如图6-2所示。

在“项目”面板中右击选择“导入”（如图6-3所示），选择本书配套教学素材“农业/素材”文件夹内的所有素材，如图6-4所示。点击“打开”按钮，将所选的素材导入到项目窗口中，如图6-5所示。

在项目窗口中选中“1.mp4”视频素材，将其拖入到时间轴的V1轨道，与起始位置对齐，点击A1轨道上的“1.mp4”音频素材，按“Delete”删除，如图6-6所示。

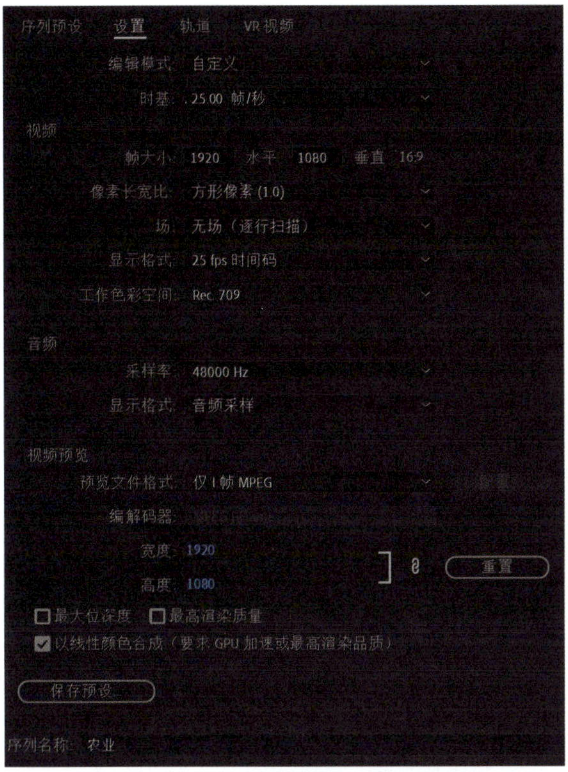

图6-2 “序列设置”

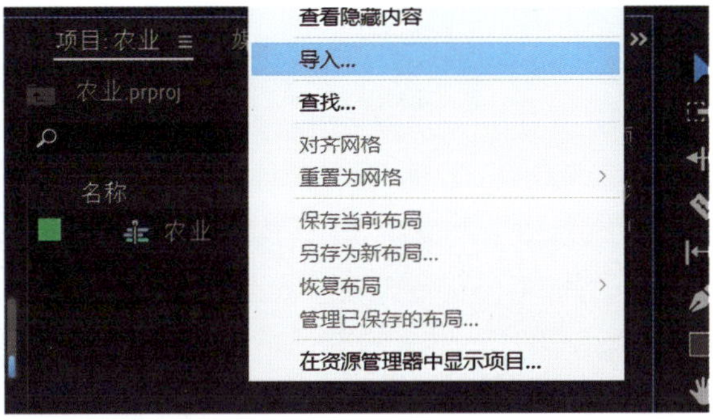

图6-3 导入素材

图6-4 “导入”对话框

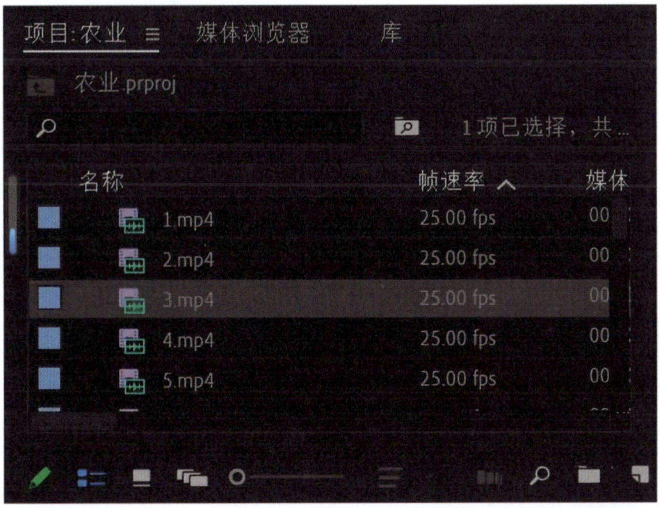

图6-5 项目窗口

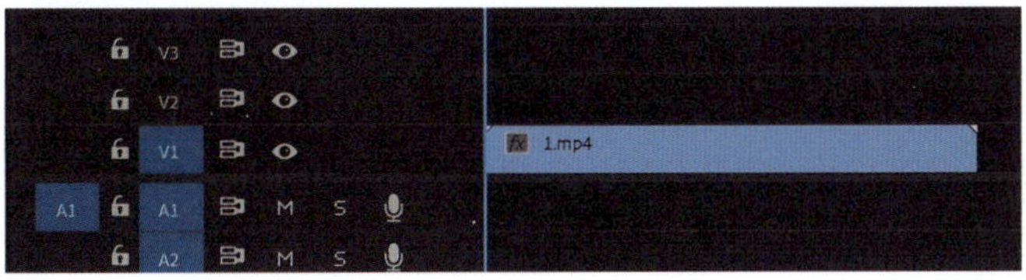

图6-6 将素材拖入时间轴

点击“效果”/“视频过渡”/“溶解”/“交叉溶解”过渡，如图6-7所示，拖拽至“1.mp4”的起始位置，如图6-8所示。

在项目窗口中选中“2.mp4”视频素材，将其拖入到时间轴的V1轨道上，与前一片段末尾对齐。点击A1轨道上的“2.MP4”音频素材，按“Delete”删除。

在项目窗口中选中“3.mp4”视频素材，将其拖入到时间轴的V1轨道上，与前一片段末尾对齐。点击A1轨道上的“3.MP4”音频素材，按“Delete”删除。并添加“效果”/“视频过渡”/“内滑”/“内滑”过渡，如图6-9所示，拖拽至“2.mp4”和“3.mp4”的中间位置，如图6-10所示。弹出“过渡”弹窗，点击“确定”按钮，如图6-11所示。

在项目窗口中选中“4.mp4”视频素材，将其拖入到时间轴的V1轨道上，与前一片段末尾对齐。点击A1轨道上的“4.MP4”音频素材，按“Delete”删除。并添加“效果”/“视频过渡”/“划像”/“圆划像”过渡（如图6-12所示），拖拽至“3.mp4”和“4.mp4”的中间位置，如图6-13所示。弹出“过渡”弹窗，点击“确定”按钮，如图6-14所示。

在项目窗口中选中“5.mp4”视频素材，将其拖入到时间轴的V1轨道上，与前一片段末尾对齐。点击A1轨道上的“5.MP4”音频素材，按“Delete”删除。并添加“效果”/“视频过渡”/“擦除”/“径向擦除”过渡，如图6-15所示，拖拽至“4.mp4”和“5.mp4”的中间位置，如图6-16所示。弹出“过渡”弹窗，点击“确定”按钮，如图6-17所示。

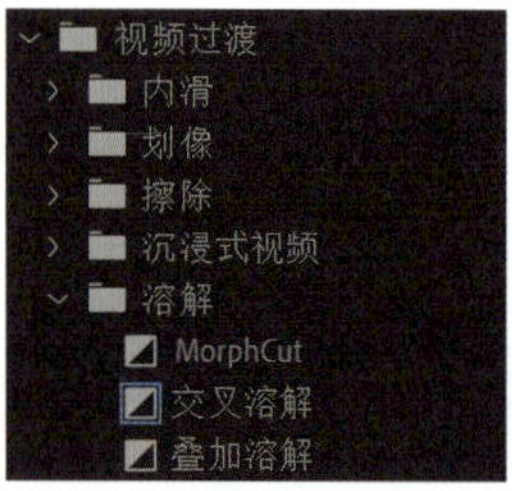

图6-7 “交叉溶解”过渡

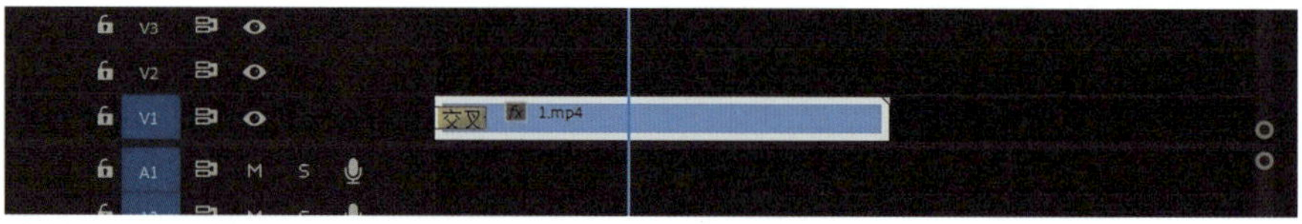

图6-8 “交叉溶解”过渡“时间轴”面板

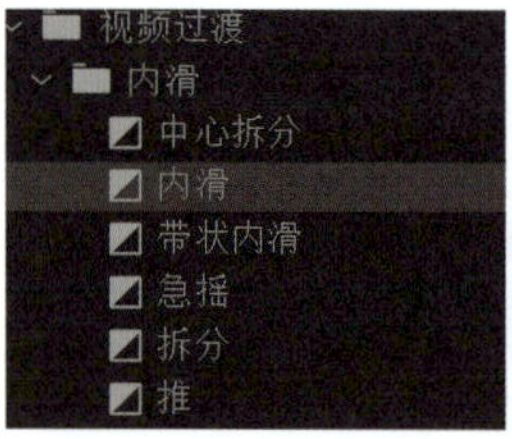

图6-9 “内滑”过渡

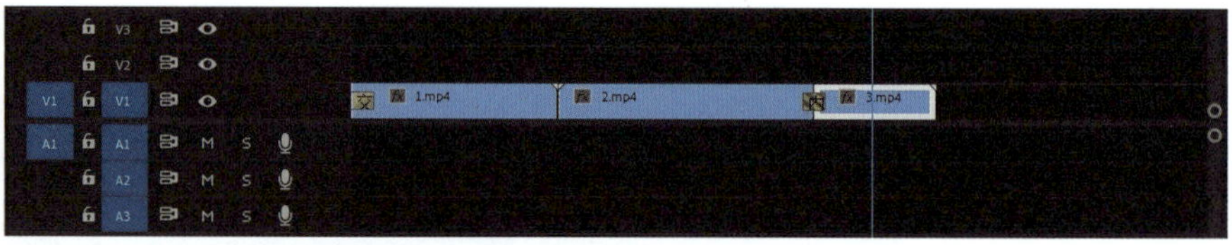

图6-10 “内滑”过渡“时间轴”面板

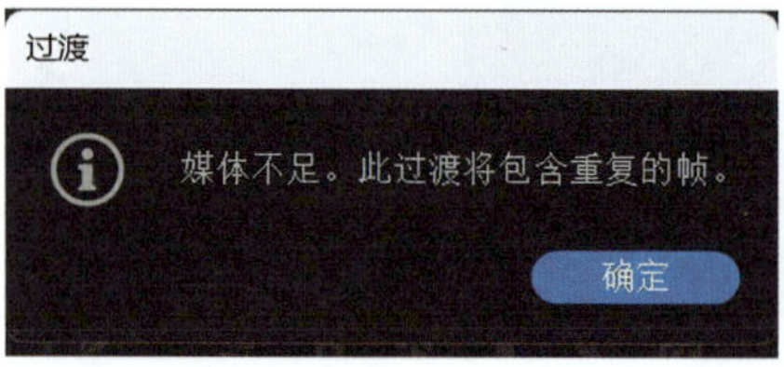

图6-11 “过渡”弹窗

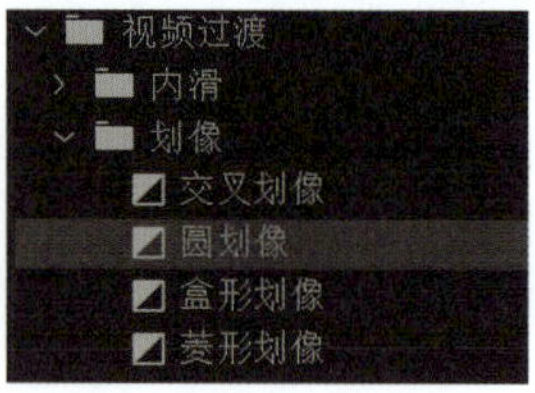

图6-12 “圆划像”过渡

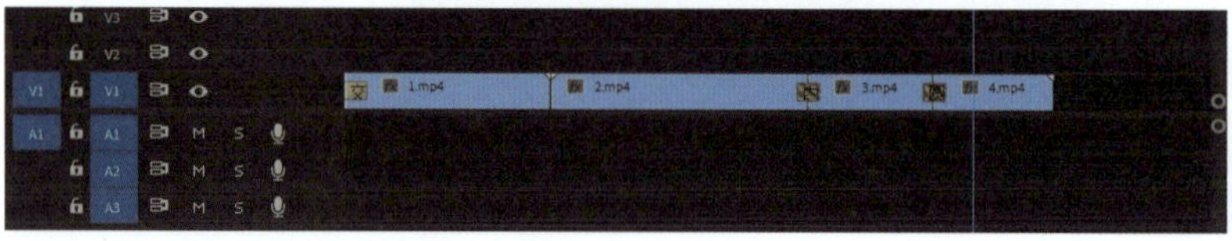

图6-13 “圆划像”过渡“时间轴”面板

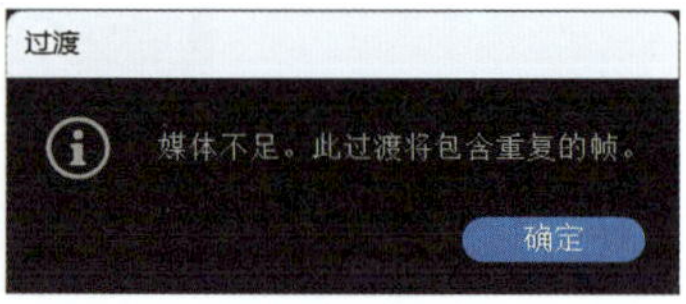

图6-14 “过渡”弹窗

在项目窗口中选中“6.mp4”视频素材，将其拖入到时间轴的V1轨道上，与前一片段末尾对齐。点击A1轨道上的“6.MP4”音频素材，按“Delete”删除。并添加“效果”/“视频过渡”/“沉浸式视频”/“VR渐变擦除”过渡，如图6-18所示，拖拽至“5.mp4”和“6.mp4”的中间位置，如图6-19所示。弹出“过渡”弹窗，点击“确定”按钮。

在项目窗口中选中“7.mp4”视频素材，将其拖入到时间轴的V1轨道上，与前一片段末尾对齐。点击A1轨道上的“7.MP4”音频素材，按“Delete”删除。并添加“效果”/“视频过渡”/“溶解”/“交叉溶解”过渡，如图6-20所示，拖拽至“6.mp4”和“7.mp4”的中间位置，如图6-21所示。弹出“过渡”弹窗，点击“确定”按钮。

鼠标右键单击时间轴窗口的轨道空白处，点击“添加轨道”，如图6-22所示，设置添加“2”条视频轨道，添加“1”条音频轨道。点击“确定”按钮，如图6-23所示。

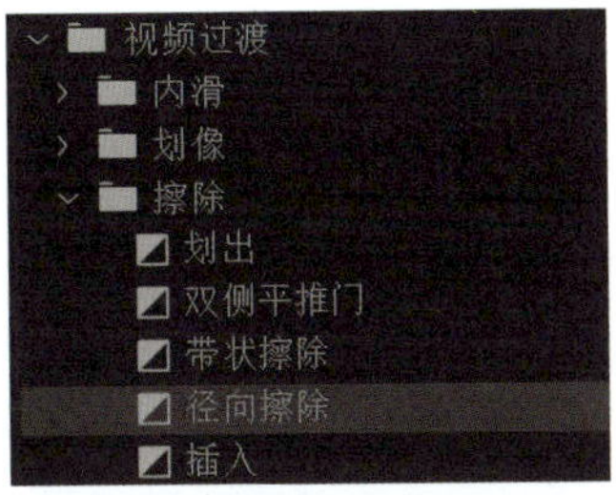

图6-15 “径向擦除”过渡

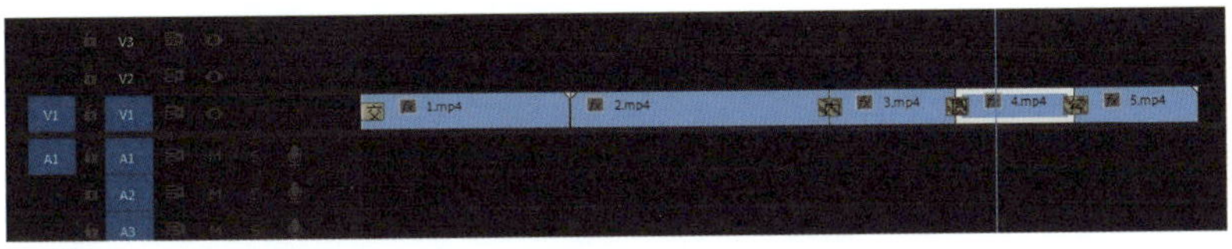

图6-16 “径向擦除”过渡“时间轴”面板

图6-17 “过渡”弹窗

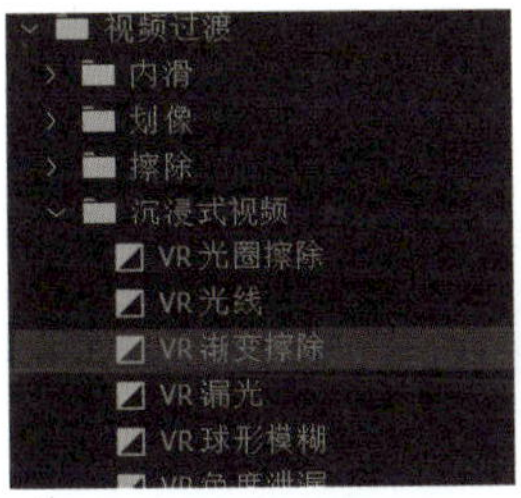

图6-18 “VR渐变擦除”过渡

图6-19 “VR渐变擦除”过渡“时间轴”面板

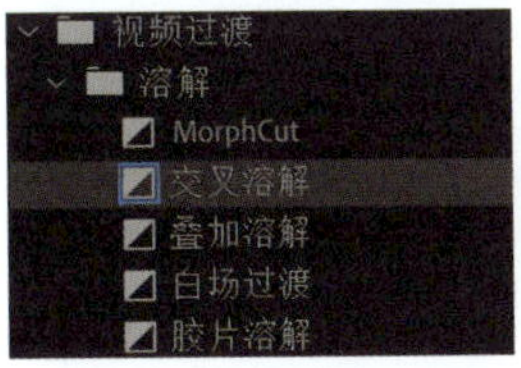

图6-20 “交叉溶解”过渡

图6-21 “交叉溶解”过渡“时间轴”面板

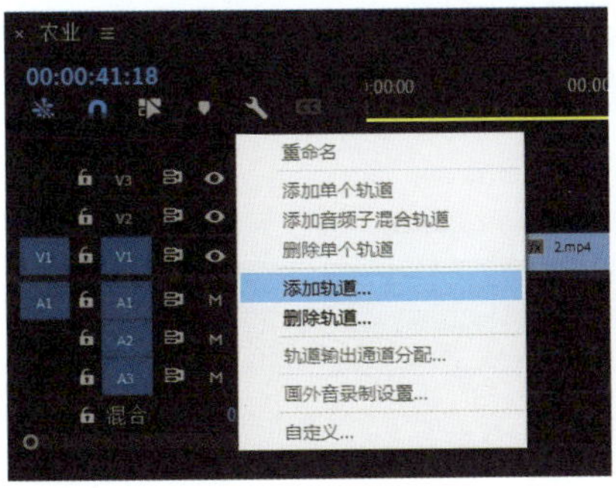

图6-22 “添加轨道”右键弹出菜单

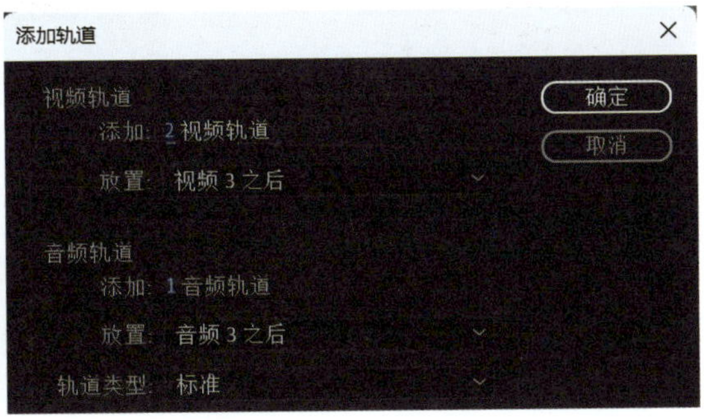

图6-23 “添加轨道”面板

在项目窗口中选中“8-1_1.mp4”视频素材，将其拖入到时间轴的V5轨道上，与前一片段末尾对齐。点击A5轨道上的“8-1_1.MP4”音频素材，按“Delete”删除，如图6-24所示。

选中“8-1_1.mp4”视频素材，将“播放指示器”设置46:18s的位置，在“效果控件”中打上“位置”和“缩放”关键帧，如图6-25所示。

将“播放指示器”设置48:24s的位置，在“效果控件”中设置“位置”的值为（480，264），设置“缩放”的值为50，并打上关键帧。

将“播放指示器”设置51.19s的位置，在“效果控件”中设置“位置”的值为（480，264），设置“缩放”的值为50，并打上关键帧。

将“播放指示器”设置54.19s的位置，在“效果控件”中设置“位置”的值为（-493，0），并打上关键帧，如图6-26所示。

在项目窗口中选中“8-2_1.mp4”视频素材，将其拖入到时间轴的V4轨道上，起始点为46:14s。点击A4轨道上的“8-2_1.MP4”音频素材，按“Delete”删除。

在项目窗口中选中“8-3_1.mp4”视频素材，将其拖入到时间轴的V3轨道上，起始点为46:14s。点击A3轨道上的“8-2_1.MP4”音频素材，按“Delete”删除。

在项目窗口中选中“8-4_1.mp4”视频素材，将其拖入到时间轴的V2轨道上，起始点为46:14s。点击A2轨道上的“8-2_1.MP4”音频素材，按“Delete”删除，如图6-27所示。

选中“8-2_1.mp4”视频素材，将“播放指示器”设置51:19s的位置，在“效果控件”中设置“缩放”的值为50，设置“位置”的值为（1435，800），并打上“位置”的关键帧。

将“播放指示器”设置54:19s的位置，在“效果控件”中设置“位置”的值为（2399，1354），并打上关键帧，如图6-28所示。

选中“8-3_1.mp4”视频素材，将“播放指示器”设置51:19s的位置，在“效果控件”中设置“缩放”的值为50，设置“位置”的值为（480，800），并打上“位置”的关键帧。

将“播放指示器”设置54:19s的位置，在“效果控件”设置“位置”的值为（-491，1359），并打上关键帧，如图6-29所示。

选中“8-4_1.mp4”视频素材，将“播放指示器”设置51:19s的位置，在“效果控件”中设置“缩放”的值为50，设置“位置”的值为（1435，264），并打上“位置”的关键帧。

将“播放指示器”设置54:19s的位置，在“效果控件”中设置“位置”的值为（2414，-275），并打上关键帧，如图6-30所示。

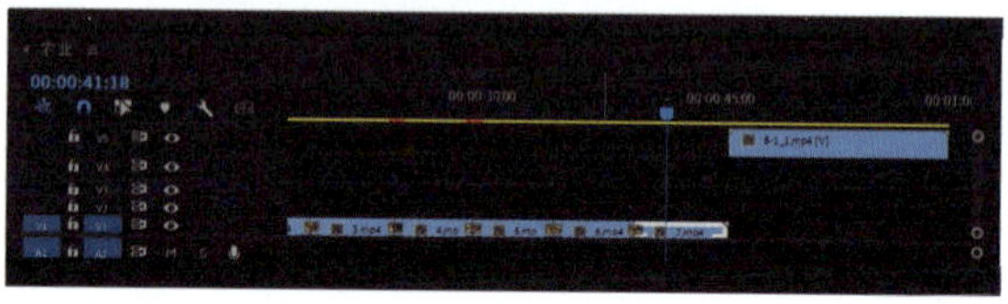

图6-24 “时间轴”面板

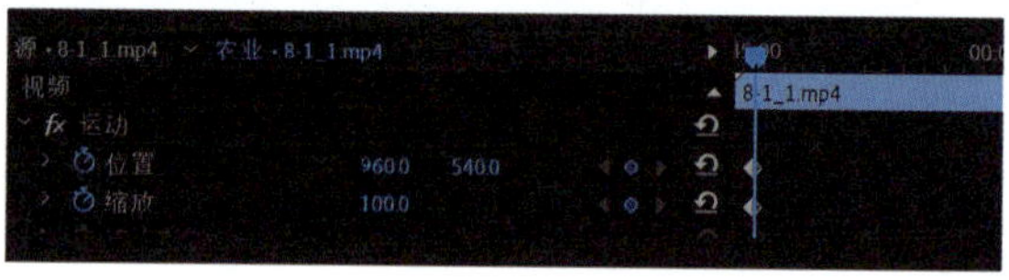

图6-25 “效果控件”面板

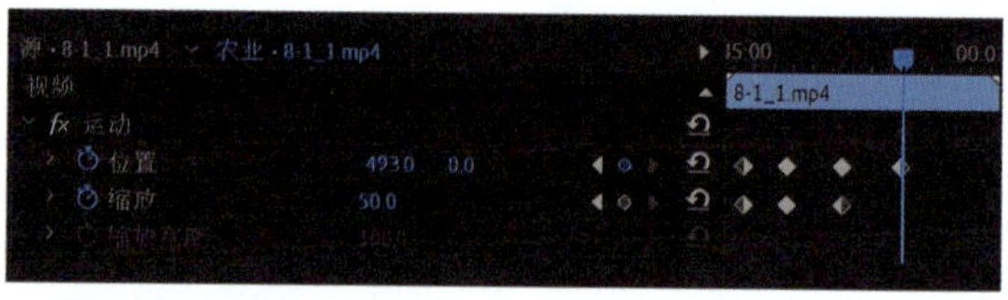

图6-26 “效果控件”面板

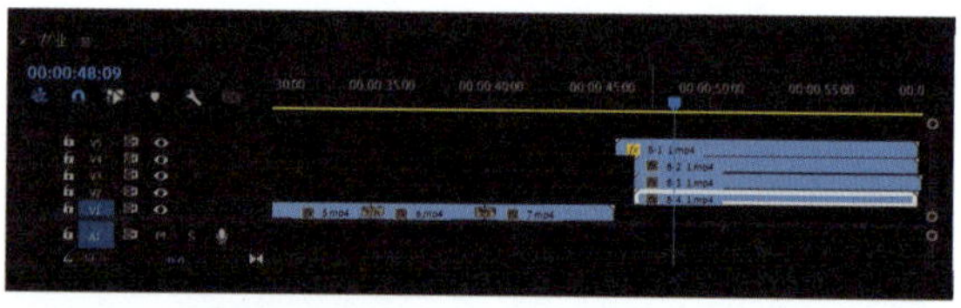

图6-27 “时间轴”面板

图6-28 “效果控件”面板

图6-29 “效果控件”面板

在项目窗口中选中“9.mp4”视频素材，将其拖入到时间轴的V1轨道上，起始点为51:20s。点击A1轨道上的“9.MP4”音频素材，按“Delete”删除，如图6-31所示。

在项目窗口中选中“10.mp4”视频素材，将其拖入到时间轴的V1轨道上，与前一片段末尾对齐。点击A1轨道上的“10.MP4”音频素材，按“Delete”删除，并添加“效果”/“视频过渡”/“缩放”/“交叉缩放”过渡，如图6-32所示，拖拽至“9.mp4”和“10.mp4”的中间位置，如图6-33所示。弹出“过渡”弹窗，点击“确定”按钮。

在项目窗口中选中“11.mp4”视频素材，将其拖入到时间轴的V1轨道上，与前一片段末尾对齐。点击A1轨道上的“11.MP4”音频素材，按“Delete”删除。并添加“效果”/“视频过渡”/“过时”/“立方体旋转”过渡，如图6-34所示。拖拽至“10.mp4”和“11.mp4”的中间位置，如图6-35所示。弹出“过渡”弹窗，点击“确定”按钮。

在项目窗口中选中“12.mp4”视频素材，将其拖入到时间轴的V1轨道上，与前一片段末尾对齐。点击A1轨道上的“12.MP4”音频素材，按

图6-30 “效果控件”面板

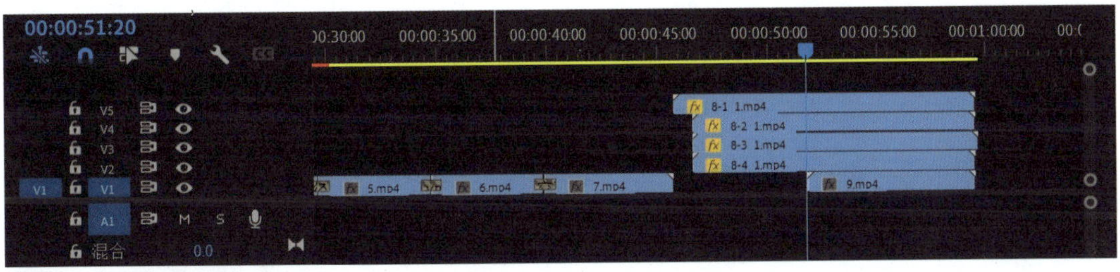

图6-31 “时间轴”面板（1）

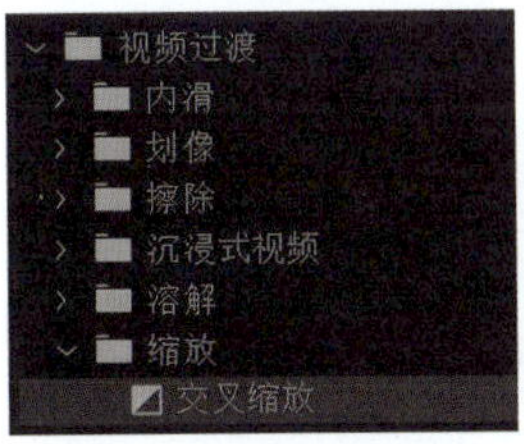

图6-32 “交叉缩放”过渡

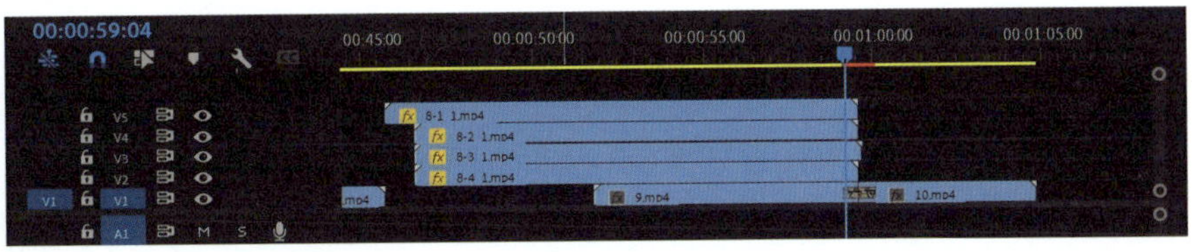

图6-33 “时间轴”面板（2）

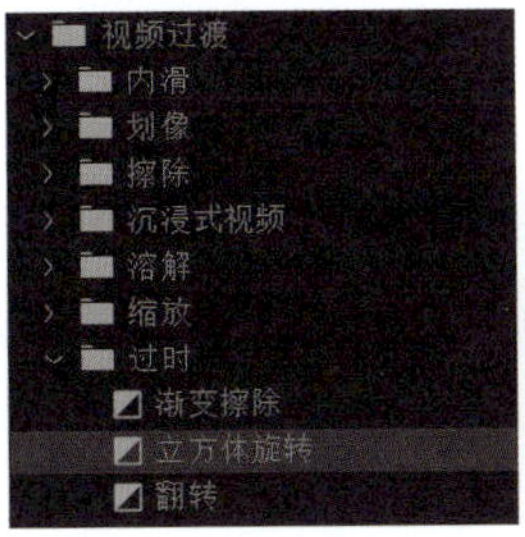

图6-34 “立方体旋转”过渡

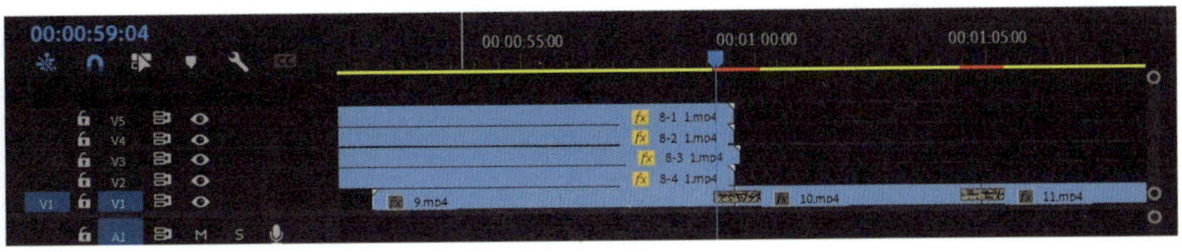

图6-35 “时间轴”面板（3）

"Delete"删除，并添加"效果"/"视频过渡"/"页面剥落"/"翻页"过渡，如图6-36所示，拖拽至"11.mp4"和"12.mp4"的中间位置，如图6-37所示。弹出"过渡"弹窗，点击"确定"按钮。

在项目窗口中选中"13.mp4"视频素材，将其拖入到时间轴的V1轨道上，与前一片段末尾对齐。点击A1轨道上的"13.MP4"音频素材，按"Delete"删除，并添加"效果"/"视频过渡"/"内滑"/"急摇"过渡，如图6-38所示，拖拽至"12.mp4"和"13.mp4"的中间位置，如图6-39所示。弹出"过渡"弹窗，点击"确定"按钮。

在项目窗口中选中"14.mp4"视频素材，将其拖入到时间轴的V1轨道上，与前一片段末尾对齐。点击A1轨道上的"14.MP4"音频素材，按"Delete"删除，并添加"效果"/"视频过渡"/"划像"/"盒形划像"过渡，如图6-40所示，拖拽至"13.mp4"和"14.mp4"的中间位置，如图6-41所示。弹出"过渡"弹窗，点击"确定"按钮。

在项目窗口中选中"15.mp4"视频素材，将其拖入到时间轴的V1轨道上，与前一片段末尾对齐。点击A1轨道上的"15.MP4"音频素材，按"Delete"删除，并添加"效果"/"视频过渡"/"擦除"/"百叶窗"过渡，如图6-42所示，拖拽至"14.mp4"和"15.mp4"的中间位置，如图6-43所示。弹出"过渡"弹窗，点击"确定"按钮。

在项目窗口中选中"16.mp4"视频素材，将其拖入到时间轴的V1轨道上，与前一片段末尾对齐。点击A1轨道上的"16.MP4"音频素材，按"Delete"删除，并添加"效果"/"视频过渡"/"沉浸式视频"/"VR随机块"过渡，如图6-44所示，拖拽至"15.mp4"和"16.mp4"的中间位置，

图6-36 "翻页"过渡

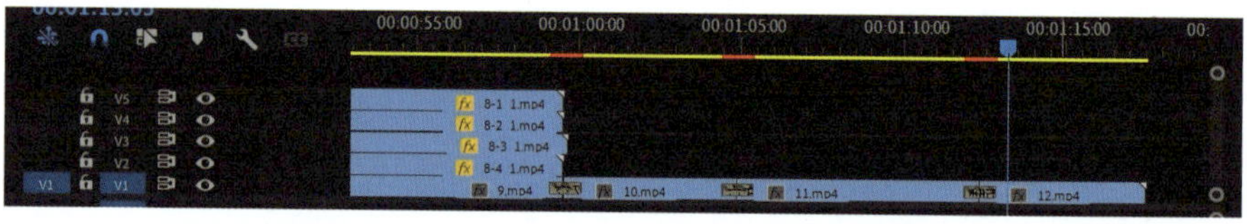
图6-37 "时间轴"面板（4）

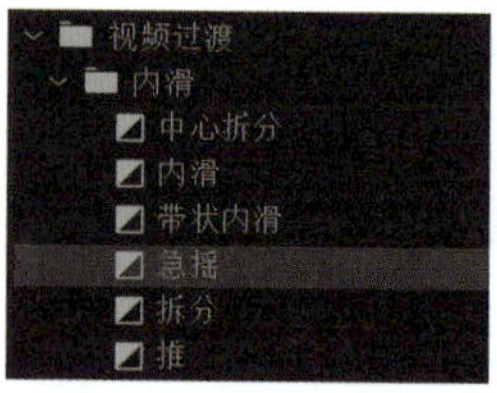

图6-38 "急摇"过渡

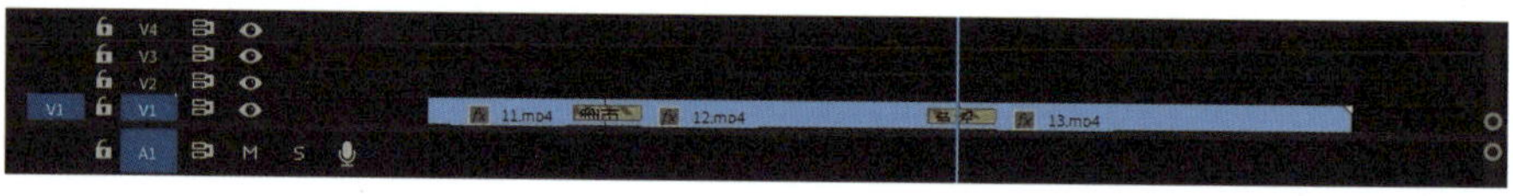
图6-39 "时间轴"面板（5）

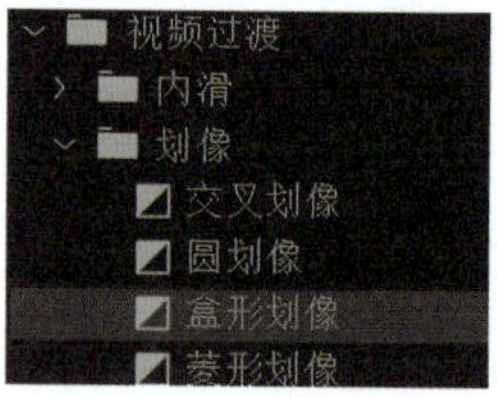

图6-40 "盒形划像"过渡

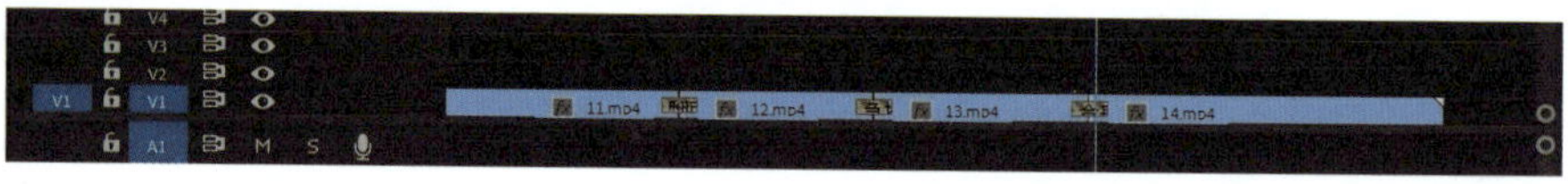
图6-41 "时间轴"面板（6）

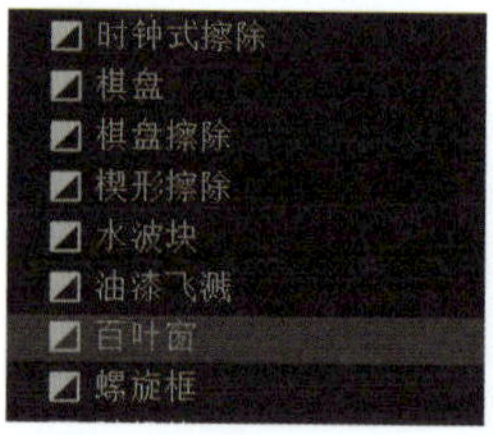

图6-42 "百叶窗"过渡

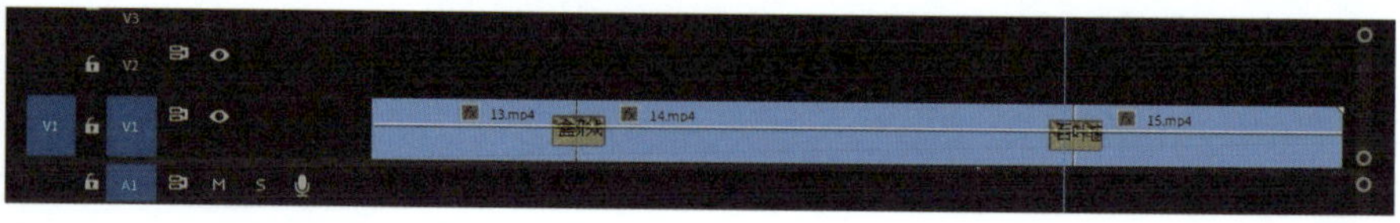
图6-43 "时间轴"面板（7）

如图6-45所示。弹出“过渡”弹窗，点击“确定”按钮。

在项目窗口中选中“17.mp4”视频素材，将其拖入到时间轴的V1轨道上，与前一片段末尾对齐。点击A1轨道上的“17.MP4”音频素材，按“Delete”删除，并添加“效果”/“视频过渡”/“溶解”/“白场过渡”过渡，如图6-46所示，拖拽至“16.mp4”和“17.mp4”的中间位置，如图6-47所示。弹出“过渡”弹窗，点击“确定”按钮。

在项目窗口中选中“18.mp4”视频素材，将其拖入到时间轴的V1轨道上，与前一片段末尾对齐。点击A1轨道上的“18.MP4”音频素材，按“Delete”删除，并添加“效果”/“视频过渡”/“过时”/“翻转”过渡，如图6-48所示，拖拽至“17.mp4”和“18.mp4”的中间位置，如图6-49所示。弹出“过渡”弹窗，点击“确定”按钮。

在项目窗口中选中“19.mp4”视频素材，将其拖入到时间轴的V1轨道上，与前一片段末尾对齐。点击A1轨道上的“19.MP4”音频素材，按“Delete”删除，并添加“效果”/“视频过渡”/“页面剥落”/“翻页”过渡，如图6-50所示，拖拽至“18.mp4”和“19.mp4”的中间位置，如图6-51所示。弹出“过渡”弹窗，点击“确定”按钮。

在项目窗口中选中“20.mp4”视频素材，将其拖入到时间轴的V1轨道上，与前一片段末尾对齐。点击A1轨道上的“20.MP4”音频素材，按“Delete”删除。

在项目窗口中选中“21.mp4”视频素材，将其拖入到时间轴的V1轨道上，与前一片段末尾对齐。点击A1轨道上的“21.MP4”音频素材，按“Delete”删除。

在项目窗口中选中“22.mp4”视频素材，将其拖入到时间轴的V1轨道上，与前一片段末尾对齐。点击A1轨道上的“22.MP4”音频素材，按“Delete”删除，如图6-52所示。

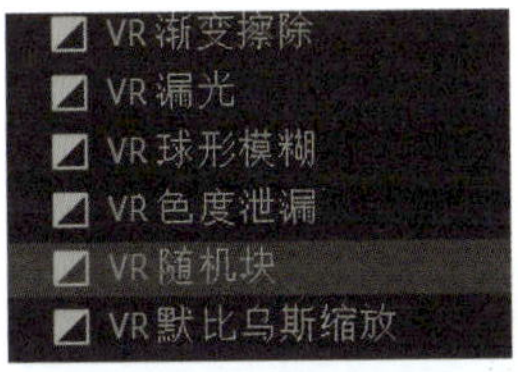

图6-44 “VR随机块”过渡

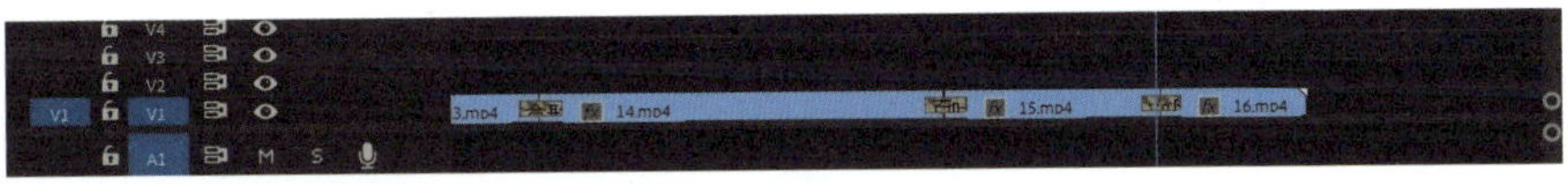

图6-45 “时间轴”面板（8）

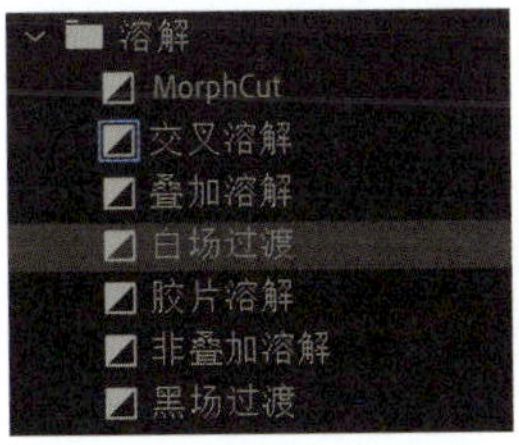

图6-46 “白场过渡”过渡

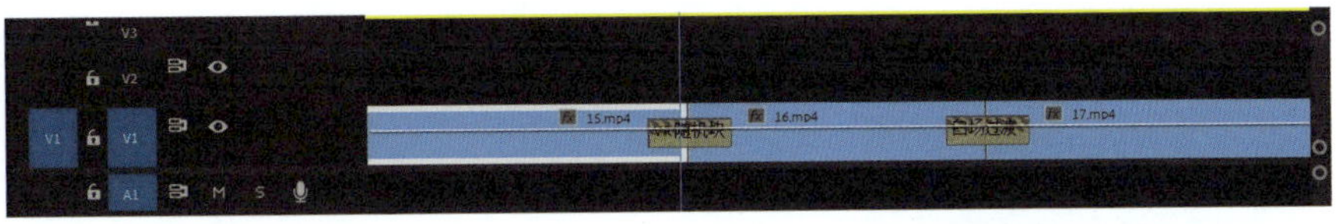

图6-47 “时间轴”面板（9）

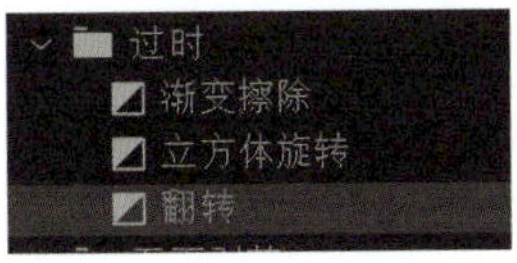

图6-48 “翻转”过渡

图6-49 “时间轴”面板（10）

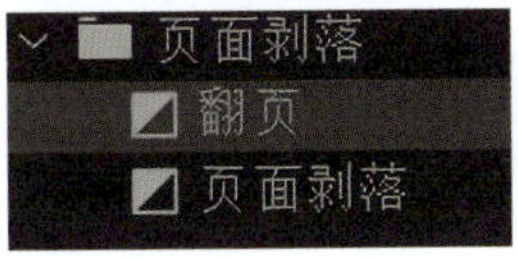

图6-50 “翻页”过渡

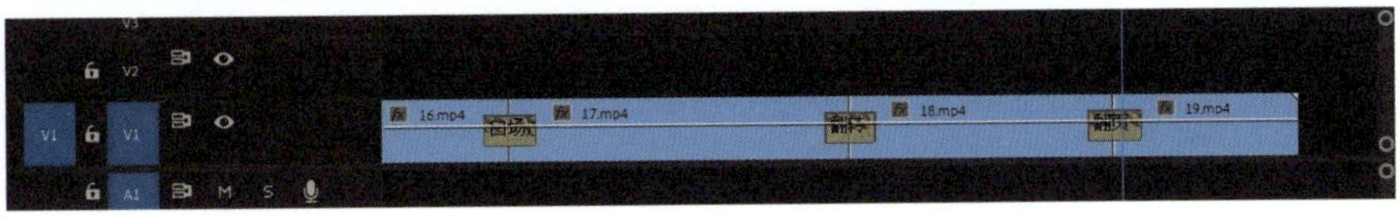

图6-51 “时间轴”面板（11）

在“时间轴”面板中，选中所有视频素材，鼠标右键单击视频素材，点击“嵌套...”，如图6-53所示。弹出“嵌套序列名称”，如图6-54所示，设置“名称”为“嵌套序列01”，点击“确定”。选中“嵌套序列01”按“Ctrl+D”组合键，为开头和末端添加“交叉溶解”过渡，如图6-55所示。

在项目窗口中将“航拍素材.srt”拖入“时间轴”面板中，弹出“新字幕轨道”，如图6-56所示，默认参数不变，起始点为“源时间码”，点击“确定”按钮。字幕起始点为11:20s，如图6-57所示。

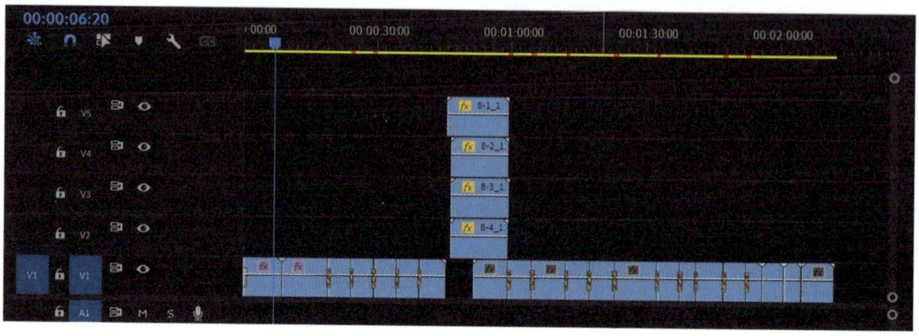

图6-52 “时间轴”面板（12）

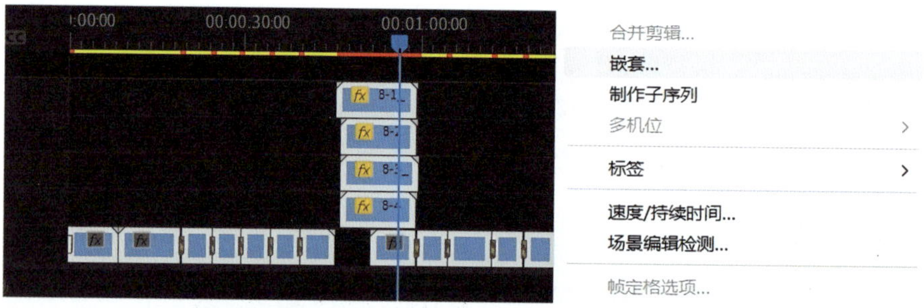

图6-53 右键弹出菜单—“嵌套”

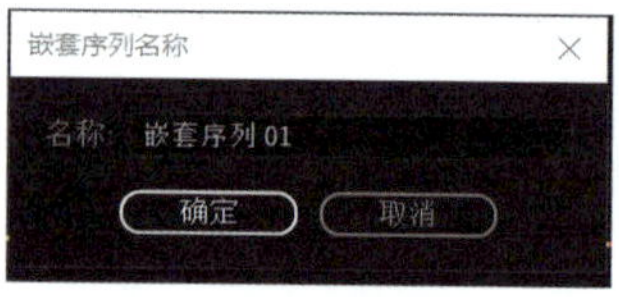

图6-54 “嵌套序列名称”

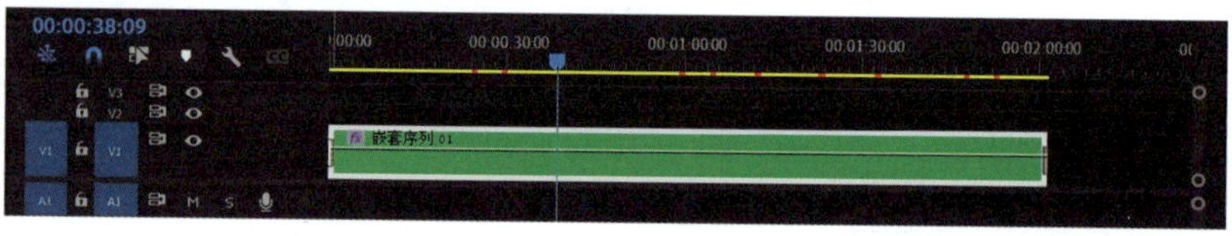

图6-55 “时间轴”面板（13）

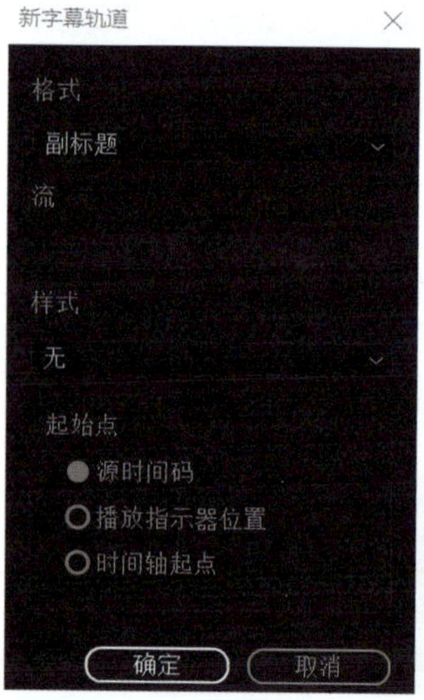

图6-56 “新字幕轨道”

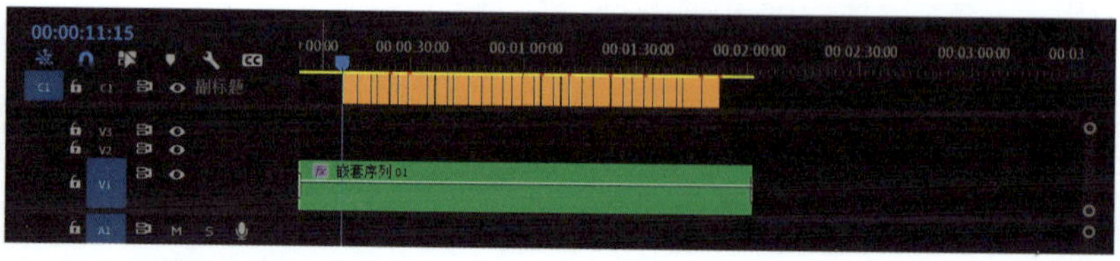

图6-57 “时间轴”面板（14）

选中所有的字幕，在“基本图形”/“编辑”/“文本”中设置“字体大小”的值为55，设置“对齐与变换”的“设置垂直位置”的值为-84，如图6-58所示。

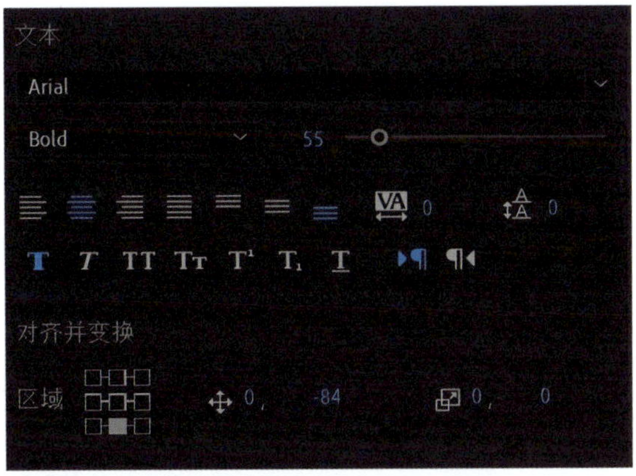

图6-58 调整字幕

在“时间轴”面板，选中“嵌套序列01”为其添加“效果”/“视频效果”/“变换”/“裁剪”效果。将“播放指示器”设置6:00s的位置，在“效果控件”中为“裁剪”的“顶部”、“底部”打上关键帧。将“播放指示器”设置7:09s的位置，设置“顶部”为8.0%，设置“底部”为8.0%，并打上关键帧，如图6-59所示。

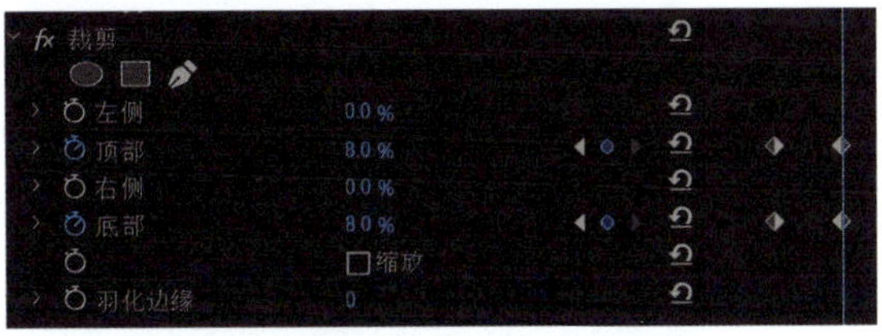

图6-59 “裁剪”关键帧

再为其添加“效果”/“视频效果”/“模糊与锐化”/“高斯模糊”效果。将“播放指示器”设置1:56:02s的位置为“模糊度”打上关键帧，再将“播放指示器”设置1:58:13s的位置设置“模糊度”的值为60，并打上关键帧，如图6-60所示。

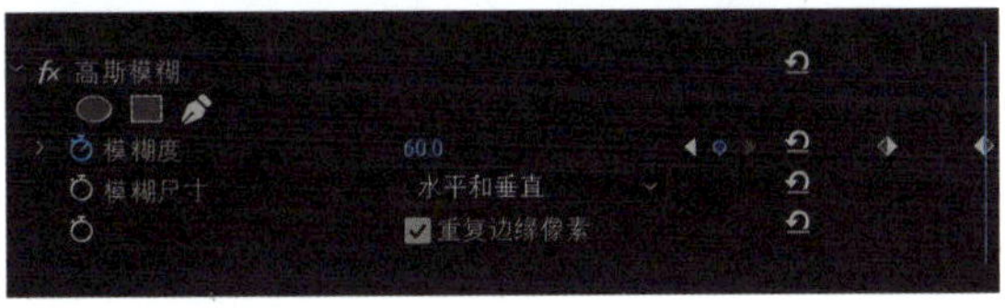

图6-60 “高斯模糊”关键帧

在项目窗口中选中“音乐.mp3”音频素材，将其拖入到时间轴的A2轨道，与起始位置对齐。在项目窗口中选中“乡村振兴.mp3”音频素材，将其拖入到时间轴的A1轨道，设置起始位置为6:02s。在“时间轴”面板中点击“嵌套序列01”，修剪时长，设置结束点为2:01:18s，如图6-61所示。

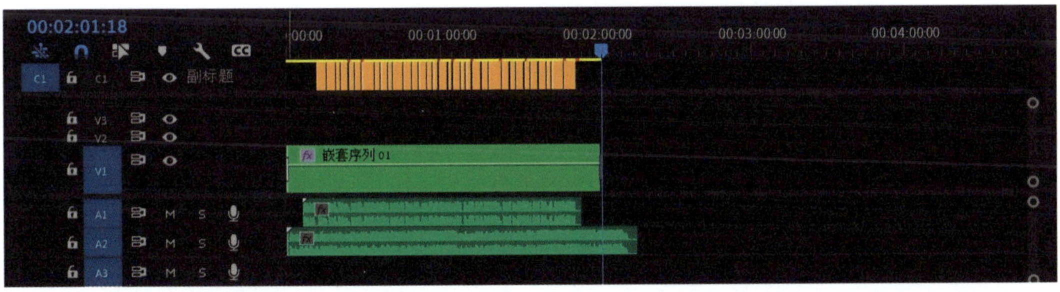

图6-61 “时间轴”面板（15）

点击“文件”/“新建”/“透明视频”，如图6-62所示，将其导入“时间轴”面板的V2轨道，与音频时长对齐，如图6-63所示。为其添加“效果”/“视频效果”/“视频”/“时间码”效果。在效果控件中，设置“时间码”的“位置”的值为（170，1041.4），“大小”的值为8.5%，如图6-64所示。

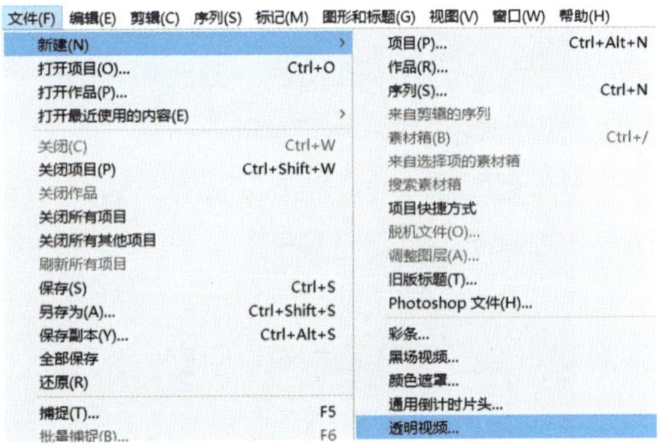

图6-62 新建“透明视频”

在项目窗口中双击打开“滚动字幕文字.txt”文本，“Ctrl+A”全选内部文字进行复制。

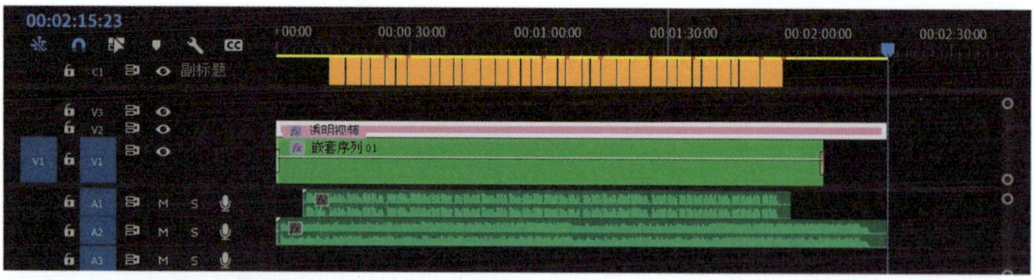

图6-63 “时间轴”面板（16）

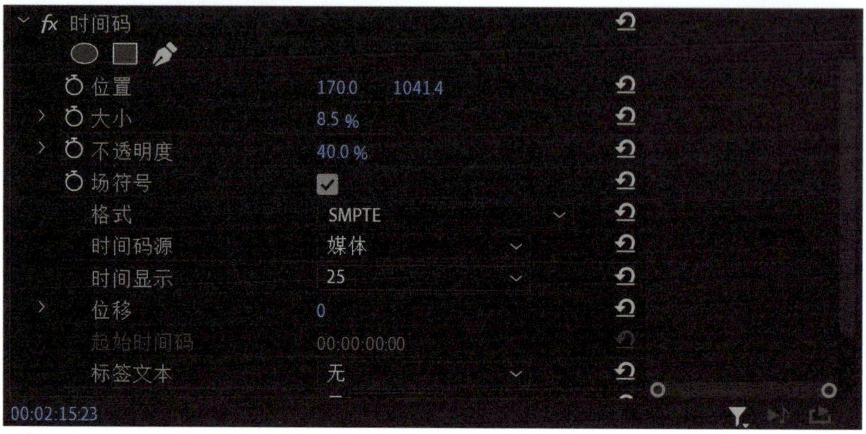

图6-64 调整“时间码”参数

点击时间轴空白处，选择“文字工具”，在“节目监视器”/“节目：农业”中粘贴文本，如图6-65所示。置文字图层在V3轨道，起始位置为1:58:11s，结尾与音频对齐，鼠标右击文本图层，点击“嵌套...”弹出“嵌套序列名称”，设置“名称”为“嵌套序列02”，点击“确定”，如图6-66所示。“时间轴”面板效果如图6-67所示。

双击点进“嵌套序列02”，点击文本图层，点

图6-65 节目监视器

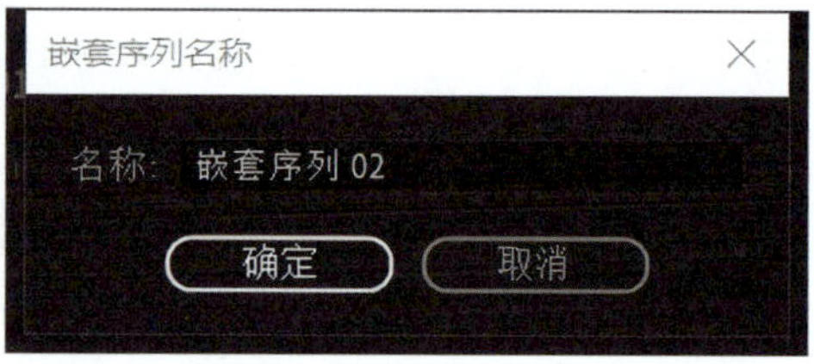

图6-66 “嵌套序列名称”

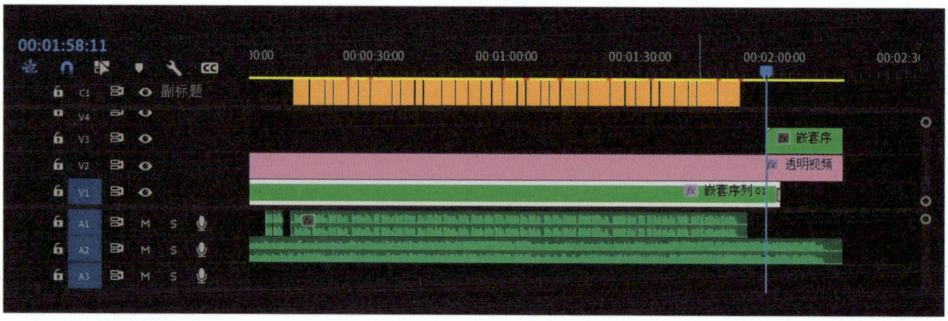

图6-67 “时间轴”面板（17）

击“基本图形”/“文本”/文本图层，如图6-68所示，打开文本图层的具体属性。全选所有文字，设置文本字体为“楷体”，“居中对齐文本”，并调整合适间距，设置“对齐与变换”，点击“垂直居中对齐”，“水平居中对齐”，如图6-69、图6-70所示。

点击空白处，再次点击文本图层，回到基本页面，如图6-71所示，勾选“滚动”，“启动屏幕外”，“结束屏幕外”。其他默认不变。

将“播放指示器”设置2:09:09s的位置，文本此时居中在画面中央，如图6-72所示。鼠标右击“嵌套序列02”，点击“添加帧定格”，如图6-73所示，并拉伸定格视频，末端与音频对齐，如图6-74所示。

双击点进“嵌套序列01”，选中“1.mp4”视频素材添加“效果”/“视频效果”/“模糊与锐化”/“高斯模糊”效果，将“播放指示器”设置05:18s在效果控件中为“模糊度”打上关键帧。将“播放指示器”设置06:20s，设置“模糊度”的值为30并打上关键帧，如图6-75所示。

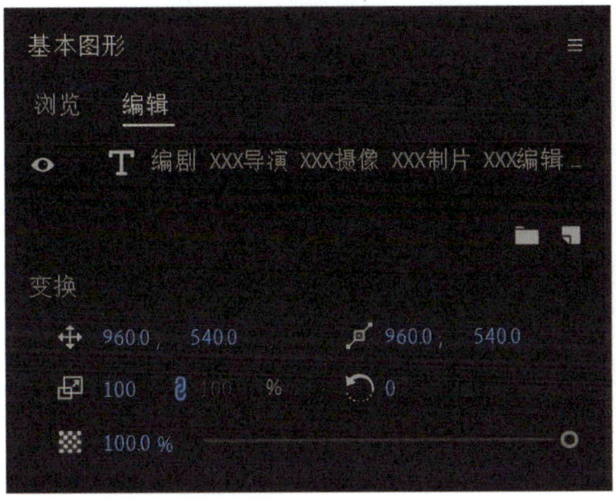

图6-68 “基本图形”“编辑”

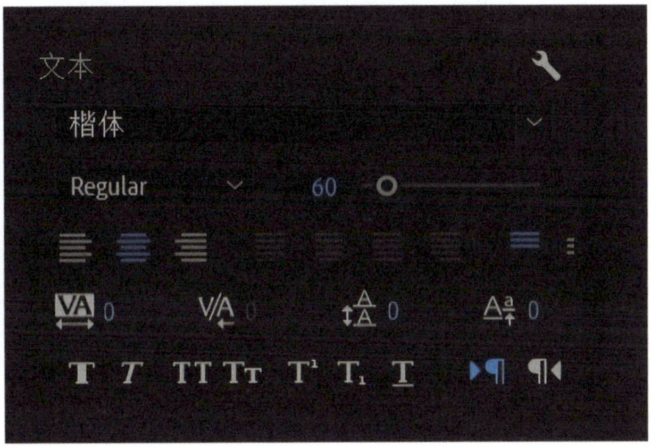

图6-69 文本图层的具体属性

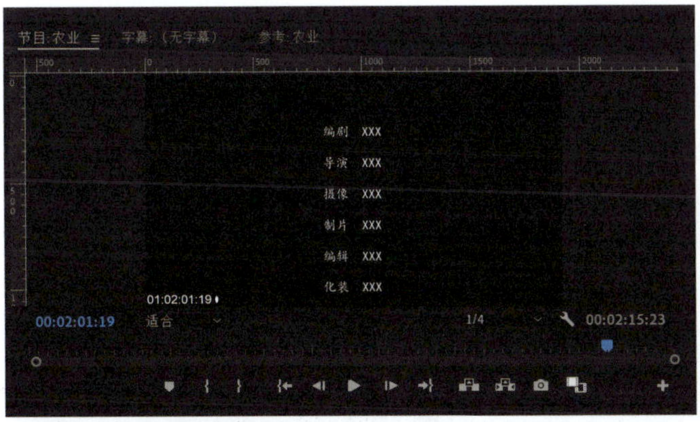

图6-70 “节目监视器”面板

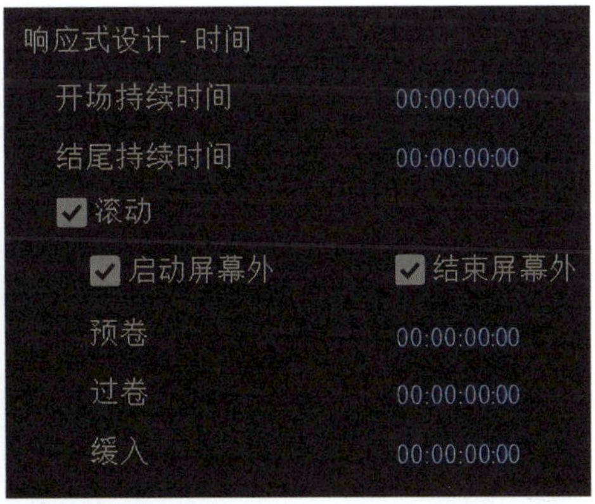

图6-71 “基本图形”面板

图6-72 监视器面板

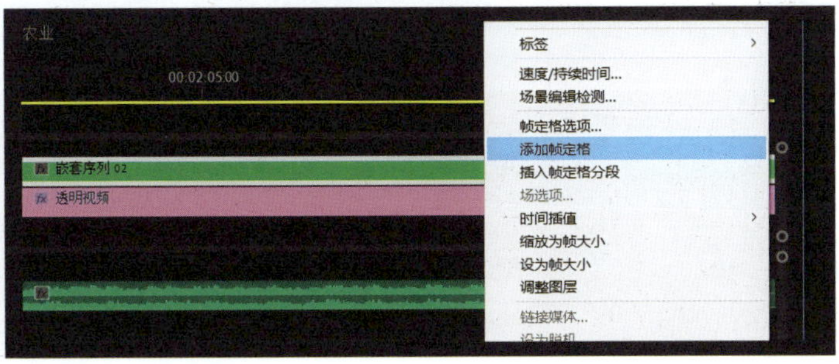

图6-73 “添加帧定格”

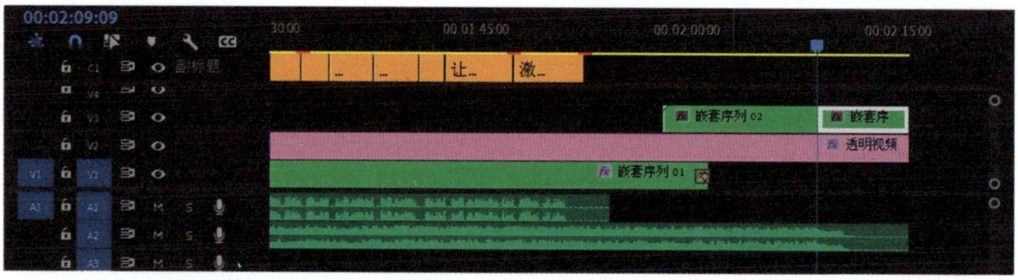

图6-74 “时间轴”面板（18）

图6-75 “高斯模糊”关键帧

选择“文字工具”，在“节目监视器”/“节目：农业”中键入“全面推进乡村振兴加快建设农业强国”，置文字图层在V2轨道，设置起始点为6:22s，结束点为12:00s。设置文本字体为“南构谭湘子行书”，缩放的值为100，调整合适字体大小和间距。

双击文本图层，点击“基本图形”/“编辑”/文本图层，再点击“图形和标题”/“对齐”/“垂直居中对齐”“水平居中对齐”，使文字居中在画面中央，如图6-76所示。

按住alt键，复制文本图层至V3轨道，延长V2轨道的文本图层，使其起始点为5:19s。添加“效果”/“视频过渡”/“擦除”/“划出”过渡，拖拽至两个文本图层的起始位置。双击时间轴里的“划出”，弹出“设置过渡持续时间”设置持续时间为2:00s，点击“确定”按钮。添加“效果”/“视频过渡”/“溶解”/“交叉溶解”过渡，拖拽至两个文本图层的末端，如图6-77所示。

选中V2轨道的文本图层，点击“效果”/“视频效果”/“变换”/“裁剪”，如图6-78所示。双击为文本图层添加效果，在“效果控件”中，设置“底部”为50.0%，如图6-79所示。

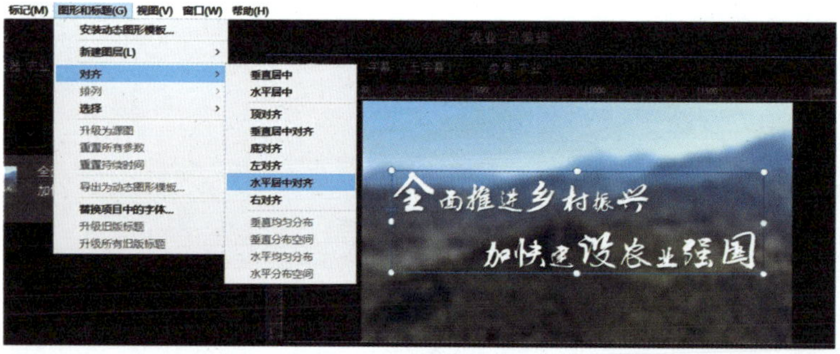

图6-76 “工作区”界面

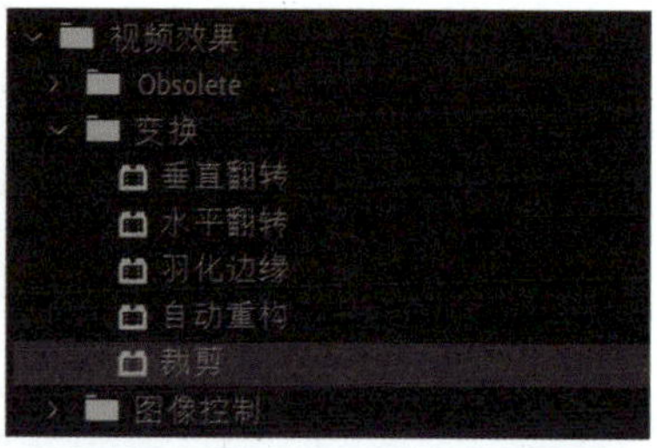

图6-78 “变换”/“裁剪”

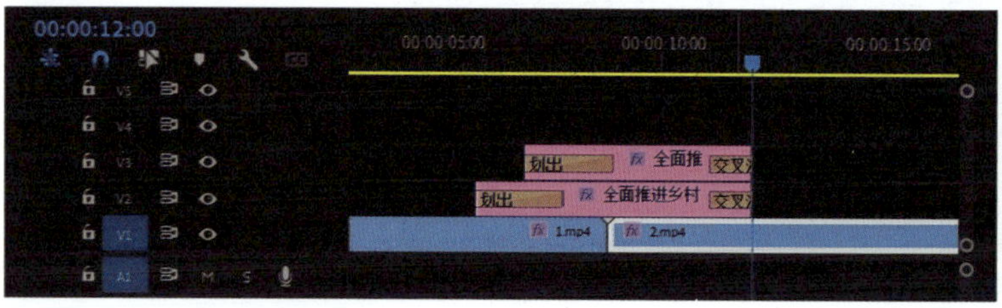

图6-77 “时间轴”面板（19）

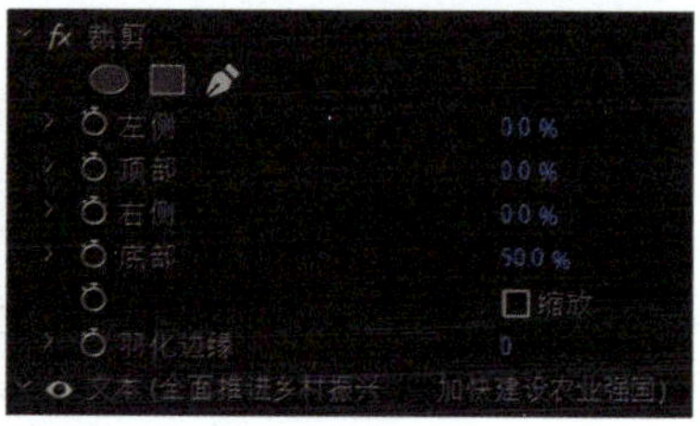

图6-79 设置“裁剪”参数

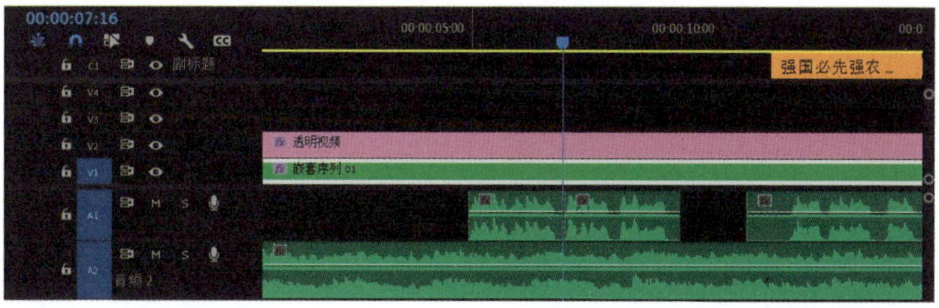

图6-80　调整音频

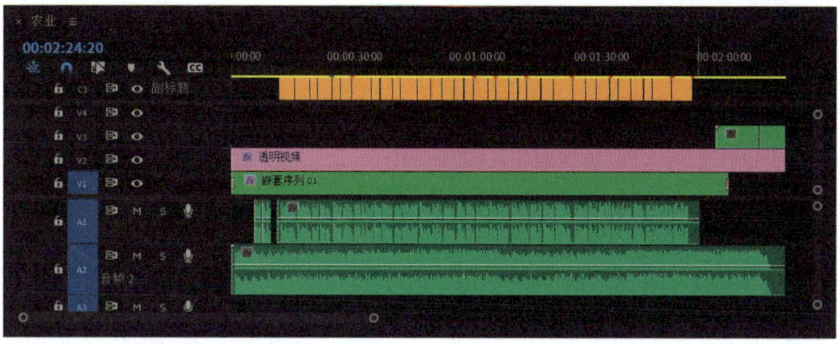

图6-81　“时间轴”面板（20）

图6-82　导出界面

将“播放指示器”设置11:08s的位置，选中A1轨道音频，按“Ctrl+K”进行分割，将音频开头移至5:20s的位置，并恰当地调整音频，如图6-80、图6-81所示。

导出视频（快捷键Ctrl+M），在弹出的“导出设置”面板中设置“格式”为“H.264”，“输出名称”为“农业”，其他设置默认不变。单击“导出”按钮导出视频，如图6-82所示。

二、校园读书日

双击Premiere Pro 2022图标，打开软件后，点击“新建项目”按钮，在导入模式中设置“项目名”为“读书日”，为项目选择合适的路径文件夹，点击“创建按钮”，如图6-83所示，进入Premiere Pro 2022的编辑模式。

按“Ctrl+N”组合键，打开“新建序列”对话框，点击“设置”选项卡，设置“编辑模式”为自定义，“时基”为“50帧/秒”，“帧大小”的值为1920，“水平”的值为1080，“像素长宽比”为“方形像素（1.0）”，“序列名称”为读书日，其他设置默认不变，单击“确定”按钮，如图6-84所示，也可以在“序列”中直接点击“序列设置”。

在“项目”面板中右击选择“导入”，如图6-85

图6-83　设置项目名和文件位置

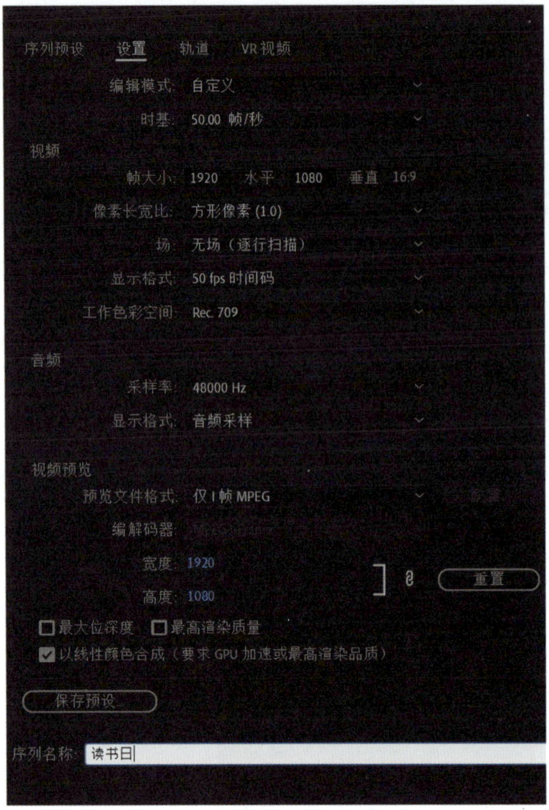

图6-84 序列设置

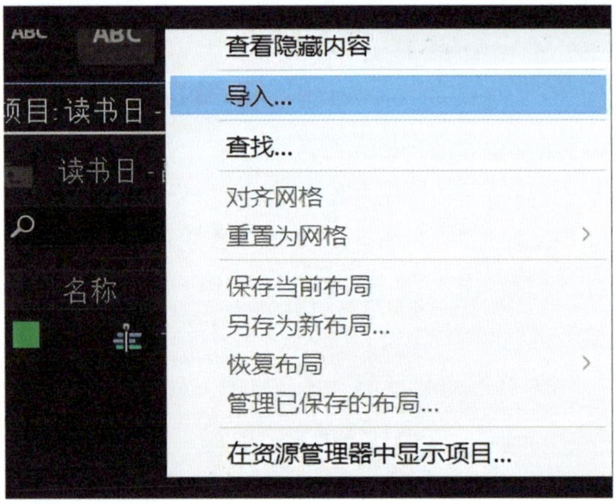

图6-85 导入素材

所示，选择本书配套教学素材“读书日/素材”文件夹内的所有素材，如图6-86所示。点击“打开”按钮，将所选的素材导入到项目窗口中，如图6-87所示。

在项目窗口中双击“C9886”素材，在源监视器窗口选择入点0:00s及出点3:26s，如图6-88所示。按住“仅拖动视频”将其拖拽至时间线V1轨道上，与起始位置对齐，如图6-89所示。

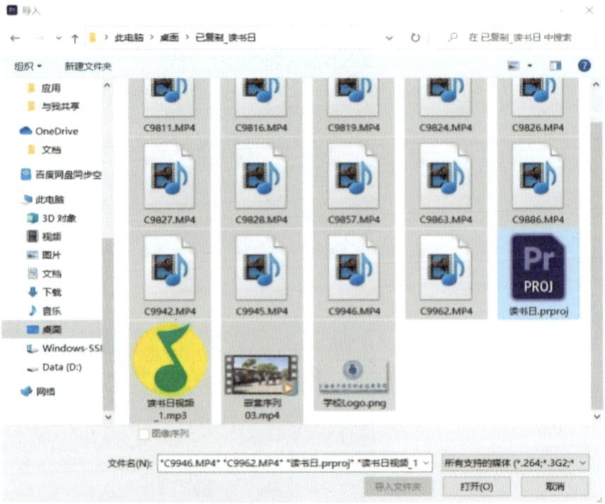

图6-86 “导入”对话框

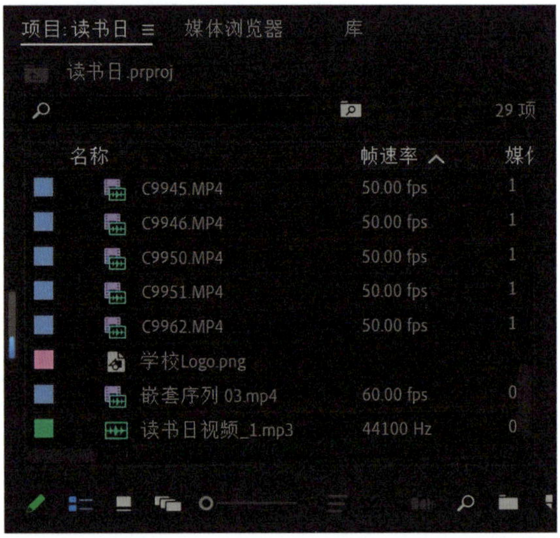

图6-87 项目窗口

图6-88 源监视器窗口

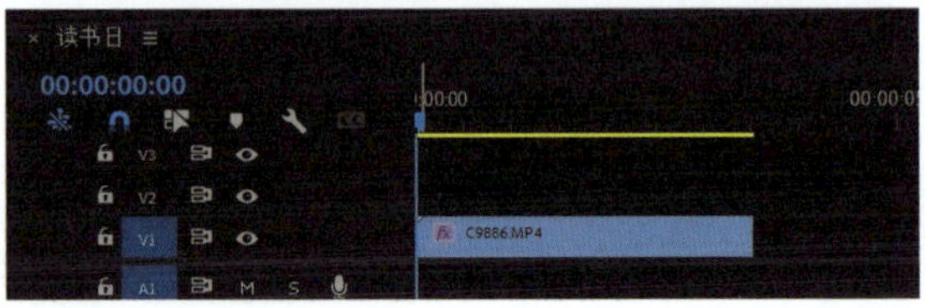

图6-89 将素材拖入时间轴

选中“C9886”素材，在“效果”面板中展开“视频效果”/“颜色校正”选项，并双击选择“Lumetri颜色”视频效果，如图6-90所示。在“效果控件”面板中展开“Lumetri颜色”/“基本校正”，修改“颜色”/“饱和度”的值为180，“灯光”/“曝光”的值为-0.3，“对比度”的值为-50，“高光”的值为-55，其他默认不变，如图6-91所示。

点击时间轴空白处，选择“文字工具”，在“节目监视器”/“节目：读书日”中键入“4月23日世界读书日书香润校园”，并设置“居中对齐文本”，调整合适间距与分段。选中“世界读书日”在“效果控件”/“文本”/“源文本”设置字体系列为“华文琥珀”，字体大小为206像素，其他设置默认不变，如图6-92所示。

选中“4月23日书香润校园”在“效果控件”/“文本”/“源文本”设置字体系列为“楷体”，字体大小为100像素，其他设置默认不变。选中图层内文字，点击“图形和标题”/“对齐”/“垂直居中对齐”“水平居中对齐”，如图6-93所示。设置文本图层起始点为0:15s，结束点为3:26s，末端与下方视频对齐。按“Ctrl+D”组合键，添加“交叉溶解”过渡，如图6-94所示。

在项目窗口中双击“C9857”素材，在源监视器窗口选择入点5:44s及出点15:01s，按住“仅拖动视频”将其拖拽至时间线V1轨道上，与前方视频末端对齐，并添加“效果”/“视频过渡”/“溶解”/“叠加溶解”过渡，如图6-95所示，拖拽至

图6-90 选择“Lumetri颜色”视频效果

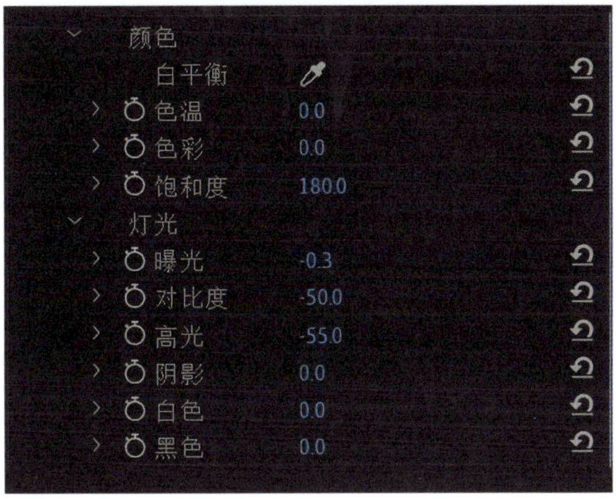

图6-91 设置“Lumetri颜色”参数

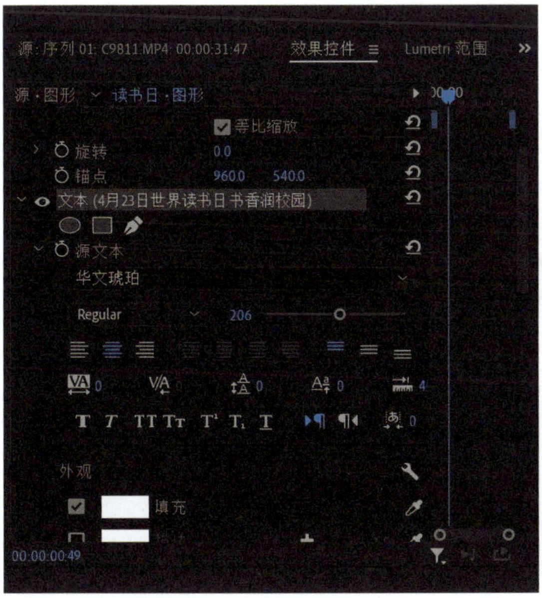

图6-92 “效果控件”/“文本”

图6-93 居中对齐

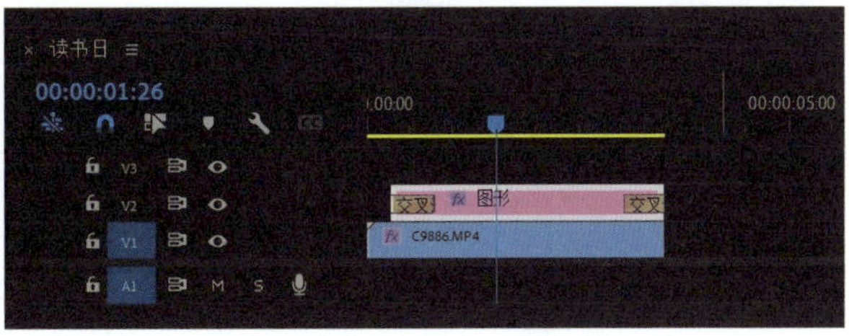

图6-94 “时间轴”面板（21）

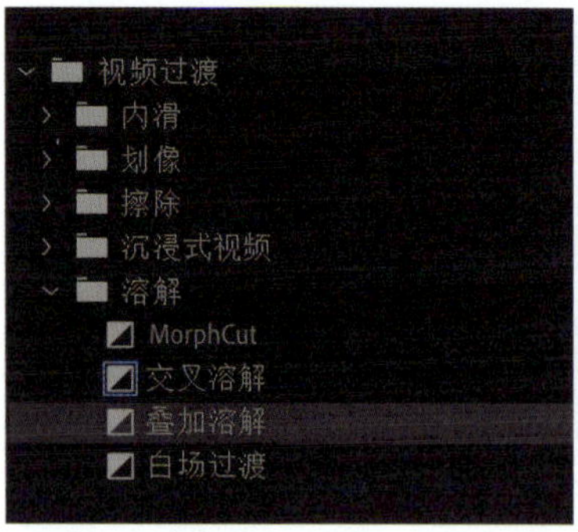

图6-95　叠加溶解

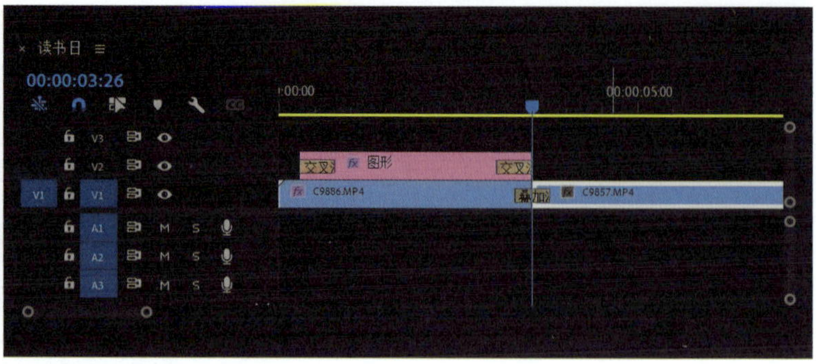

图6-96　“时间轴”面板（22）

“C9886”和“C9857”的中间位置，如图6-96所示。

选择“C9857”素材，在“效果”面板中展开“视频效果”/“颜色校正”选项，并双击选择“Lumetri颜色”视频效果。在“效果控件”面板中展开“Lumetri颜色”/“基本校正”，修改“颜色”/“饱和度”的值为250，“灯光”/“曝光”的值为-0.3，“对比度”的值为-50，“高光”的值为-55，其他默认不变，如图6-97所示。

在项目窗口中双击“C9946”素材，在源监视器窗口选择入点0:00s及出点2:46s，按住“仅拖动视频”将其拖拽至时间线V1轨道上，与前方视频末端对齐。

选择“C9946”素材，在“效果”面板中展开“视频效果”/“颜色校正”选项，并双击选择“Lumetri颜色”视频效果。在“效果控件”面板中展开“Lumetri颜色”/“基本校正”，修改“颜色”/“饱和度”的值为172，“灯光”/“对比度”的值为15，其他默认不变。

在“效果”面板中选择“视频效果”/“颜色校正”/“Brightness&Contrast”，拖拽至“C9946”素材上，在“效果控件”面板中展开“Brightness&Contrast”，修改“亮度”的值为-12，“对比度”的值为-26，如图6-98、图6-99所示。

在项目窗口中双击“C9942”素材，在源监视器窗口选择入点0:00s及出点6:41s，按住“仅拖动视频”将其拖拽至时间线V1轨道上，与前方视频末端对齐。

选择“C9942”素材，在“效果”面板中选择“视频效果”/“颜色校正”/“Brightness&Contrast”，拖拽至“C9942”素材上，在“效果控件”面板中展开“Brightness&Contrast”，修改“亮度”的值为-20，“对比度”的值为-13。

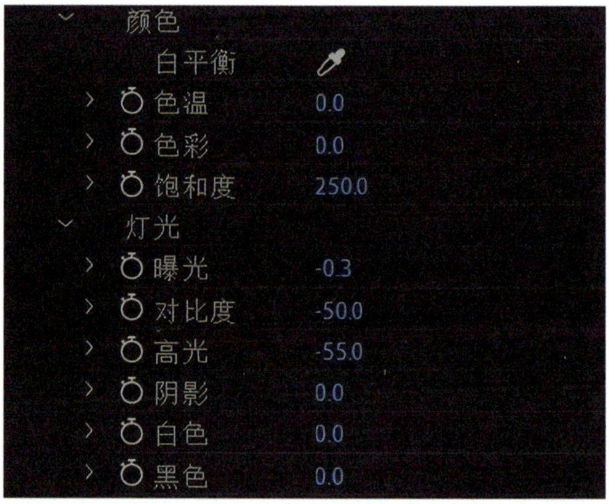

图6-97　设置“Lumetri颜色”参数

图6-98　设置“Brightness&Contrast”

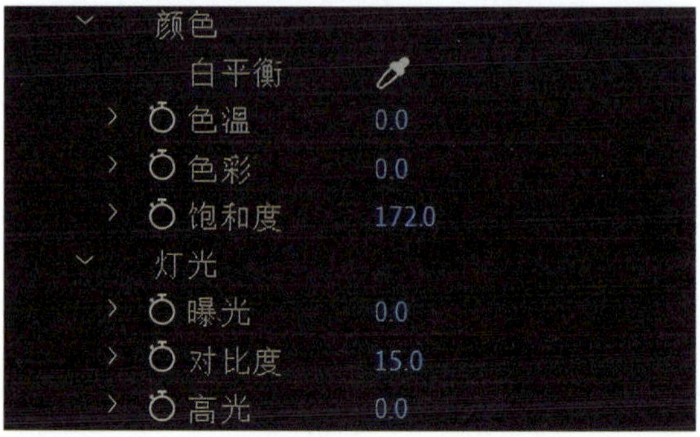

图6-99　“Lumetri颜色”参数

在“效果”面板中展开“视频效果”/“调整”选项，并双击选择“ProcAmp”视频效果。在“效果控件”面板中展开“ProcAmp”，修改“饱和度”的值为132，其他默认不变，如图6-100所示。

在项目窗口中双击“C9945”素材，在源监视器窗口选择入点0:00s及出点3:34s，按住“仅拖动视频”将其拖拽至时间线V2轨道上，与前方视频末端对齐，如图6-101所示。

选择“C9945”素材，在“效果”面板中选择“视频效果”/“颜色校正”/“Brightness&Contrast”，拖拽至“C9945”素材上，在“效果控件”面板中展开“Brightness&Contrast”，修改“亮度”的值为-15，“对比度”的值为-13。

在“效果”面板中展开“视频效果”/“调整”选项，并双击选择“ProcAmp”视频效果。在“效果控件”面板中展开“ProcAmp”，修改“饱和度”的值为132，其他默认不变。

在“效果”面板中展开“视频效果”/“模糊与锐化”选项，并双击选择“锐化”视频效果。在“效果控件”面板中展开“锐化”，修改“锐化量”的值为3，如图6-102所示。

在“效果”面板中展开“视频效果”/“模糊与锐化”选项，并双击选择“高斯模糊”视频效果。在“效果控件”面板中展开“高斯模糊”，为“模糊度”在25:29s和26:09s处添加两个关键帧，其对应参数分别为0和80。

在“效果控件”面板中展开“不透明度”选项，为“不透明度”在25:49s和26:09s处添加两个关键帧，其对应参数分别为100和0，如图6-103所示。

在项目窗口中双击“C9962”素材，在源监视器窗口选择入点0:00s及出点2:33s，按住“仅拖动视频”将其拖拽至时间线V1轨道上，设置入点时间为25:25s，如图6-104所示。

选择“C9962”素材，在“效果”面板中选择“视频效果”/“颜色校正”/“Brightness&Contrast”，拖拽至“C9962”素材上，在“效果控件”面板中

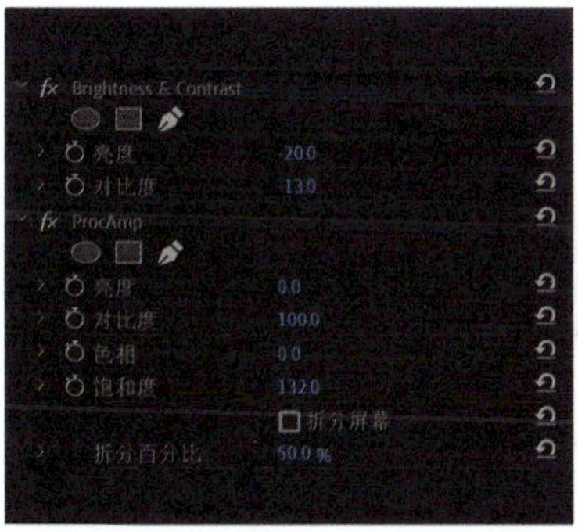

图6-100 设置“Brightness&Contrast”/“ProcAmp”参数

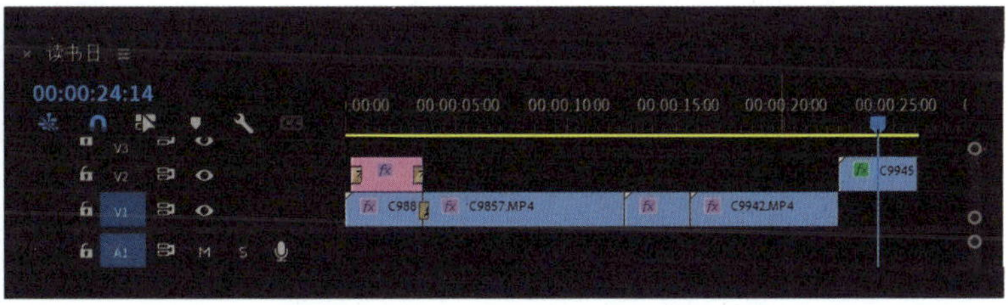

图6-101 “时间轴”面板（23）

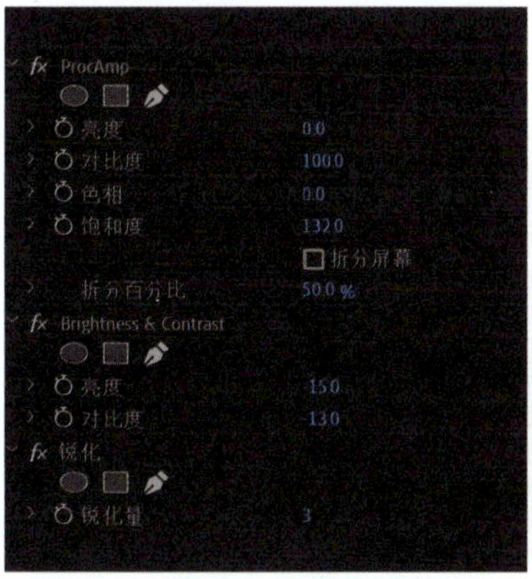

图6-102 设置“Brightness&Contrast”/“ProcAmp”/“锐化”参数

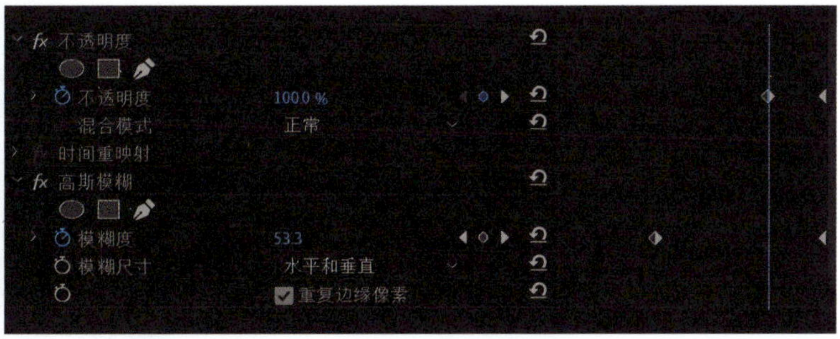

图6-103 设置“高斯模糊”/“不透明度”参数与关键帧

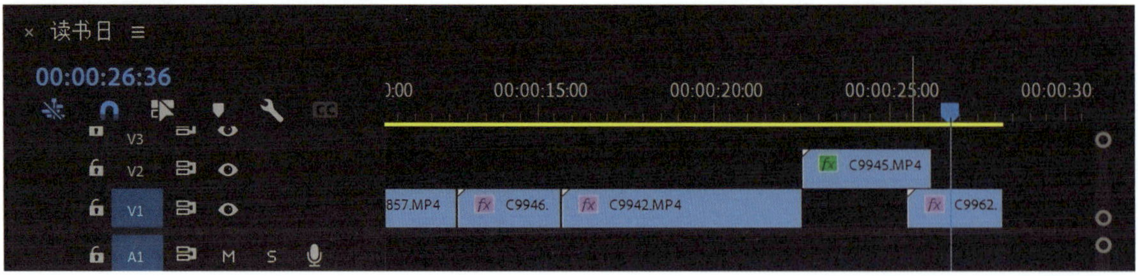

图6-104 “时间轴”面板（24）

展开“Brightness&Contrast”，修改“亮度”的值为-20，“对比度”的值为-13。

在“效果”面板中展开“视频效果”/“调整”选项，并双击选择“ProcAmp”视频效果。在“效果控件”面板中展开“ProcAmp”，修改“饱和度”的值为132，其他默认不变。

在“效果”面板中展开“视频效果”“模糊与锐化”选项，并双击选择“高斯模糊”视频效果。在“效果控件”面板中展开“高斯模糊”，为“模糊度”在25:25s和26:20s处添加两个关键帧，其对应参数分别为140和0，如图6-105所示。

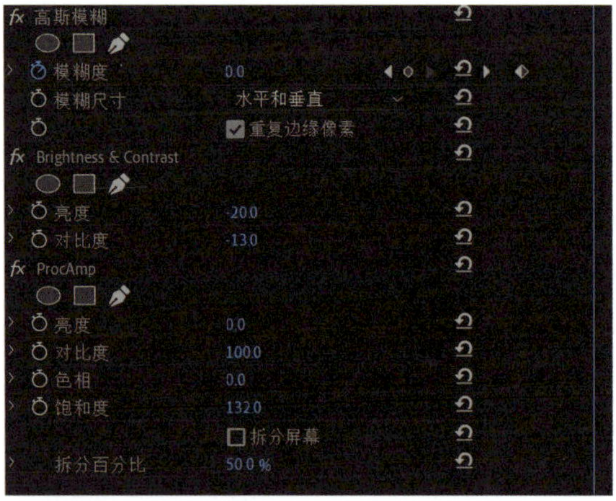

图6-105 设置“高斯模糊”/“Brightness&Contrast”/“ProcAmp”参数与关键帧

在项目窗口中双击“C9863”素材，在源监视器窗口选择入点0:00s及出点6:29s，按住“仅拖动视频”将其拖拽至时间线V1轨道上，与前方视频末端对齐。

选择“C9863”素材，在“效果”面板中选择“视频效果”/“颜色校正”/“Brightness&Contrast”，拖拽至“C9863”素材上，在“效果控件”面板中

展开“Brightness&Contrast”，修改“亮度”的值为-20，“对比度”的值为-13。

在“效果”面板中展开“视频效果”/“调整”选项，并双击选择“ProcAmp”视频效果。在“效果控件”面板中展开“ProcAmp”，修改“饱和度”的值为132，其他默认不变，如图6-106所示。

图6-106 设置“Brightness&Contrast”/“ProcAmp”参数

在“效果”面板中展开“视频效果”/“扭曲”选项，并双击选择“变形稳定器”视频效果，自动进行分析与稳定，如图6-107所示。

图6-107 “变形稳定器”效果

在项目窗口中双击“C9811”素材，在源监视器窗口选择入点0:00s及出点3:14s，按住“仅拖动视频”将其拖拽至时间线V1轨道上，与前方视频末端对齐。

在“效果”面板中展开“视频效果”/“调整”选项，并双击选择“ProcAmp”视频效果。在“效果控件”面板中展开“ProcAmp”，修改“亮度”的值为-5，其他默认不变，如图6-108所示。

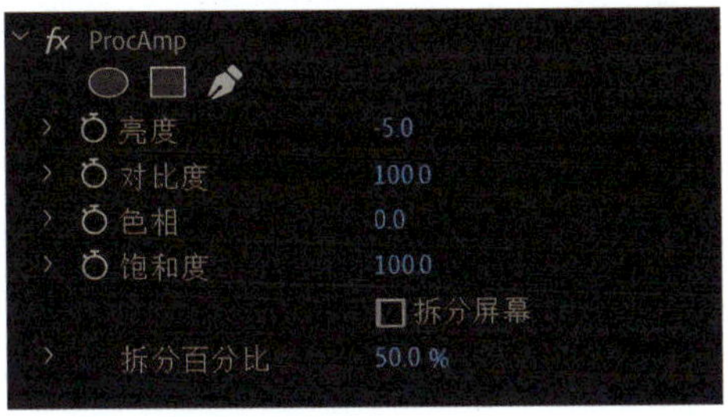

图6-108　设置“ProcAmp”参数

点击时间轴空白处，选择“文字工具”，在“节目监视器”/“节目：读书日”中键入“阅读 看见更开阔的世界”，在“效果控件”/“文本”/“源文本”设置“文本”/“变换”/“位置”的值为(499，1019)，如图6-109所示。字体系列为“华文行楷”，字体大小为100像素，勾选“外观”/“阴影”，其他设置默认不变，如图6-110所示。

图6-109　文本位置参数

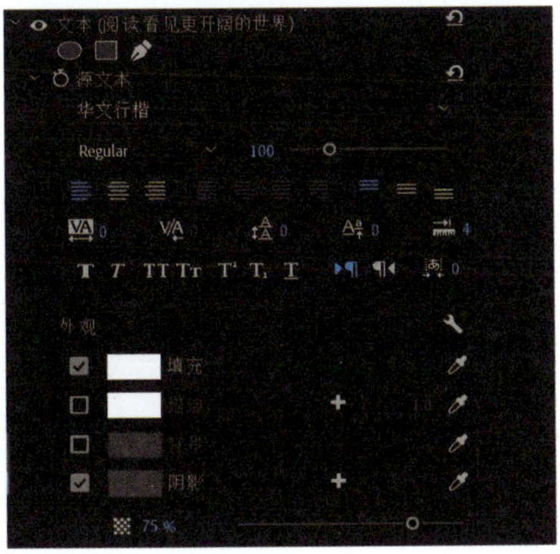

图6-110　文本参数

设置文本图层起始点为31:47s，结束点为35:12s，与下方视频对齐。在“效果”面板中展开“视频过渡”/“溶解”，点击“交叉溶解”拖拽至文本图层起始位置，如图6-111所示。

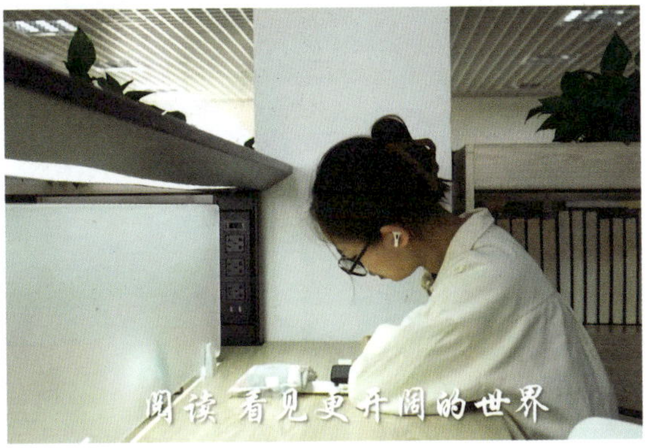

图6-111　视频画面

在项目窗口中双击“C9816”素材，在源监视器窗口选择入点0:11s及出点5:21s，按住“仅拖动视频”将其拖拽至时间线V1轨道上，与前方视频末端对齐。

在“效果”面板中展开“视频效果”/“调整”选项，并双击选择“ProcAmp”视频效果。在“效果控件”面板中展开“ProcAmp”，修改“亮度”的值为4，“对比度”的值为94，“饱和度”的值为134，如图6-112所示。

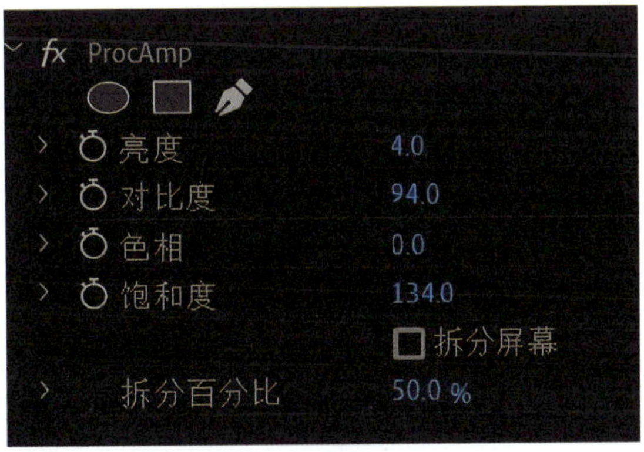

图6-112　设置“ProcAmp”参数

在“效果”面板中展开“视频效果”/“过时”选项，并双击选择“亮度曲线”视频效果。在“效果控件”面板中展开“亮度曲线”，点击曲线并修改合适形状，如图6-113所示。

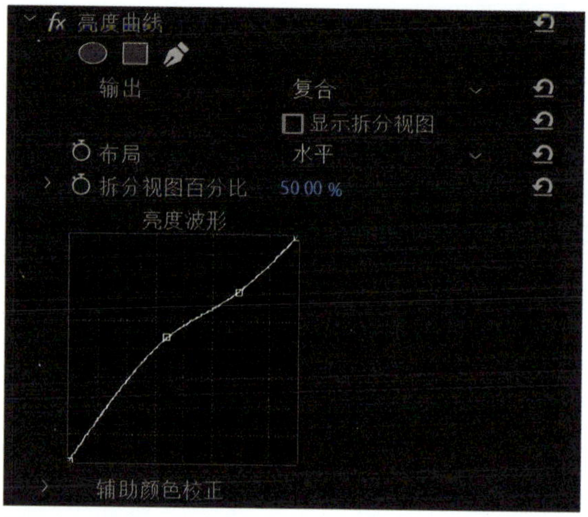

图6-113 调整“亮度曲线”

点击时间轴空白处，选择“文字工具”，在“节目监视器”/“节目：读书日”中键入“阅读 遇见更好的自己”，在“效果控件”/“文本”/“源文本”设置“文本”/“变换”/“位置”的值为（499，1015），如图6-114所示。字体系列为“华文行楷”，字体大小为100像素，勾选“外观”/“阴影”，其他设置默认不变，如图6-115所示。

设置文本图层起始点为35:38s，结束点为40:23s，末端与下方视频对齐。在“效果”面板中展开“视频过渡”/“溶解”，点击“交叉溶解”拖拽至文本图层起始位置，如图6-116所示。

在项目窗口中双击“C9819”素材，在源监视器窗口选择入点0:00s及出点2:31s，按住“仅拖动视频”将其拖拽至时间线V1轨道上，与前方视频末端对齐。

在项目窗口中双击“C9826”素材，在源监视器窗口选择入点2:29s及出点5:36s，按住“仅拖动视频”将其拖拽至时间线V1轨道上，与前方视频末端对齐，如图6-117所示。

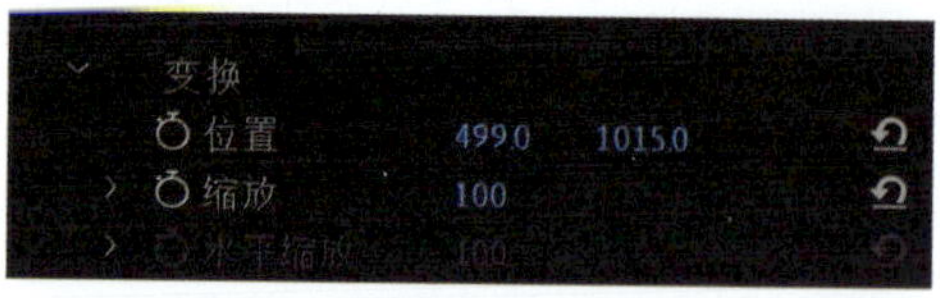

图6-114 文本位置参数

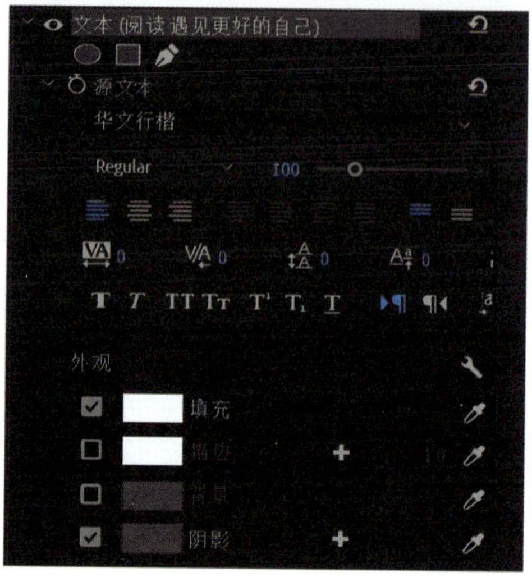

图6-115 文本参数

图6-116 视频画面

在项目窗口中双击“C9824”素材，在源监视器窗口选择入点0:00s及出点2:20s，按住“仅拖动视频”将其拖拽至时间线V1轨道上，与前方视频末端对齐。

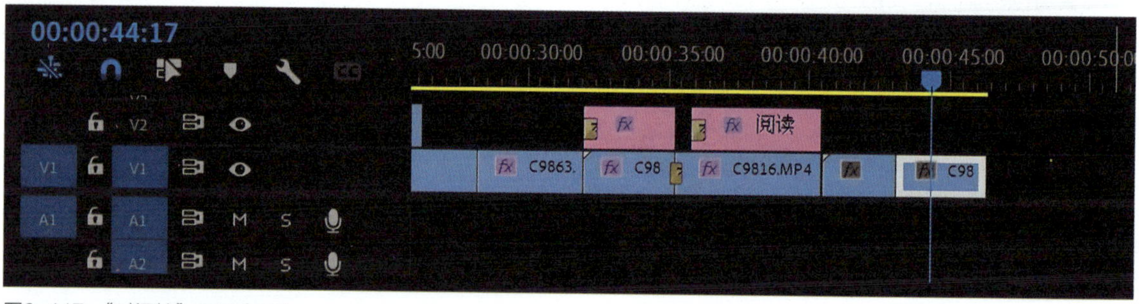

图6-117 “时间轴”面板（25）

在“效果”面板中展开“视频效果”/“过时”选项，并双击选择“亮度曲线”视频效果。在“效果控件”面板中展开“亮度曲线”，点击曲线并修改合适形状，使画面提亮，如图6-118所示。

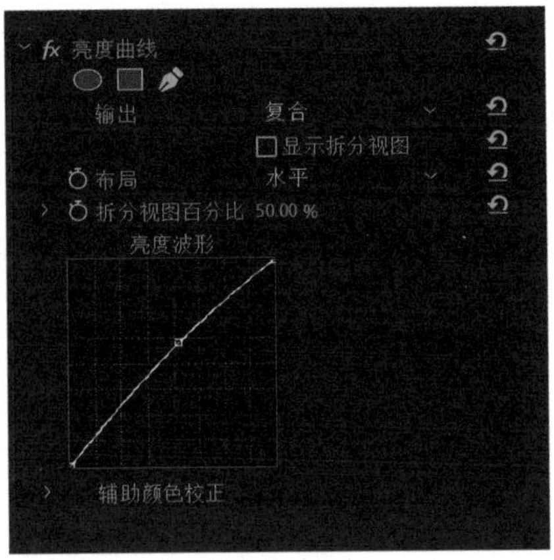

图6-118　修改“亮度曲线”

在项目窗口中双击“C9827”素材，在源监视器窗口选择入点20:00s及出点26:09s，按住“仅拖动视频”将其拖拽至时间线V1轨道上，与前方视频末端对齐。

在“效果”面板中展开“视频效果”/“过时”选项，并双击选择“亮度校正器”视频效果。在“效果控件”面板中展开“亮度校正器”，修改“亮度”的值为16，修改“对比度”的值为13，修改“基值”的值为-0.02，如图6-119所示。

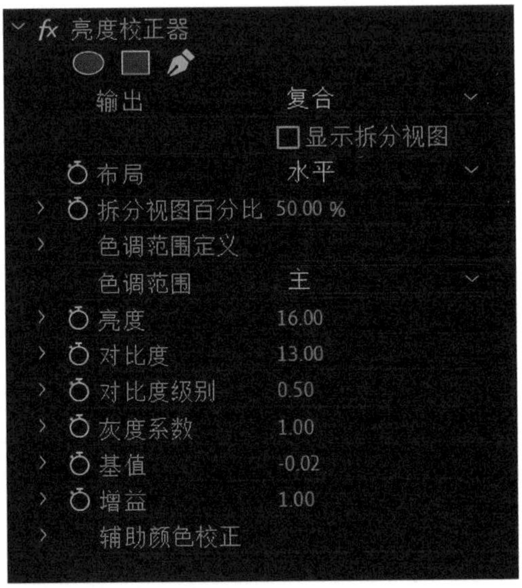

图6-119　修改“亮度校正器”

选中“C9827”素材，点击“剪辑”/“速度/持续时间”（快捷键Ctrl+R），弹出“剪辑速度/持续时间”，勾选“倒放速度”，点击“确定”，如图6-120所示。

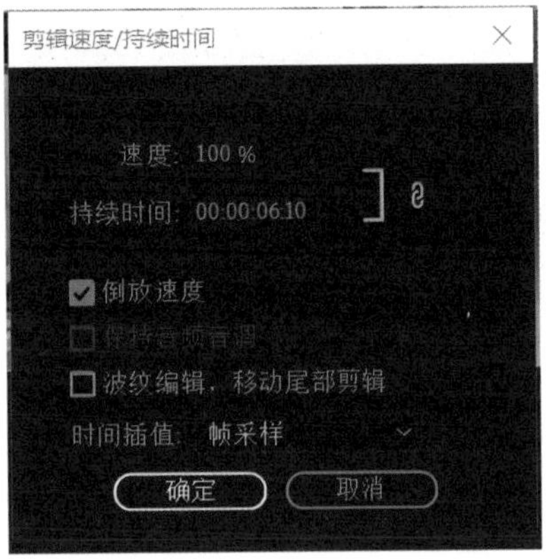

图6-120　倒放视频

在项目窗口中双击“C9828”素材，在源监视器窗口选择入点8:14s及出点13:09s，按住“仅拖动视频”将其拖拽至时间线V1轨道上，与前方视频末端对齐。

在“效果”面板中展开“视频效果”/“调整”选项，并双击选择“ProcAmp”视频效果。在“效果控件”面板中展开“ProcAmp”，修改“饱和度”的值为137。

在“效果”面板中展开“视频效果”/“过时”选项，并双击选择“亮度校正器”视频效果。在“效果控件”面板中展开“亮度校正器”，修改“亮度”的值为30，修改“对比度”的值为9，如图6-121、图6-122所示。

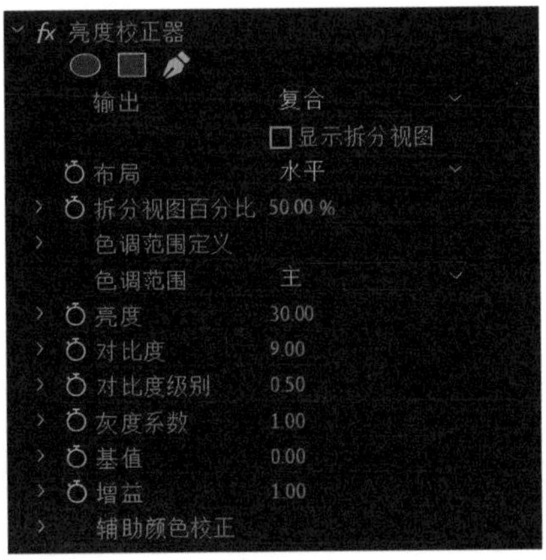

图6-121　修改“亮度校正器”

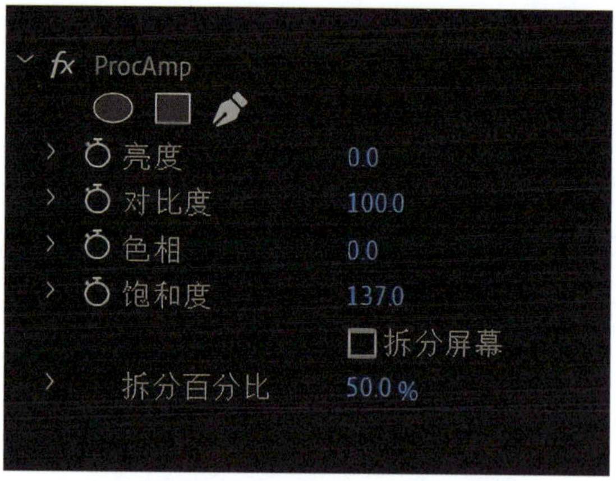

图6-122　修改“ProcAmp”

点击时间轴空白处，选择“文字工具”，在“节目监视器”/“节目：读书日”中键入“读书好 好读书 读好书”，在“效果控件”/“文本”/“源文本”设置“文本”/“变换”/“位置”的值为（499，1015），如图6-123所示。字体系列为“华文行楷”，字体大小为100像素，勾选“外观”/“阴影”，其他设置默认不变，图6-124所示。

设置文本图层入点为54:44s，出点为59:40s，与下方视频对齐。在“效果”面板中展开“视频过渡”/“溶解”，点击“交叉溶解”拖拽至文本图层起始位置。

同时选中“C9828”和文本图层，点击“剪辑”/“嵌套”，弹出“嵌套序列名称”，如图6-125所示，设置“名称”为“嵌套序列01”，点击“确定”，如图6-126所示。

在项目窗口中双击“嵌套序列03”视频素材，在源监视器窗口选择入点0:00s及出点4:05s，按住“仅拖动视频”将其拖拽至时间线V1轨道上，与前方视频末端对齐。

选中“嵌套序列03”素材，点击“剪辑”/“速度/持续时间”（快捷键Ctrl+R），弹出“剪辑速度/持续时间”，设置“速度”的值为80，点击“确定”，如图6-127所示。

添加“效果”/“视频过渡”/“溶解”/“白场过渡”过渡，拖拽至“嵌套序列03”视频素材和“嵌套序列01”的中间位置，如图6-128所示。右击“白场过渡”，点击“设置过渡持续时间”，设置“持续时间”为1:00s，如图6-129所示，点击“确定”。

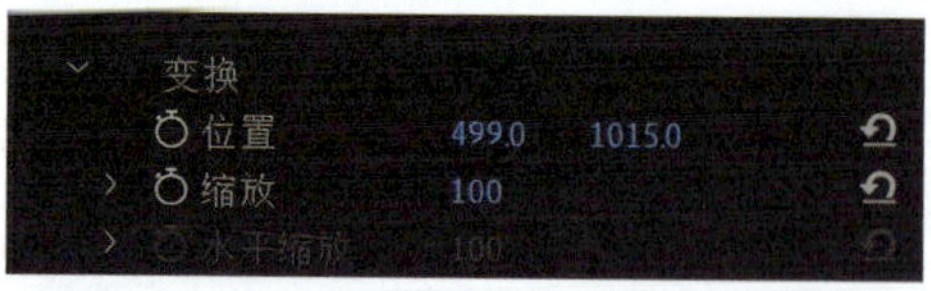

图6-123　文本位置参数

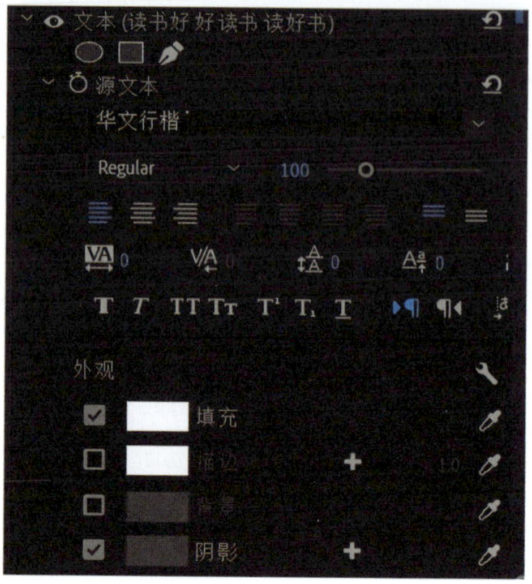

图6-124　文本参数

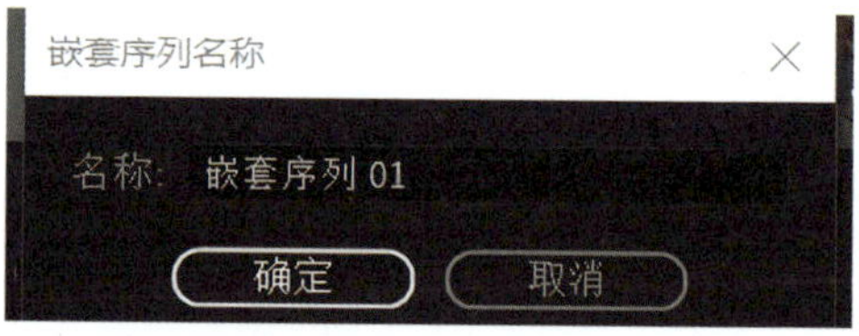

图6-125　嵌套序列名称

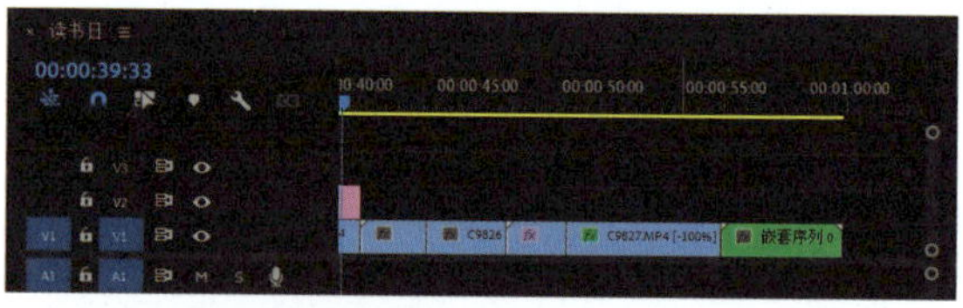

图6-126　“时间轴”面板（26）

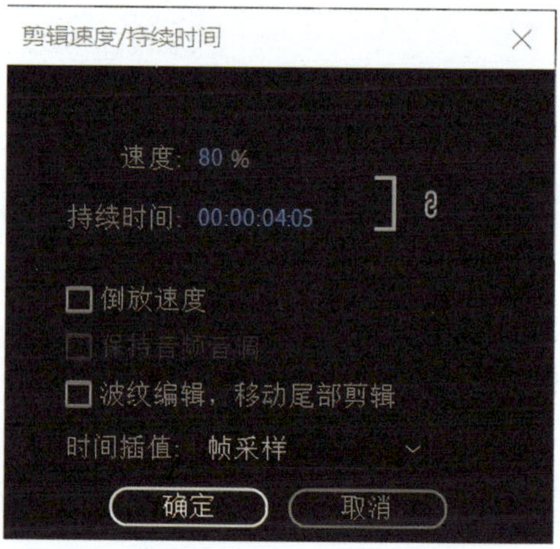

图6-127　设置慢放速度

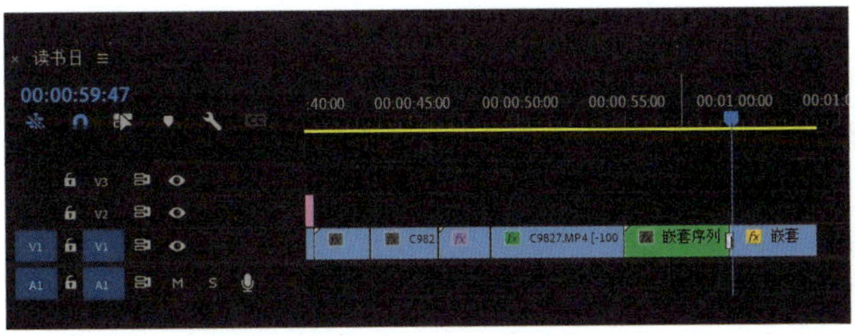

图6-128 “时间轴”面板（27）

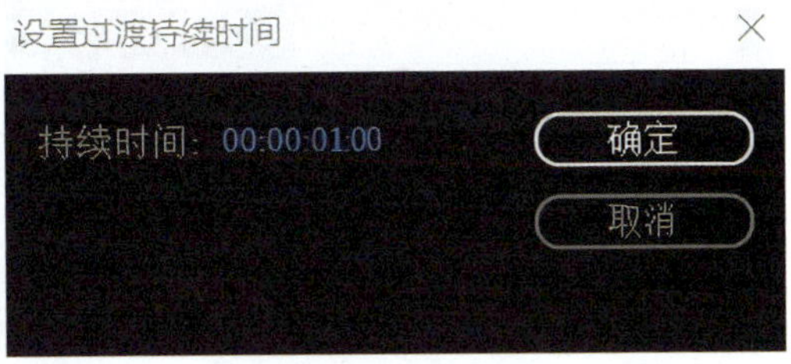

图6-129 设置过渡持续时间

点击“文件”/“新建”/“颜色遮罩”，如图6-130所示，默认其参数，点击“确定”；设置“拾色器”为白色“#FFFFFF”，点击“确定”；设置“选择名称”为“颜色遮罩”，点击确定。在项目窗口将其拖拽至时间线V1轨道上，与前方视频末端对齐，设置结束点为1:08:04s。并按住“Alt”键，向上拖动复制一层，如图6-131所示。

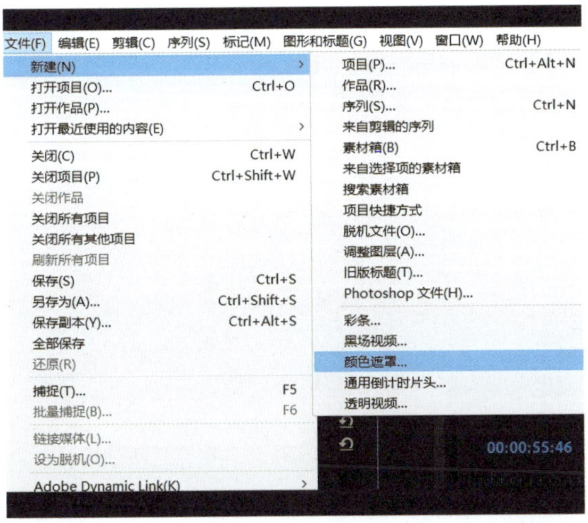

图6-130 新建“颜色遮罩”

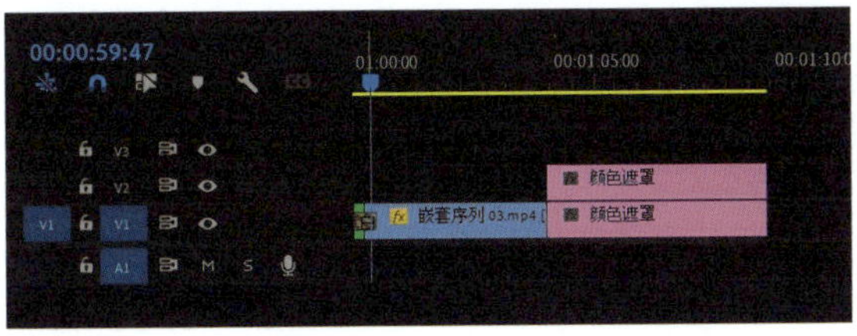

图6-131 “时间轴”面板（28）

选中V2轨道上的“颜色遮罩”，在“效果”面板中展开“视频效果”/“生成”选项，并双击选择“四色渐变”效果。在“效果控件”面板中展开“四色渐变”，修改“混动”的值为5，“不透明度”的值为30，其他默认不变，如图6-132所示。

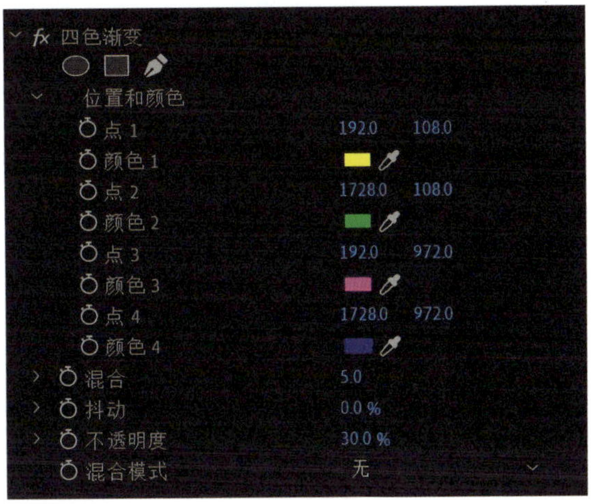

图6-132 修改“四色渐变”参数

在项目窗口中选择“学校Logo”素材，将其拖拽至时间线V3轨道上，起始点为1:04:43s，结束点为1:08:04s，末端与下方视频对齐。在“效果控件”面板中。将“播放指示器”设置1:04:43s的位置，设置“缩放”的值为6并打上关键帧，将“播放指示器”设置1:06:41s的位置，设置“缩放”的值为4，并打上关键帧，如图6-133所示。

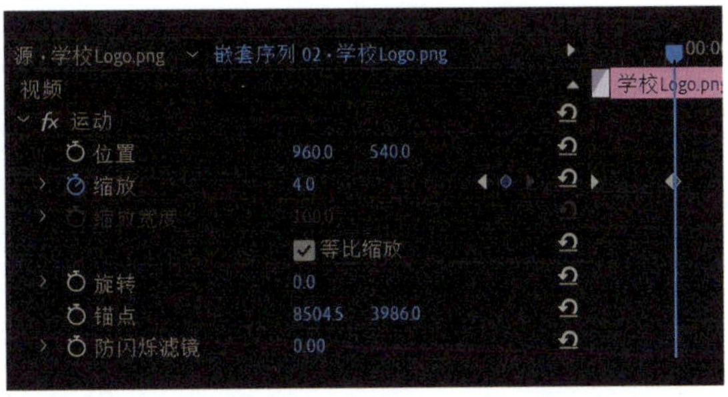

图6-133 效果控件面板

选择“学校Logo”素材，并添加“效果”/“视频过渡”/“擦除”/“双侧平推门”过渡，拖拽至“学校Logo”起始位置，如图6-134所示。

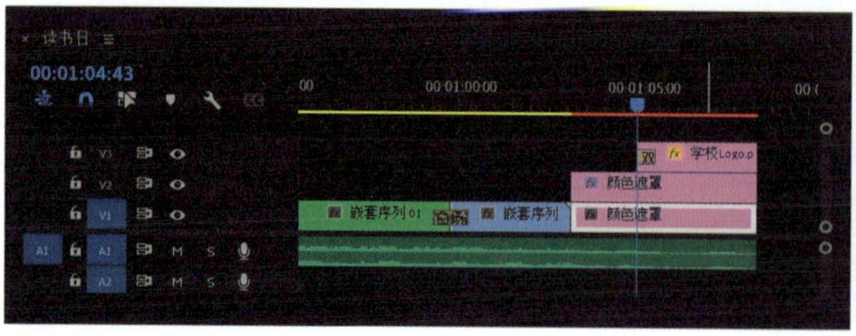

图6-134 “时间轴”面板（29）

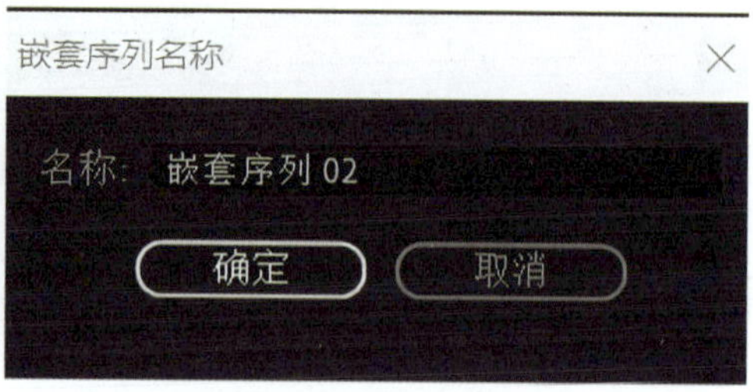

图6-135 修改嵌套名称

同时选中两个“颜色遮罩”图层和“学校Logo”图层，点击“剪辑”/“嵌套”，弹出“嵌套序列名称”，设置“名称”为“嵌套序列02”，点击“确定”，如图6-135所示。

选中“嵌套序列02”，添加“效果”/“视频过渡”/“溶解”/“交叉溶解”过渡，拖拽至“嵌套序列02”和“嵌套序列03”视频素材的中间位置和“嵌套序列02”末端，如图6-136所示。

在项目窗口中选择“读书日视频_1.mp3”音频素材，将其拖拽至时间线A1轨道上，修剪结尾至1:08:04s，与视频对齐，如图6-137所示。

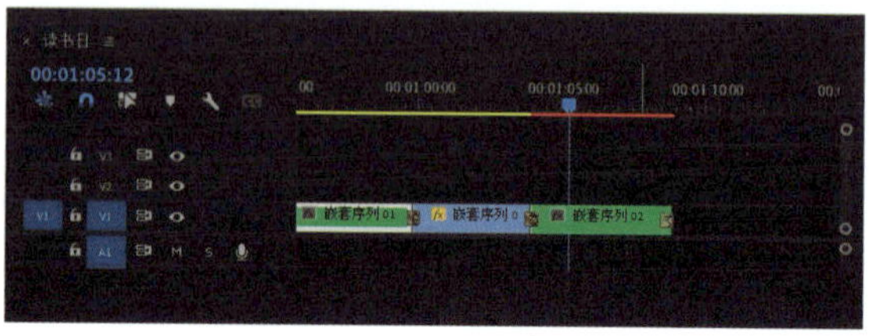

图6-136 “时间轴”面板（30）

导出视频（快捷键Ctrl+M），在弹出的“导出设置”面板中设置“格式”为“H.264”，“输出名称”为“读书日”，其他设置默认不变，单击“导出”按钮导出视频，如图6-138所示。

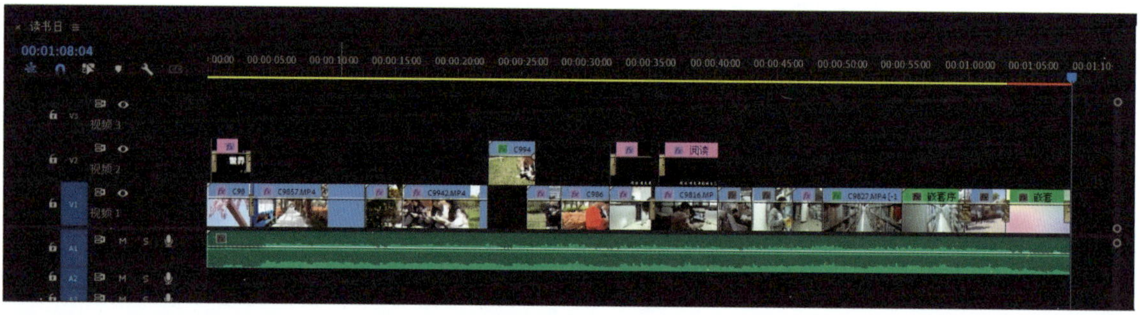

图6-137 “时间轴”面板（24）

图6-138 “导出”面板

本章总结

本章认识了宣传片在影视后期制作过程中的特征，并通过两个实例对宣传片后期制作的实际操作进行演示。

课后作业

运用本章所学知识，制作一个宣传片，题目自拟。

思考拓展

通过本章的介绍，思考在宣传片的后期制作中如何加强策划与创意，优化剪辑与特效，精细音效、配乐、后期处理和修饰，并注重协作与沟通。这些思路和方法将有助于提升宣传片制作的质量和效果，使其更具吸引力和影响力。

课程资源链接

课件

第七章 电视广告

本章主要介绍电视广告的概念与特征，熟悉和掌握运用Premiere Pro 2022软件和After Effects 2022软件制作电视广告。

知识目标

（1）电视广告的概念与特征。

（2）熟练运用Premiere Pro 2022软件和After Effects 2022软件。

能力目标

运用Premiere Pro 2022软件和After Effects 2022软件制作电视广告。

第一节　概念与特征

电视广告是指在电视媒体上播出的短片广告，用于推销产品、服务或品牌。影视后期制作在电视广告制作过程中起着重要作用。

以下是电视广告影视后期制作的一些概念和特征。

（1）**剪辑和编辑。**剪辑和编辑是电视广告后期制作中的核心环节。制作人根据广告的目标受众定位，对拍摄素材进行精确定位的选择和剪辑，以构造引人入胜的故事情节和节奏感。剪辑和宣传编辑需要紧张而有力量，以在有限的时间内传递广告的核心信息和吸引力。

（2）**音效和音乐。**音效和音乐在电视广告的后期制作中扮演着至关重要的角色。制作人可以通过添加合适的音效来增强广告的画面效果，例如声音效果、环境音或声音设计。同时，精心选择的音乐可以营造气氛，引起情感共鸣，并与广告内容相关联，从而增强广告的吸引力和记忆点。

（3）**色彩调整。**色彩调整是电视广告后期制作中的重要环节。通过对广告素材进行彩色校正、对比调整、饱和度处理等，制作人可以调整画面的色彩鲜艳度和整体视觉效果，使得广告更吸引眼球和引起注意。色彩调整也可以用来突显产品或品牌的特色，塑造独特的视觉风格和形象。

（4）**特效和动画。**特效和动画在电视广告的后期制作中经常被使用。制作人可以运用各种特效技术和动画效果，如图形状处理、视觉效果、三维动画等，增强广告的视觉冲击力和创意表现。特效和动画可以展示产品的特色、呈现复合的场景或概念，使广告更加吸引人注意。

（5）**字幕和标题设计。**字幕和标题在电视广告中起着传递关键信息的重要作用。影视后期制作会涉及字幕和标题的设计，包括选择合适的字体、颜色和动画效果，以及确定字体的时间和位置。字幕和标题应清晰、易读，并能充分吸取观众的注意力，同时准确传播广告的主要信息和核心卖点。

（6）**输出和分发。**在电视广告的影视后期制作完成后，需要进行最后的输出和分发。这涉及选择合适的文件格式、区分率和色彩空间，以确保广告在电视媒体上的播放质量达到最好。还需要根据不同的广告投放平台和媒体渠道进行适配和转换，以充分满足不同平台和媒体的要求。输出和分发的目的是确保广告能足够以最好的质量和最佳的效果呈献给广告观众，从而达到最好的宣传效果和营销目标。

总而言之，电视广告的影视后期制作是将拍摄素材转化为具备吸引力和影像影响力的广告作品的关键环节。通过剪辑和编辑、音效和音乐、色彩调整和调色、特效和动画、字幕和标题设计等后期制作工作，可以使电视广告更具有视觉冲击力，传达更清晰的信息，并突显广告的核心卖点和品牌形象。输出和分发的环节能够确保广告以合适的格式和质量在电视媒体上播放，并达到广告宣传的最佳效果。

第二节　综合实训

一、香水广告

双击After Effects 2022图标，打开软件后，在菜单栏中点击“新建项目”命令。在“项目”面板中右击，选择“新建合成”选项，在弹出的“合成设置”面板中设置“合成名称”为“香水广告”，“预设”为“自定义”，“宽度”为5760，“高度”为3840，“像素长宽比”为“方形像素”，“帧速率”为24，“分辨率”为“完整”，“持续时间”为10秒，其他设置默认不变，单击“确定”按钮，如图7-1所示。也可以在“合成”面板中直接点击“新建合成”。在“菜单栏”中选择“文件”/“导入”/“文件”命令，导入“香水广告素材1”~“香水广告素材5”素材文件。将“项目”面板中的“香水广告素材1”~“香水广告素材5”拖曳到“时间轴”面板中，并在“时间轴”面板中将图层按顺序排列。

在“时间轴”面板中，打开“香水广告素材1”图层中的“变换”，将“时间指示器”拖动至起始位置，单击“缩放”和“旋转”前的时间变化秒表按钮⏱，再将“时间指示器”拖至4秒12帧处，设置“缩放”为140%，“旋转”为-12°，如图7-2所示。

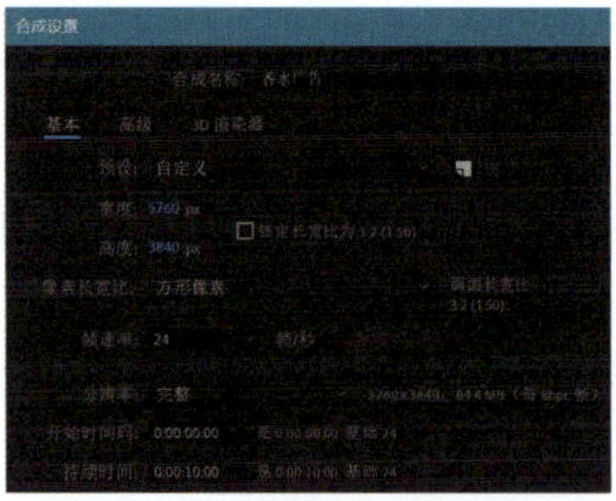

图7-1 “合成设置”

图7-2 设置“缩放”和“旋转”关键帧

在“效果和预设”面板中搜索“卡片擦除”效果，选择“过渡”中的“卡片擦除”，如图7-3所示，并将该效果拖曳到“香水广告素材1”图层上。将“时间指示器”拖至12帧处，在“效果控件”面板中，单击“过渡完成”前的时间变化秒表按钮，设置“过渡完成”为0%，再将“时间指示器”拖至3秒处，设置“过渡完成”为100%。设置“过渡宽度”为60%，“背面图层”选择“香水广告素材3”，设置“行数”和“列数”为300，“卡片缩放”为1，其他设置默认不变，如图7-4所示。

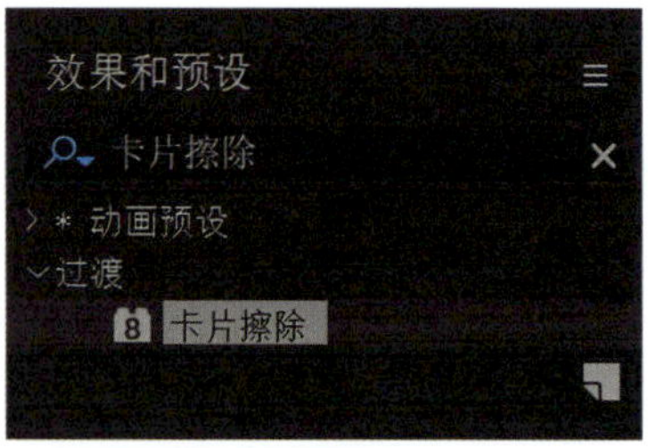

图7-3 搜索“卡片擦除”

在“效果和预设”面板中搜索“渐变擦除”效果，如图7-5所示，并将该效果拖曳到“香水广告素材1”图层上。将“时间指示器”拖至3秒处，在“效果控件”面板中，单击“过渡完成”前的时间变化秒表按钮，设置“过渡完成”为0%，再将“时间指示器”拖至4秒12帧处，设置“过渡完成”为100%。“渐变图层”选择“香水广告素材3”，其他设置默认不变，如图7-6所示。

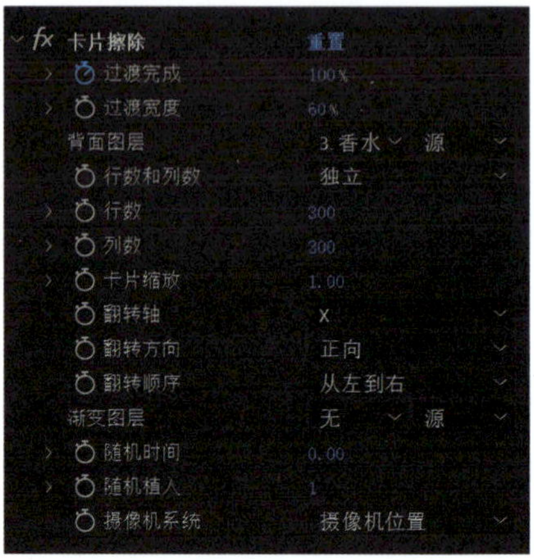

图7-4 设置“卡片擦除”

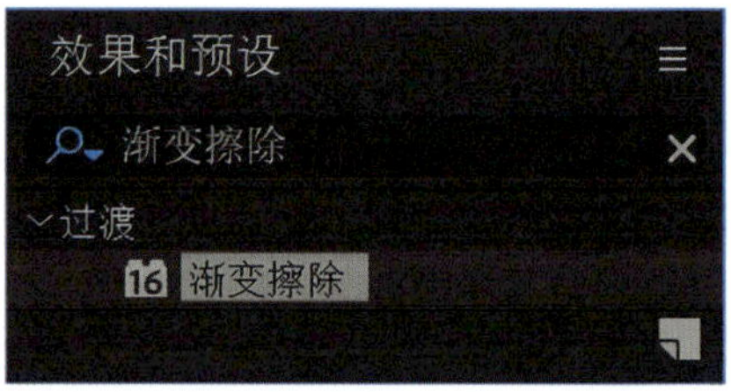

图7-5 搜索“渐变擦除”

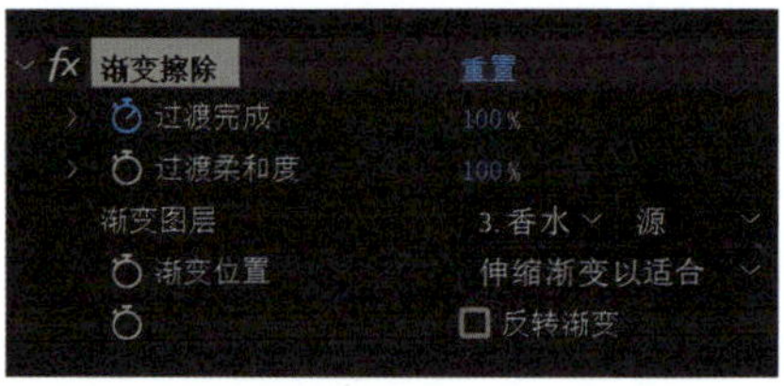

图7-6 设置“渐变擦除”

在“时间轴”面板中，拖动“香水广告素材2”和“香水广告素材3”图层，将结尾位置与3秒位置对齐，如图7-7所示。

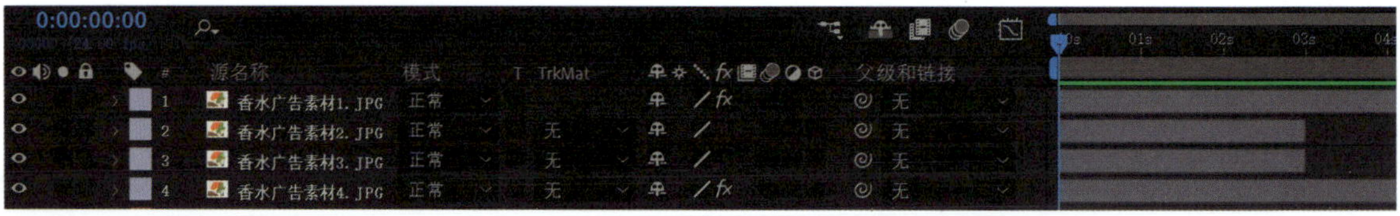

图7-7 拖动图层

在“效果和预设”面板中搜索“CC Rainfall”效果，如图7-8所示，并将该效果拖曳到“香水广告素材4”图层上。在“效果控件”面板中，设置“Drops”为2000，“Size”为12，其他设置默认不变，如图7-9所示。

图7-8　搜索“CC Rainfall”

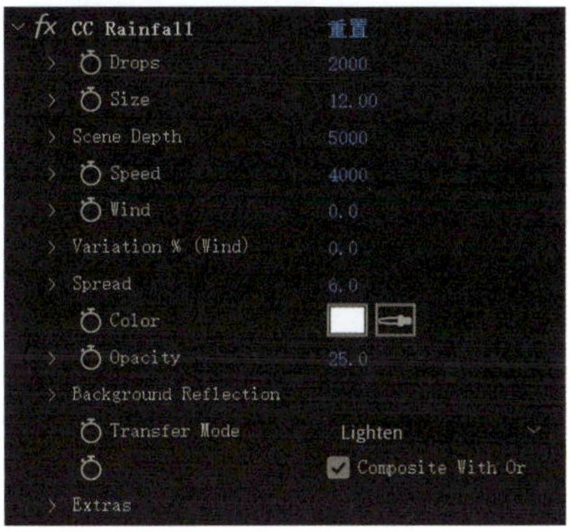

图7-9　设置“CC Rainfall”

在“效果和预设”面板中搜索“光圈擦除”效果，如图7-10所示，并将该效果拖曳到“香水广告素材4”图层上。将“时间指示器”拖至6秒处，单击“外径”前的时间变化秒表按钮，设置“外径”为0，再将“时间指示器”拖至8秒处，设置“外径”为2000，设置“羽化”为1000，“点光圈”为32，其他设置默认不变，如图7-11所示。

在“时间轴”面板中，选择“香水广告素材4”图层，将“时间指示器”拖至3秒处，在“时间轴”面板中，打开“缩放”面板（快捷键S），单击“缩放”前的时间变化秒表按钮，设置“缩放”为135，再将“时间指示器”拖至8秒处，设置“缩放”为200，如图7-12所示。

在“时间轴”面板中，选择“新建”/“文本”。在“字符”面板中，设置“字体”为“Segoe Print”，“设置字体大小”为230像素，“颜色”为白色，其他设置默认不变。在“合成”面板输入Fresh&pure字样。

在“时间轴”面板中，选择“Fresh & pure”图层，将该图层排列至第五列，如图7-13所示。

图7-10　搜索“光圈擦除”

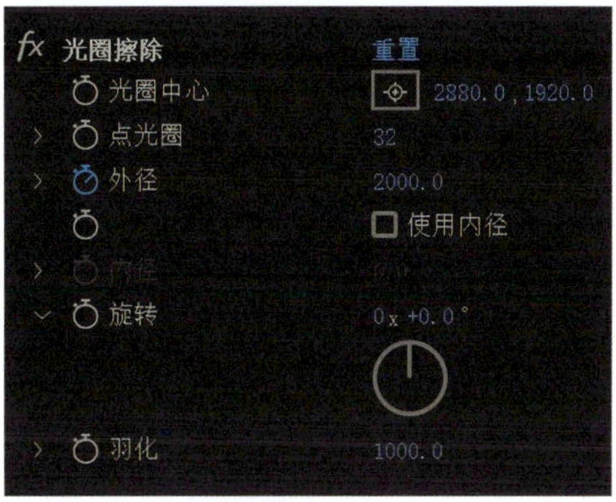

图7-11　设置“光圈擦除”

图7-12　设置“缩放”关键帧

图7-13　排列图层

将“时间指示器”拖至7秒处，在“时间轴”面板中打开“Fresh & pure”图层中的“变换”，单击“位置”前的时间变化秒表按钮，设置“位置”为（5800，3000）；再将“时间指示器”拖至8秒12帧处，设置“位置”为（4000，3000），并框选“位置”中的2个关键帧，右键选择“关键帧辅助”/“缓入”（快捷键F9），如图7-14所示。

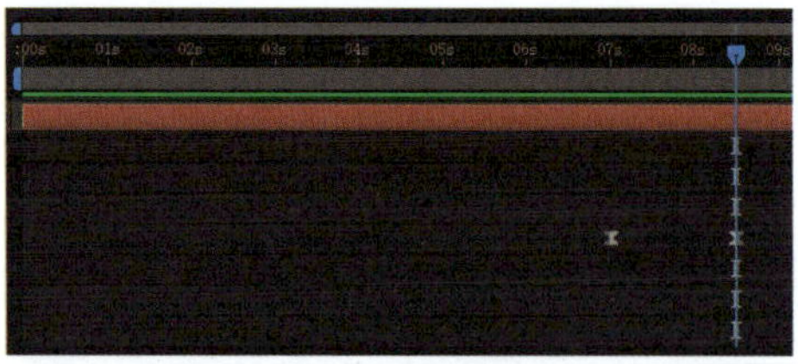

图7-14　设置“位置”关键帧和缓动

在“时间轴”面板中，选择“香水广告素材5”图层，将“时间指示器”拖至5秒处，在“时间轴”面板中，打开“缩放”面板（快捷键S），单击“缩放”前的时间变化秒表按钮，设置“缩放”为100，再将“时间指示器”拖至10秒处，设置“缩放”为125，并框选“缩放”中的2个关键帧，右键单击“关键帧辅助”/“缓动”，如图7-15所示。

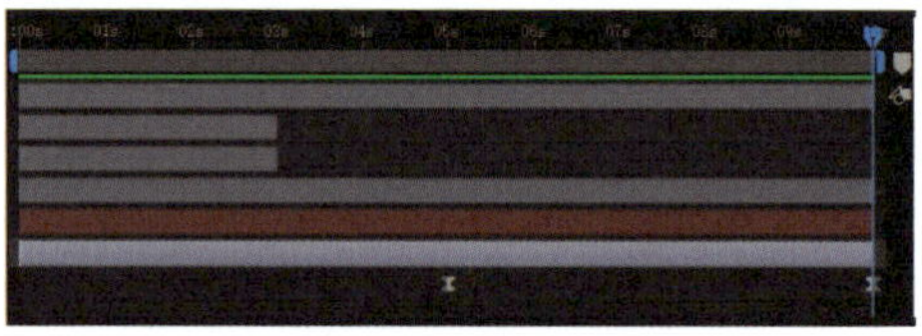

图7-15　设置“缩放”关键帧和缓动

选中“时间轴”面板，使用“渲染队列”快捷键Ctrl+M。单击“输出模块”的“无损”，在弹出的“输出模块设置”面板中设置“格式”为AVI，单击“确定”按钮。

单击“输出到”后面的文字，在弹出的“将影片输出到”窗口中设置文件保存路径，设置完成后单击“保存”按钮完成此操作。在“渲染队列”面板中单击“渲染”按钮。待听到提示音时，导出操作完成。

二、电影广告

双击After Effects 2022图标，打开软件后，在菜单栏中点击“新建项目”命令。在“项目”面板中右击，选择“新建合成”选项，在弹出的“合成设置”面板中设置“合成名称”为“奥本海默”，“预设”为“自定义”，“宽度”为852，“高度”为480，“像素长宽比”为“方形像素”，“帧速率”为24，“分辨率”为“完整”，“持续时间”为30秒，其他设置默认不变，单击“确定”按钮，如图7-16所示。也可以在“合成”面板中直接点击“新建合成”。在“菜单栏”中选择“文件”/“导入”/“文件”命令，导入“素材1”~“素材10”和“音频文件”素材文件。

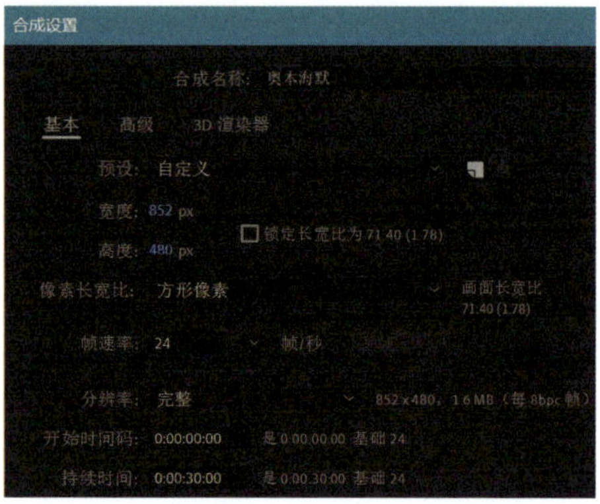

图7-16　“合成设置”

将“项目”面板中的“素材1”~“素材3”和“音频文件”拖曳到“时间轴”面板中。

在“时间轴”面板中，整体拖动图层“素材2”和“素材3”，将起始位置与5秒位置对齐，如图7-17所示。

在“时间轴”面板中，选择“素材2”图层中的“变换”，设置“位置”为（618，348），“缩放”为55%。选择“素材3”图层中的“变换”，设置“位置”为（234，132），“缩放”为55%，其他设置默认不变，如图7-18所示。

在“时间轴”面板中，右击选择“新建”/“纯色”，在弹出的“纯色设置”面板中，设置“颜色”为白色，其他设置默认不变，单击确定按钮。

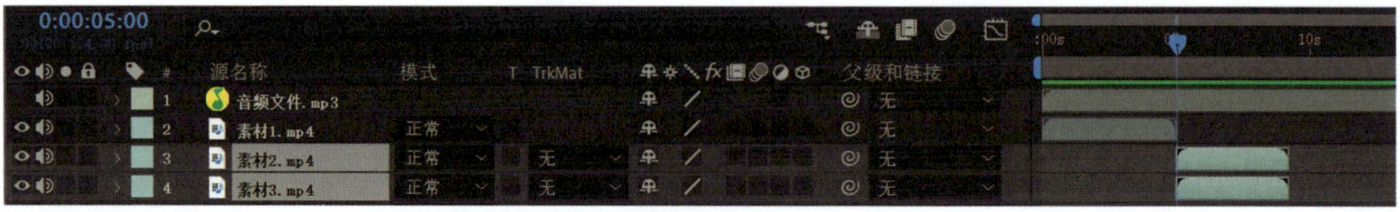

图7-17　拖动图层（1）

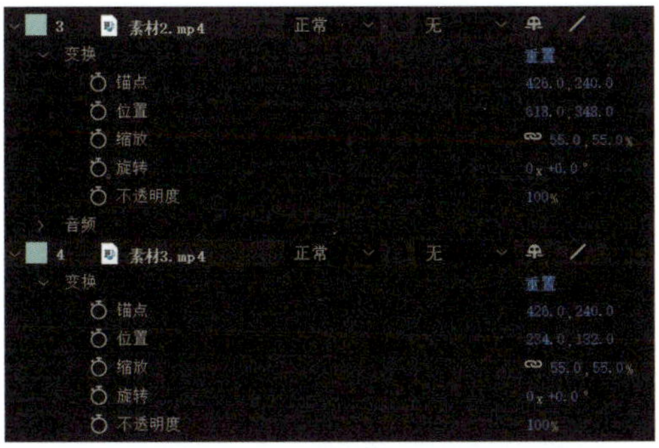

图7-18 调整参数

在“时间轴”面板中，右击选择“新建”/“文本”，在“合成”面板中，打出Cillian Murphy字样，在“字符”面板中，“设置字体系列”为“Palatino Linotype”，“设置字体大小”为35像素，其他设置默认不变，如图7-19所示。

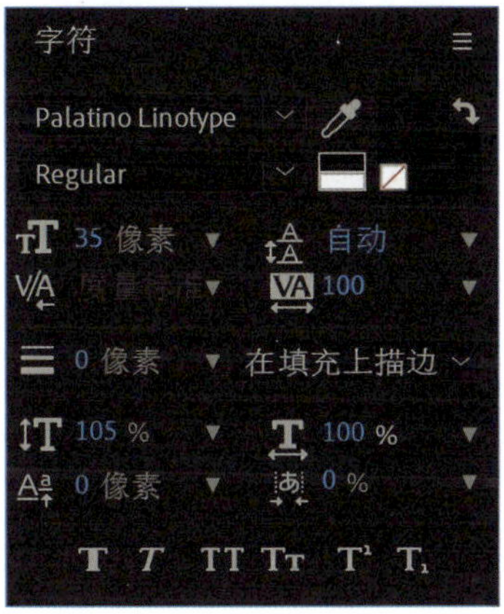

图7-19 设置“字符”面板

在“时间轴”面板中，选择“Cillian Murphy”图层中的“变换”，设置“位置”为（515，125）。

在“时间轴”面板中，复制“Cillian Murphy”图层（快捷键Ctrl+D），在“合成”面板中双击文字更改为Christopher Nolan。在“时间轴”面板中，选择“Christopher Nolan”图层中的“变换”，设置“位置”为（18，390）。

在“时间轴”面板中，拖动图层“Cillian Murphy”“Christopher Nolan”和“白色 纯色1”，将结尾位置与9秒06帧位置对齐。调整后效果如图7-20所示。

将“项目”面板中的“素材4”~“素材10”拖曳到“时间轴”面板中，并按顺序排列。

图7-20 预览效果

在“时间轴”面板中，选中“素材4”~“素材10”图层，在“菜单栏”面板中，选择“动画”/“关键帧辅助”/“序列图层”，如图7-21所示，在弹出的“序列图层”面板中单击确定按钮。在“时间轴”面板中可以看到图层已经自动排列，如图7-22所示。

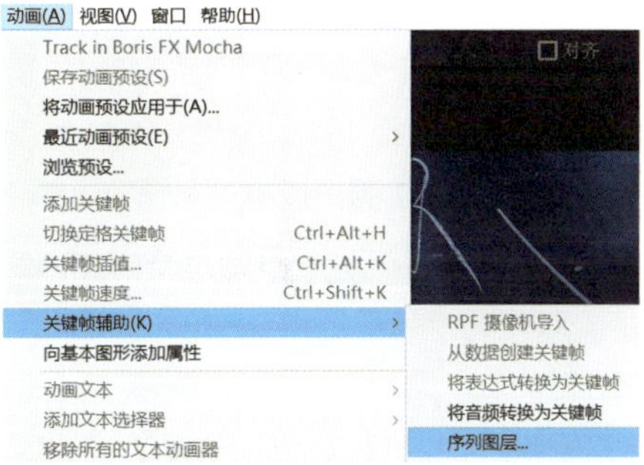

图7-21 设置“序列图层”

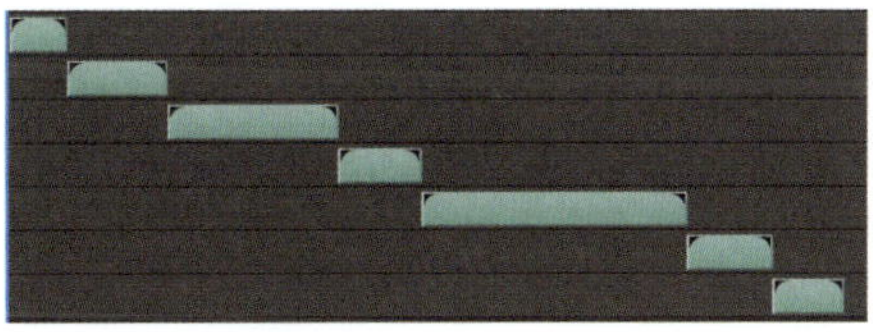

图7-22 预览图层

在“时间轴”面板中，整体拖动图层“素材4”~“素材10”，将起始位置与9秒06帧位置对齐，如图7-23所示。

在“时间轴”面板中，右击选择“新建”/“文本”，在“合成”面板中，打出OPPENHEIMER字样，在“字符”面板中，“设置字体系列”为“Impact”，“设置字体大小”为100像素，“设置所选字符的字符间距”为30，其他设置默认不变，如图7-24所示。

在“时间轴”面板中，将“OPPENHEIMER”图层排列至“素材5”上方，拖动图层“OPPENHEIMER”，将结尾位置与13秒05帧位置对齐。

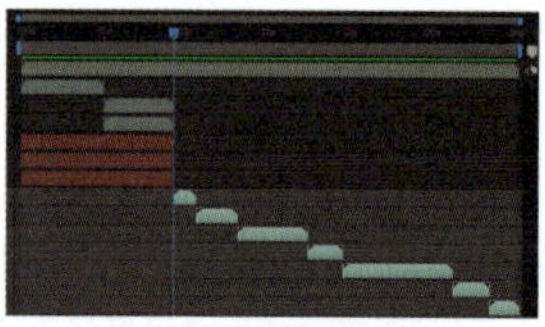

图7-23　拖动图层（2）

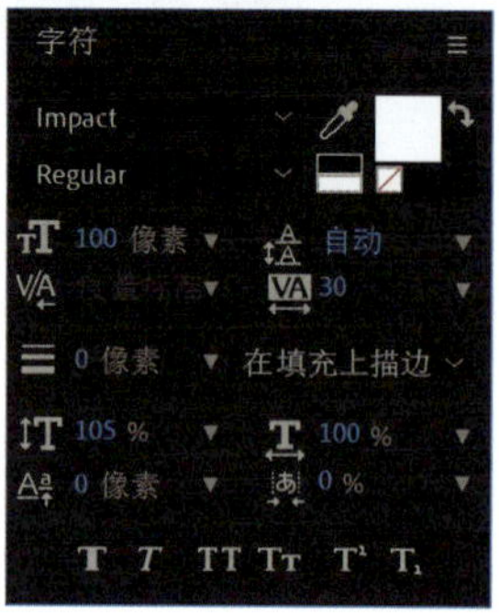

图7-24　设置“字符”面板

选择“OPPENHEIMER”图层中的“变换”，将“时间指示器”拖至10秒16帧，单击“位置”前的时间变化秒表按钮，设置“位置”为（270，70），再将“时间指示器”拖至13秒05帧处，设置“位置”为（270，420）。

在“时间轴”面板中，框选“位置”中的2个关键帧，右键单击“关键帧辅助”/“缓动”，如图7-25所示。

在“时间轴”面板中，选择“素材5”图层，设置“轨道遮罩”为“亮度遮罩“OPPENHEIMER””，如图7-26所示。

在“时间轴”面板中，右击选择“新建”/“文本”，在“合成”面板中，打出OPPENHEIMER字样，在“字符”面板中，“设置字体系列”为“Cambria”，“设置字体大小”为55像素，其他设置默认不变，如图7-27所示。

在“时间轴”面板中，将“OPPENHEIMER 2”图层排列至“素材7”上方，选择“OPPENHEIMER 2”图层中的“变换”，设置“位置”为（220，90）。

在“时间轴”面板中，拖动图层“OPPENHEIMER 2”，将起始位置与17秒10帧位置对齐，将结尾位置与19秒12帧位置对齐。调整后效果如图7-28所示。

在“时间轴”面板中，右击选择“新建”/“文本”，在“合成”面板中，打出CILIAN MURPHY字样，在“字符”面板中，“设置字体系列”为

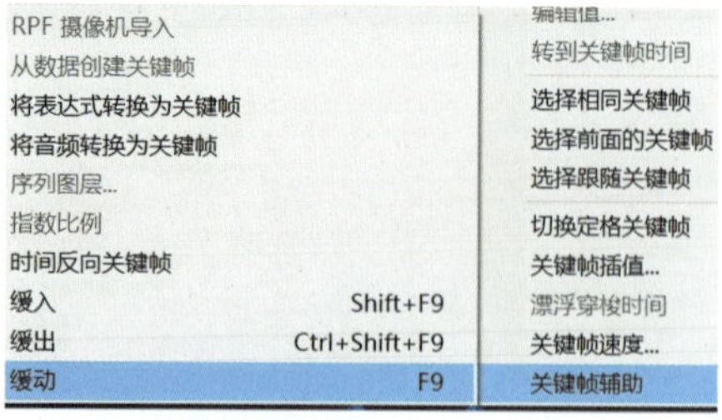

图7-25　设置“缓动”

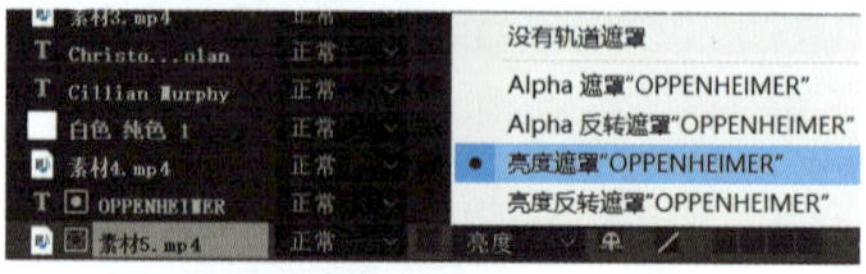

图7-26　设置“亮度遮罩”

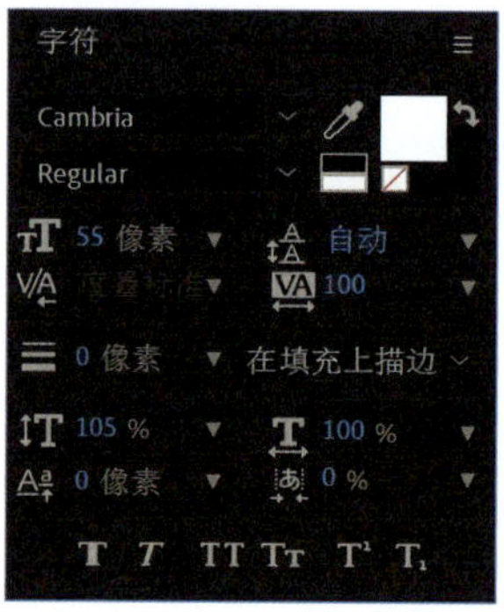

图7-27　设置“字符”面板

“Impact”，“设置字体大小”为50像素，其他设置默认不变，如图7-29所示。

在“时间轴”面板中，将“CILIAN MURPHY”图层排列至“素材8”上方，选择“CILIAN MURPHY”图层中的“变换”，设置“位置”为（70，240）。

在“时间轴”面板中，拖动图层“CILIAN MURPHY”，将起始位置与19秒12帧位置对齐，将结尾位置与22秒22帧位置对齐。

调整“CILIAN MURPHY”图层，在文字中间加入空格键，效果如图7-30所示。

在“时间轴”面板中，右击选择“新建”/“文本”，在“合成”面板中，打出FROM CHRISTOPHER NOLAN字样，在“字符”面板中，“设置字体系列”为“Impact”，“设置字体大小”为50像素，“设置所选字符的字符间距”为130，其他设置默认不变，如图7-31所示。

在“时间轴”面板中，将“FROM CHRISTOPHER NOLAN”图层排列至“素材8”上方，选择

图7-28　预览效果（1）

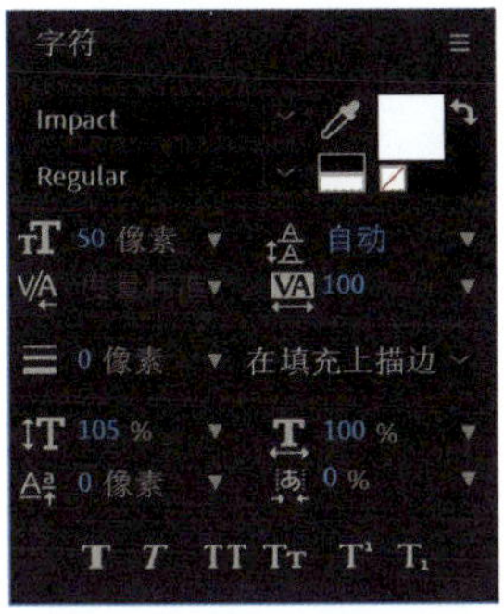

图7-29　设置“字符”面板

图7-30　预览效果（2）

“CHRISTOPHER NOLAN”图层中的“变换”，设置“位置”为（180，210）。

在“时间轴”面板中，拖动图层“CHRISTOPHER NOLAN”，将起始位置与22秒22帧位置对齐，将结尾位置与26秒05帧位置对齐。

调整“CHRISTOPHER NOLAN”图层，在文字中间加入回车键和空格键，效果如图7-32所示。

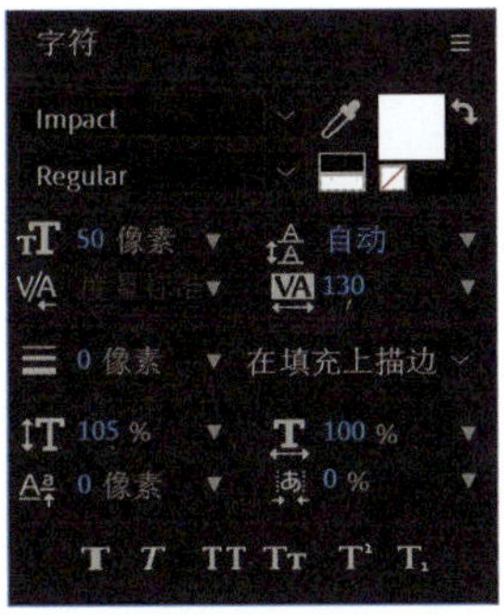

图7-31　设置“字符”面板

图7-32　预览效果（3）

选中“时间轴”面板，使用“渲染队列”快捷键Ctrl+M。单击“输出模块”的“无损”，在弹出的“输出模块设置”面板中设置“格式”为AVI，单击“确定”按钮。

单击“输出到”后面的文字，在弹出的“将影片输出到”窗口中设置文件保存路径，设置完成后单击“保存”按钮完成此操作。在“渲染队列”面板中单击“渲染”按钮。待听到提示音时，导出操作完成。

本章总结

本章认识了电视广告在影视后期制作过程中的特征，并通过两个实例对电视广告后期制作的实际操作进行演示。

课后作业

运用本章所学知识，制作一个电视广告，题目自拟。

思考拓展

通过本章的介绍，思考：在电视广告的后期制作中如何加强策划与创意，优化剪辑与特效，精细声音设计与配乐，注重后期处理与修饰，并强调团队协作和沟通。这些思路和方法将有助于提升广告片制作的质量和效果，使其更具吸引力和影响力。

课程资源链接

课件

第八章 短视频

本章主要介绍短视频的概念与特征，熟悉和掌握运用Premiere Pro 2022软件和After Effects 2022软件制作短视频。

知识目标

（1）短视频的概念与特征。

（2）熟练运用Premiere Pro 2022软件和After Effects 2022软件。

能力目标

运用Premiere Pro 2022软件和After Effects 2022软件制作短视频。

第一节　概念与特征

短视频是指时间比较短的视频内容，通常在几分钟以内，用于在社交媒体平台、视频分享平台等平台上进行传播和观看。影视后期制作在短视频的创作过程中起着重要的作用。

以下是短视频后期制作的一些概念和特点。

（1）剪辑和编辑。剪辑和编辑是短视频后期制作的内核环节。制作人需要根据短视频的主题和目标，对拍摄素材进行剪辑和组合，以展现节奏紧凑、引人入胜的故事结构及情感。短视频的时长有限制，因此剪辑和编辑需要精准和高效，以在短时间内传递出核心信息和吸引观众的注意力。

（2）音效和音乐。音效和音乐在短视频的后期制作中起到重要的作用。合适的音效和音乐可以增强短视频的视听效果和情感表现。制作人可以添加合适的音效来增强画面的真实感和冲击力，同时选择适当的背景音乐来营造气氛、增强情感共鸣，并与视频内容相呼应。音效和音乐的选择和处理要与短视频的主题和风格相匹配，以提升观众体验和传达目标信息。

（3）色彩调整。色彩调整是短视频后期制作的重要环节。通过对视频素材进行色彩校正、对比度调整和整体处理，制作人可以增强视频的视觉效果和整体呈现。色彩调整可以用来凸显特定的情绪或氛围，营建独特的视觉风格，使得短视频能吸引更多的受众观看。

（4）视觉特效和图形设计。视觉特效和图形设计在短视频后期制作中经常被应用到。制作人可以运用各种特效技术和图形设计元素，如过渡效果、文字动画、图表、动画效果等，增强短视频的视觉冲击力和创意表现。这些视觉效果和图形设计元素可以使短视频更加有趣、引人注意，并增强信息传递和品牌形象塑造。

（5）字幕和标题设计。字幕和标题在短视频中至关重要。影视后期制作会涉及字幕和标题的设计，包含选择合适的字体、颜色和动画效果，以及确定字体的时间和位置。字体和标题应该简单明了、易读易懂，并能足够吸引观众的注意力，帮助传递短视频的核心信息和关键点。

（6）输出和分发。在短视频的后期制作完成后，需要进行最后的输出和分享。制作人需要选择合适的文件格式和差异率，以确保短视频在不同的平台和设备上都能正常播放和播放展示。同时，短视频需要在社交媒体平台、视频分享平台等平台上进行分享和传播，以吸引更多的观众，获得更大的影响力。输出和分发的目标是确保短视频能够以最好的质量和最佳的效果呈现给观众，并达到宣传、推广及传播目标。

总而言之，短视频的影视后期制作是将拍摄素材转化为具备吸引力和影响力的视频作品的关键环节。通过剪辑和编辑、音效和音乐、色彩调整、视觉特效和图形设计、字幕和标题设计等后期制作工作，可以使短视频更具有视觉冲击力，传达清晰的信息，并吸引观众的注意力。输出和分发环节确保短视频能够以合适的格式和质量在不同平台上展示和分享，并达到最好的传播效果，触达目标受众。

第二节　综合实训

一、电子相册–花

双击Premiere Pro 2022图标，打开软件后，在菜单栏中依次点击“文件”/“新建”/“项目”命令。在导入模式中设置“项目名”为“电子相册”，为项目选择合适的路径文件夹，点击“创建按钮”，如图8–1所示，进入Premiere Pro 2022的编辑模式。

图8–1　设置“项目名”和“文件位置”

按“Ctrl+N”组合键，打开“新建序列”对话框，点击“设置”选项卡，设置“编辑模式”为自定义，“时基”为“25帧/秒”，“帧大小”为1920，“水平”为1080，“像素长宽比”为“方形像素（1.0）”，“序列名称”为电子相册，其他设置默认不变，单击“确定”按钮，如图8–2所示。也可以在“序列”中直接点击“序列设置”。

在“项目”面板中右击选择“导入”（如图8–3所示），选择本书配套教学素材“电子相册/素材”文件夹内的所有素材，如图8–4所示。点击“打开”按钮，将所选的素材导入到项目窗口中，如图8–5所示。

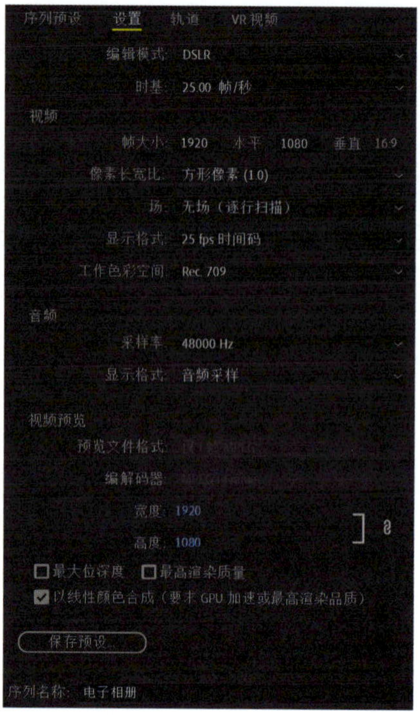

图8-2 “序列设置”

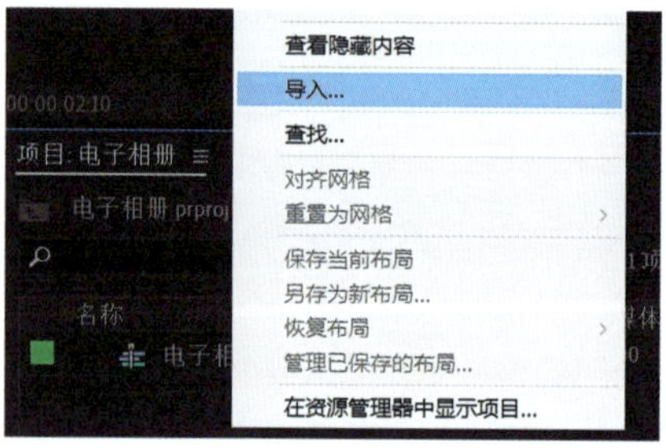

图8-3 “导入”素材

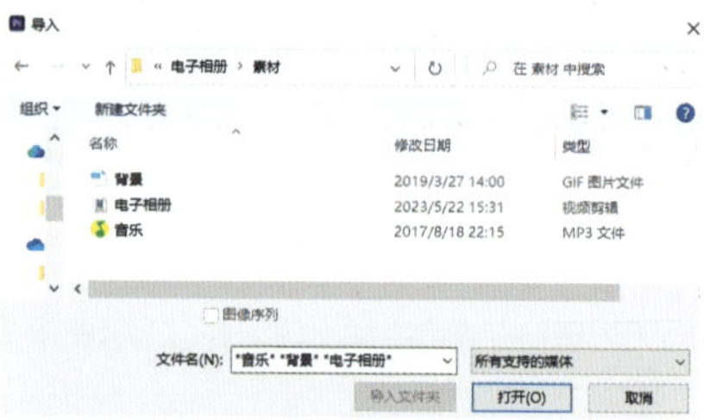

图8-4 “导入”对话框

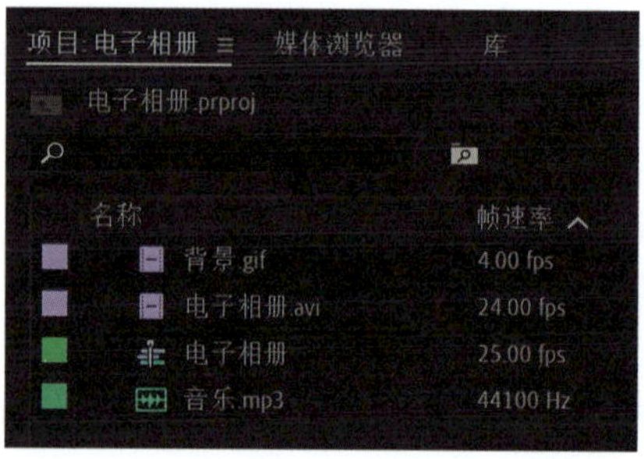

图8-5 “项目”窗口

在项目窗口中选中“背景.gif”视频素材，将其拖入到时间轴的V1轨道，与起始位置对齐，弹出“剪辑不匹配警告”，点击“保持现有设置”，如图8-6所示。

图8-6 “剪辑不匹配警告”

点击“背景.gif”，在“效果控件”中设置“缩放”为250，如图8-7所示。在“时间轴”面板中，点击“背景.gif”多次按住“Alt”键进行复制，复制若干个，结束点为1:10:00s，如图8-8所示。

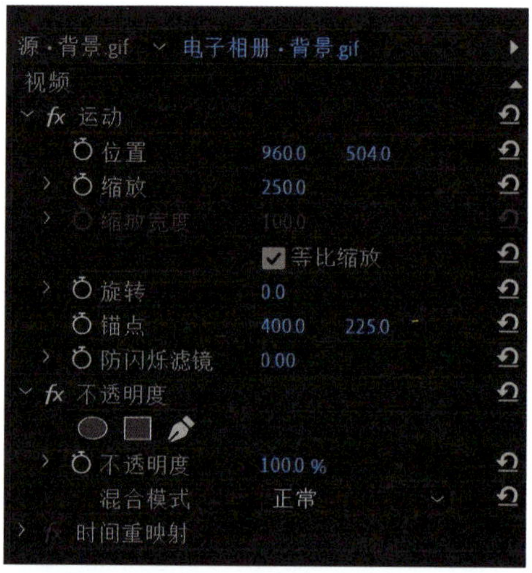

图8-7 调整“缩放”

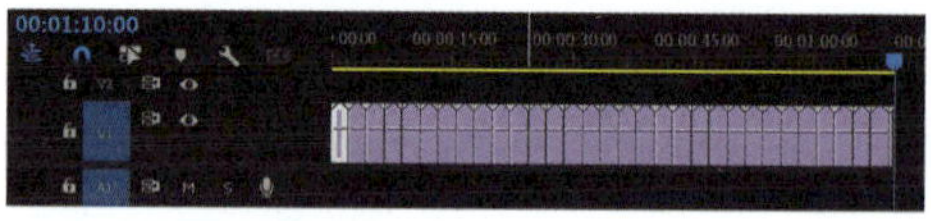

图8-8 “时间轴”界面

在“工具栏”中长按“矩形工具”再点击选择“椭圆工具”，如图8-9所示，在“节目监视器”/“节目：电子相册”中绘制三个叠加的圆，设置颜色为白色（#FFFFFF）三个圆的“位置”依次在（994.1，170.4）、（1150.5，167）、（1039.2，150.9）根据情况进行调整（如图8-10所示），置放在V2轨道，设置起始点为0:0s，结束点为5:0s，如图8-11所示。

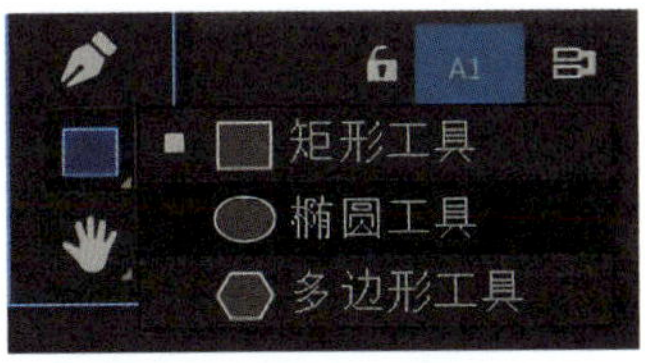

图8-9　选择“椭圆工具”

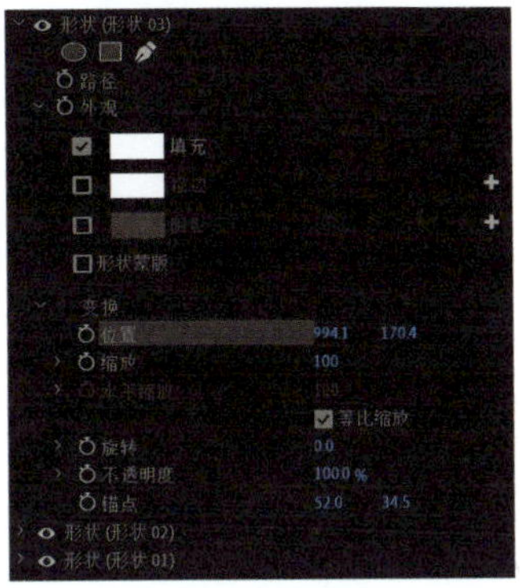

图8-10　“效果控件”面板

图8-11　视频画面

将“播放指示器位置”调整为起始位置，点击“图形”图层，在“效果控件”面板中为其打上“位置”关键帧。将“播放指示器位置”调整为5:0s，设置“图形”图层的“位置”为（1256，540）（如图8-12所示）。鼠标右键“图形”图层，点击“嵌套”弹出“嵌套序列名称”，设置“名称”为“嵌套序列01”，如图8-13所示。

图8-12　调整云朵位置

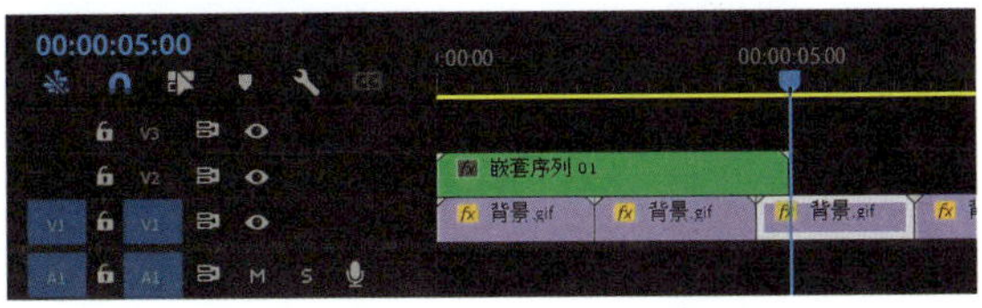

图8-13　“时间轴”面板

选中“嵌套序列01”，按住“Alt”键复制一个片段在V2轨道上，与前方片段对齐。选中后置“嵌套序列01”点击“剪辑”/“速度/持续时间”（快捷键Ctrl+R，弹出“剪辑速度/持续时间”，勾选“倒放速度”，点击“确定”，如图8-14所示。

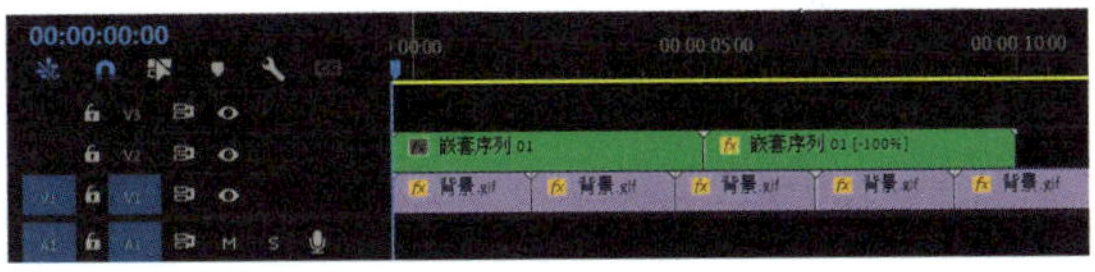

图8-14　“时间轴”面板

选中V2轨道的两个“嵌套序列01”，多次按住“Alt”键拖拽进行复制，复制若干个，结束点为1:10:00s，如图8-15所示。

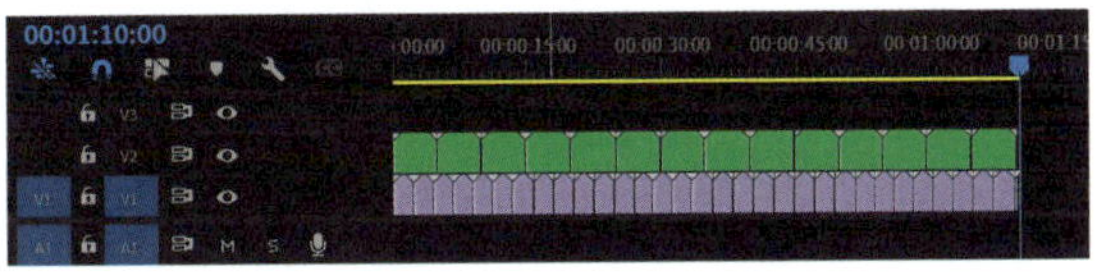

图8-15　“时间轴”面板

选中V2轨道所有片段，点击“剪辑”/“嵌套”，弹出“嵌套序列名称”，设置“名称”为“嵌套序列02”，如图8-16所示。

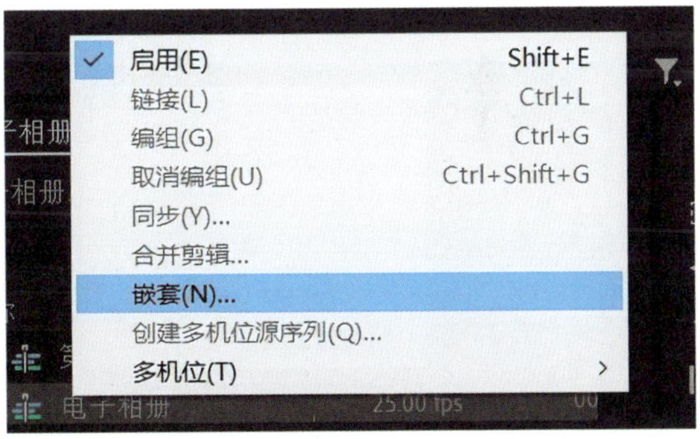

图8-16　“剪辑”/“嵌套”

选中V2轨道上的“嵌套序列02”，按住“Alt”键拖拽复制到V3轨道，鼠标右键点击该片段，再点击“重命名”，如图8-17所示。弹出“重命名剪辑”，设置“剪辑名称”为“小云朵”，如图8-18所示。

点击“小云朵”片段，在效果控件中设置“缩放”为60，“位置”为（1443，622），如图8-19所示。

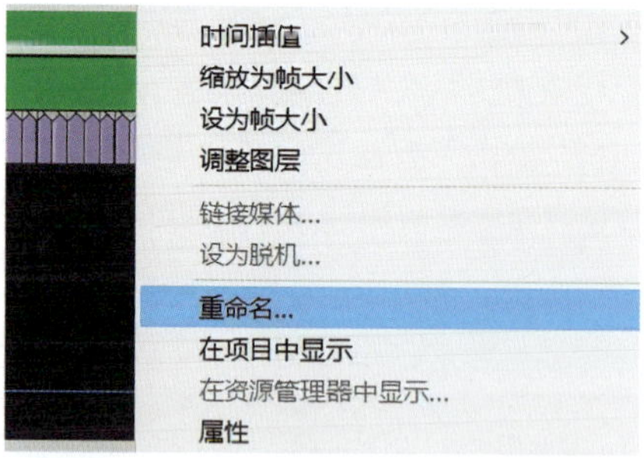

图8-17 “重命名”选项

图8-18 “重命名剪辑”

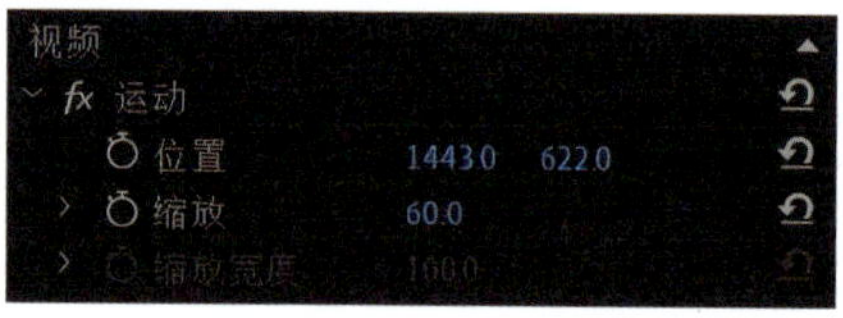

图8-19 设置“位置”和“缩放”

鼠标右键单击时间轴窗口的轨道空白处，点击“添加轨道”，如图8-20所示，设置添加“2”条视频轨道，添加“1”条音频轨道。点击“确定”按钮，如图8-21所示。

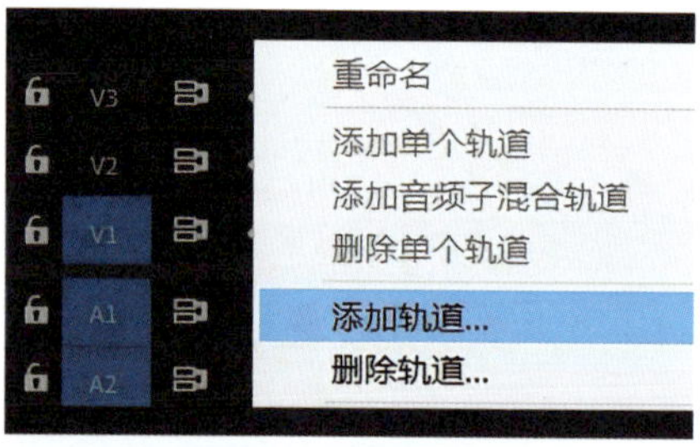

图8-20 “添加轨道”右键弹出菜单

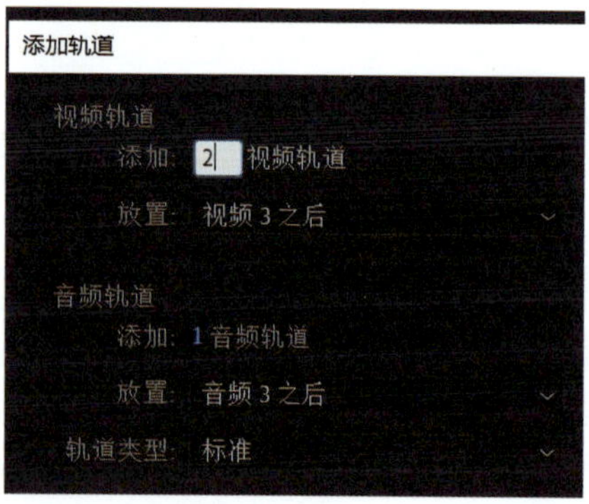

图8-21 “添加轨道”面板

在项目窗口中双击“电子相册.avi”素材，在源监视器窗口选择入点0:00s及出点0.22s，按住“仅拖动视频”将其拖拽至时间线V5轨道上，与起始位置对齐。

在“效果控件”中，设置“电子相册.avi”的“缩放”为120。将“播放指示器位置”设置0:10s的位置，鼠标右键“电子相册.avi”点击“添加帧定格”，如图8-22所示，延长帧定格片段至15:00s，如图8-23所示。

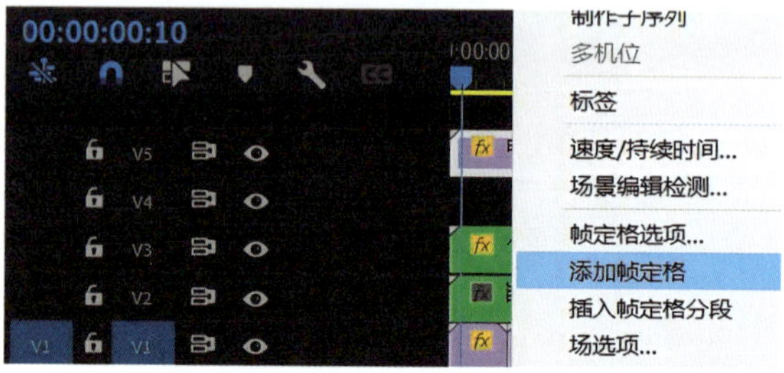

图8-22 “添加帧定格”

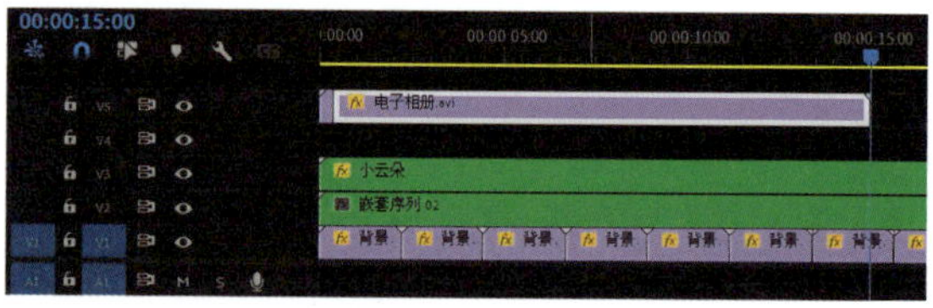

图8-23 “时间轴”面板

选择“矩形工具”，如图8-24所示，在“节目监视器”/“节目：电子相册”中根据素材绘制边框，会自动生成在V6轨道，将它拖拽至V4轨道，与起始位置对齐，末尾与“电子相册.avi”对齐，如图8-25所示。在“效果控件”中，设置颜色为白色（#FFFFFF），如图8-26所示。

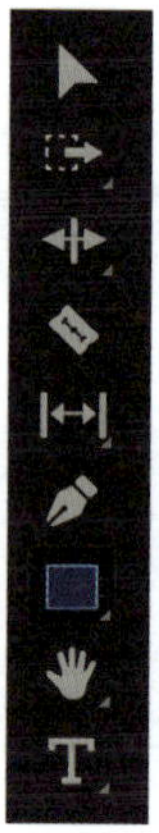
图8-24 选择“矩形工具”

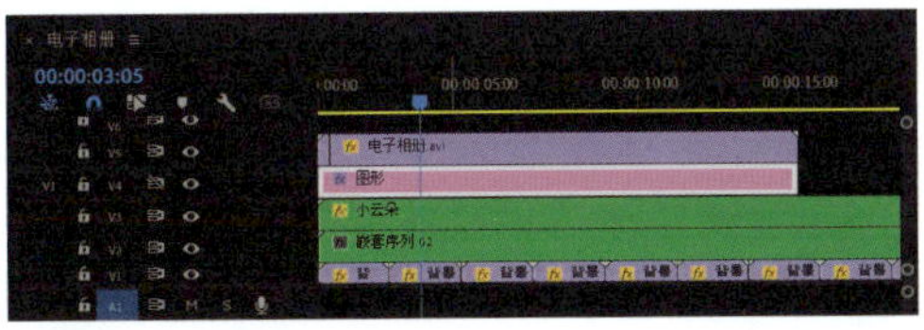

图8-25 “时间轴”面板

图8-26 视频画面

选中V4和V5轨道所有片段，点击“剪辑”/“嵌套”，弹出“嵌套序列名称”，设置“名称”为“第一个”，设置起点为5:00s，结束点为17:00s，如图8-27所示。

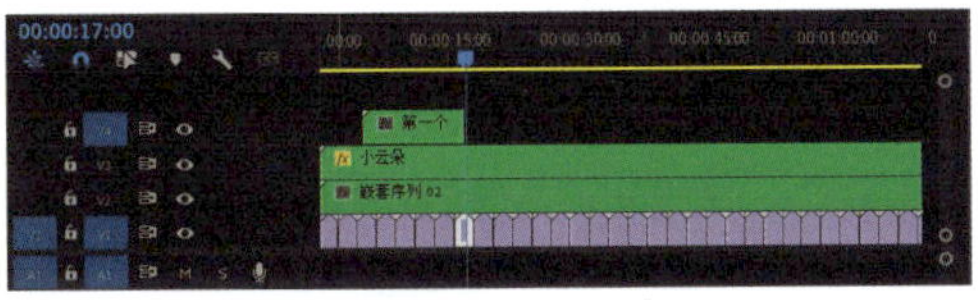

图8-27 “时间轴”面板

在项目窗口中，鼠标右键“第一个”嵌套序列，点击“复制”，选中“第一个 复制 01”，按“Enter”键进行重命名，键入“第二个”。依次复制出“第三个”、“第四个”及“第五个”，如图8-28所示。

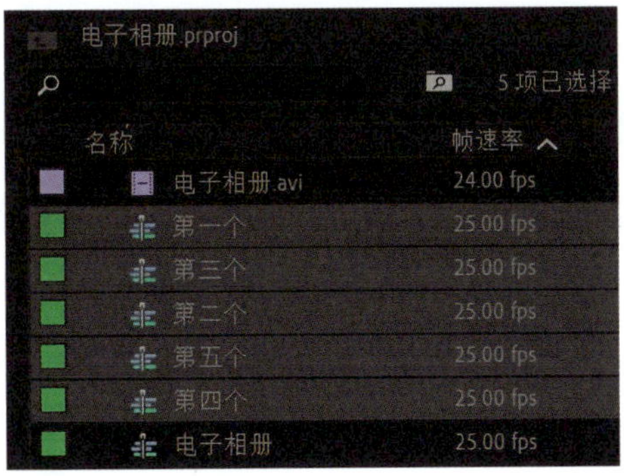

图8-28 “项目”面板

将“第二个”序列拖入V4轨道上，起始点为17:00s。将“第三个”序列拖入V4轨道上，起始点为29:00s。将“第四个”序列拖入V4轨道上，起始点为41:00s。将“第五个”序列拖入V4轨道上，起始点为53:00s，结尾与下方视频对齐，如图8-29所示。

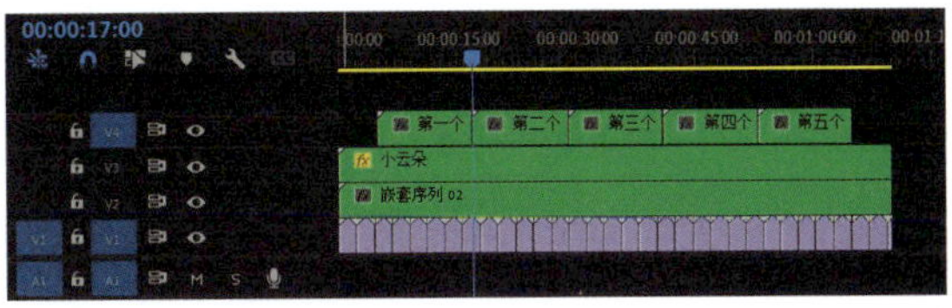

图8-29 “时间轴”面板

双击进入“第二个”序列，在时间轴窗口删除“电子相册.avi”帧定格，点击“电子相册.avi”在源监视器中打开。设置入点为1:00s，出点为1:11s，将“播放指示器位置”设置0.10s。鼠标右键“电子相册.avi”点击“添加帧定格”，延长帧定格片段至15:00s，如图8-30所示。

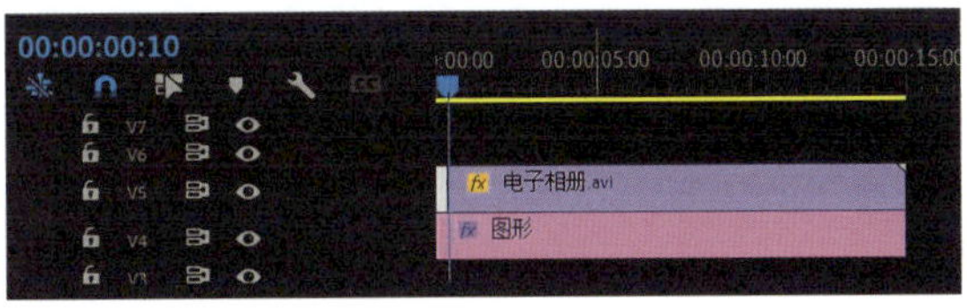

图8-30 “时间轴”面板

双击进入“第三个”序列，在时间轴窗口删除“电子相册.avi”帧定格，点击“电子相册.avi”在源监视器中打开。设置入点为2:00s，出点为2:11s，将“播放指示器位置”设置0.10s。鼠标右键“电子相册.avi”点击“添加帧定格”，延长帧定格片段至15:00s。

双击进入“第四个”序列，在时间轴窗口删除“电子相册.avi”帧定格，点击“电子相册.avi”在源监视器中打开。设置入点为3:00s，出点为3:11s，将“播放指示器位置”设置0.10s。鼠标右键“电子相册.avi”点击“添加帧定格”，延长帧定格片段至15:00s。

双击进入“第五个”序列，在时间轴窗口删除“电子相册.avi”帧定格，点击“电子相册.avi”在源监视器中打开。设置入点为4:10s，出点为4:11s，将“播放指示器位置”设置0.10s。鼠标右键“电子相册.avi”点击“添加帧定格”，延长帧定格片段至15:00s。

点击进入“电子相册”序列，点击“效果”/“视频过渡”/“内滑”/“推”，将其拖拽至V4轨道上“第一个”序列的起始位置。

点击“效果”/“视频过渡”/“划像”/“交叉划像”，将其拖拽至V4轨道上“第二个”序列的起始位置。

点击“效果”/“视频过渡”/“擦除”/“径向擦除”，将其拖拽至V4轨道上“第三个”序列的起始位置。

点击“效果”/“视频过渡”/“沉浸式视频”/“VR球形模糊”，将其拖拽至V4轨道上“第四个”序列的起始位置。

点击“效果”/“视频过渡”/“页面剥落”/“翻页”，将其拖拽至V4轨道上“第五个”序列的起始位置，如图8-31所示。

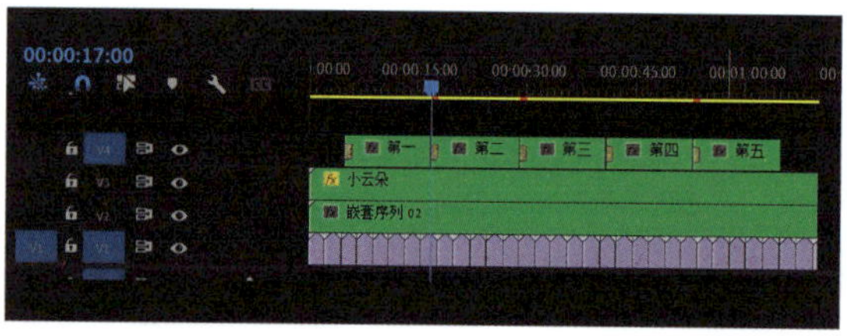

图8-31 “时间轴”面板

双击进入“第一个”序列，选择“矩形工具”，如图8-32所示。在“节目监视器”/“节目：第一个”窗口中，画出跟图片尺寸一样的矩形，置于V6轨道，起始点为6:00s，结束点与下方视频对齐，如图8-33所示。

图8-32 选择“矩形工具”

图8-33 “节目监视器”

点击V6轨道的“图形”图层，在“效果控件”中，在“形状”/“外观”中，设置填充为白色（#FFFFFF），“不透明度”的值为70。再点击“效果”/“视频效果”/“模糊与锐化”/“高斯模糊”双击并添加视频效果。在“效果控件”中，设置“高斯模糊”/“模糊度”为20。将“播放指示器位置”设置6.00s的位置，在“效果控件”中点击“缩放”关键帧按钮，设置“缩放”值为0，将“播放指示器位置”设置7.00s的位置，设置“缩放”值为100，如图8-34所示。

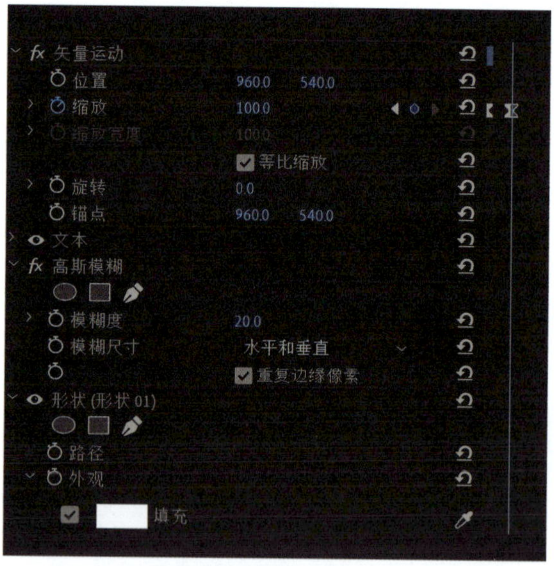

图8-34 “效果控件”面板

在“第二个”“第三个”“第四个”及“第五个”序列中，依次重复此操作。

双击进入“第一个”序列，点击V6轨道“切换轨道输出”（眼睛图标）隐藏V6轨道，如图8-35所示。选择“文字工具”在“节目监视器”/“节目：第一个”窗口中，画出合适矩形，粘贴“文字”部

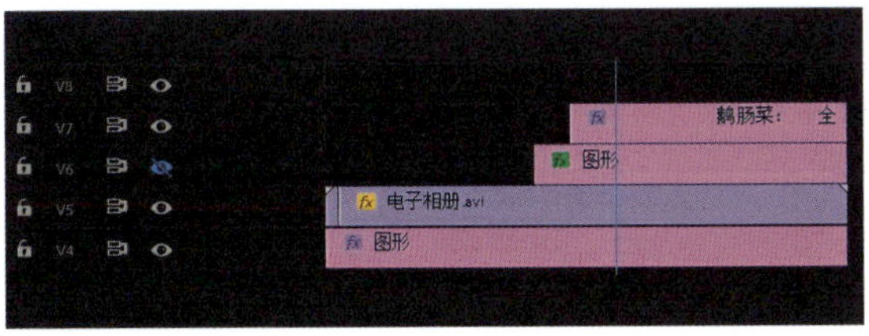

图8-35　隐藏V6轨道

分素材，如图8-36所示，置于V7轨道，起始点为7:00s，结束点与下方视频对齐。

添加“效果”/“视频过渡”/“溶解”/“交叉溶解”视频过渡在V7轨道图形图层的起始位置。再次点击V6轨道“切换轨道输出”显示V6轨道，如图8-37所示。

图8-36 “节目监视器”面板

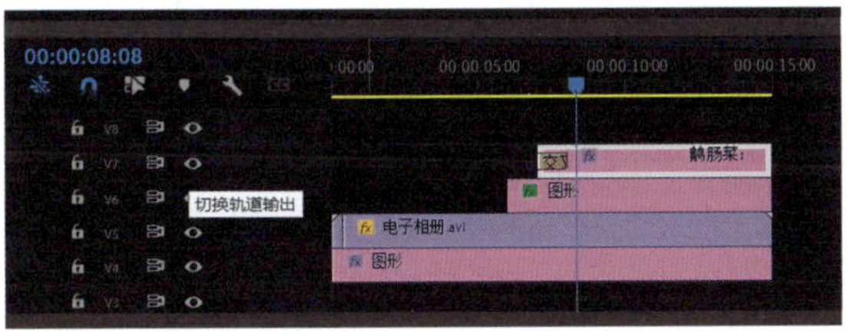

图8-37　“时间轴”面板

双击V7轨道“图形”图层，点击“基本图形”/“编辑”/文本，如图8-38所示。点击“节目监视器”/“节目：第一个”，选择文字内容，设置文本字体为“华文楷体”。段落字体大小为43，标题字体大小为60，按“Ctrl+A”全选文字，点击“左对齐文本”，设置“行距”为15。设置“外观”/“填充”颜色为暗绿色“#071B00”。选中文字，通过输入空格，使标题居中，如图8-39所示。

在“第二个”“第三个”“第四个”及“第五个”序列中，依次重复此操作，复制各个对应的文字，如图8-40～图8-43所示。

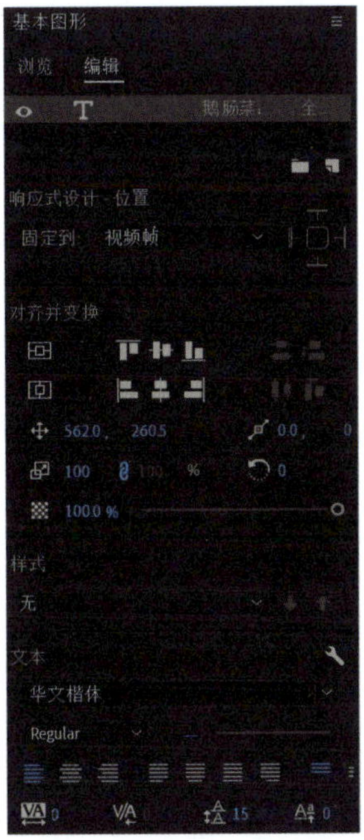

图8-38　“基本图形”/“编辑”/文本

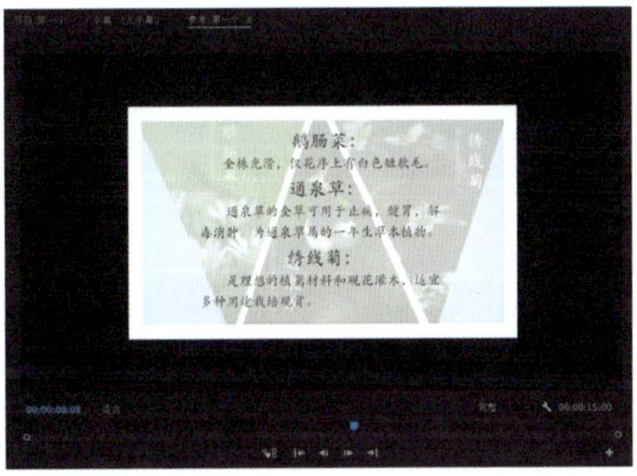

图8-39　文本最终效果

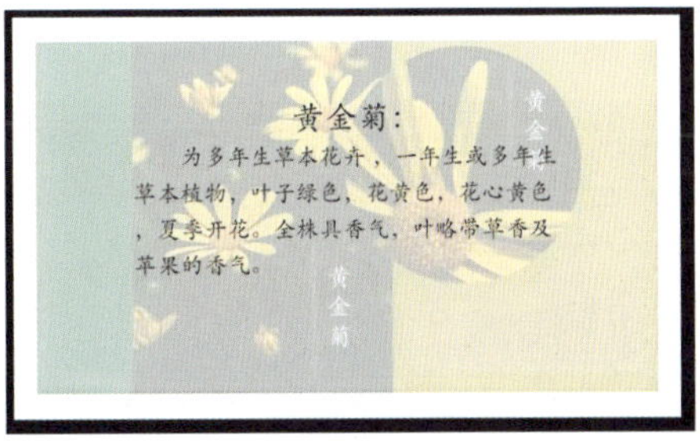

图8-40　“第二个”文字排版

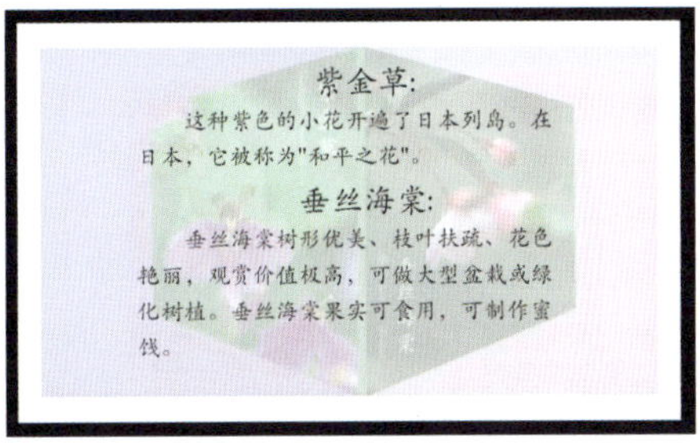

图8-41　“第三个”文字排版

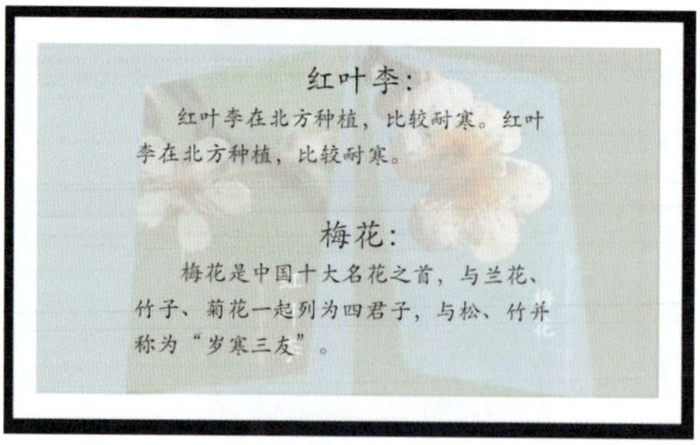

图8-42 “第四个”文字排版

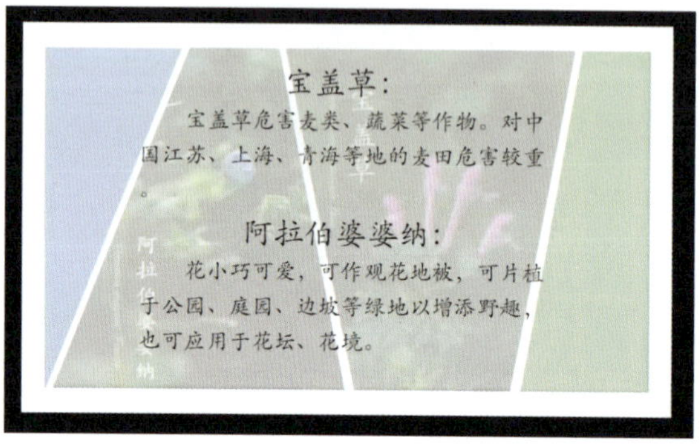

图8-43 “第五个”文字排版

在“项目”窗口中，双击进入“电子相册”序列，在“项目”窗口中，点击“音乐.mp3”拖拽至A1轨道，与起始位置对齐，结束点与视频对齐。在“时间轴”面板，点击“第五个序列”，添加“效果”/“视频过渡”/“划像”/“圆划像”视频过渡至末尾，如图8-44所示。

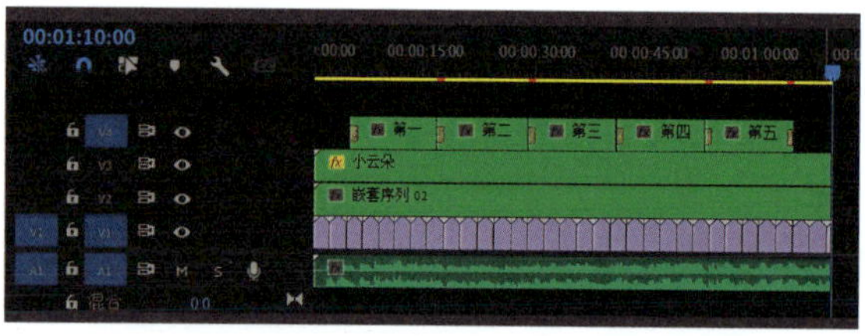

图8-44 “时间轴”面板

全选所有的视频，点击“剪辑”/“嵌套”，弹出“嵌套序列名称”，设置“名称”为总。选择“总”嵌套序列，按住“Ctrl+D”为首尾添加“交叉溶解”视频过渡。选中A1轨道的音频素材，点击“效果”/“音频过渡”/“交叉淡化”/“指数淡化”拖拽至素材末尾，如图8-45所示。

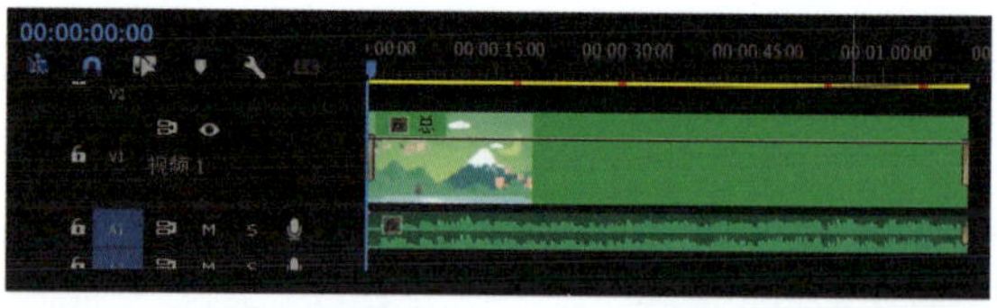

图8-45 “时间轴”面板

导出视频（快捷键Ctrl+M），在弹出的“导出设置”面板中设置“格式”为“H.264”，“输出名称”为“电子相册”，其他设置默认不变，单击“导出”按钮导出视频，如图8-46所示。

图8-46 “导出”面板

二、粒子效果-烟花文字

打开AE，在“项目”面板中右击，选择“新建合成”选项，如图8-47所示，在弹出的“合成设置”面板中设置“合成名称”为“2022烟花”，“预设”为“自定义”，“宽度”为1920，“高度”为1080，“像素长宽比”为“方形像素”，“帧速率”为24，“分辨率”为“完整”，“持续时间”为8秒，其他设置默认不变，单击“确定”按钮，如图8-48所示。也可以在“合成”面板中直接点击“新建合成”。

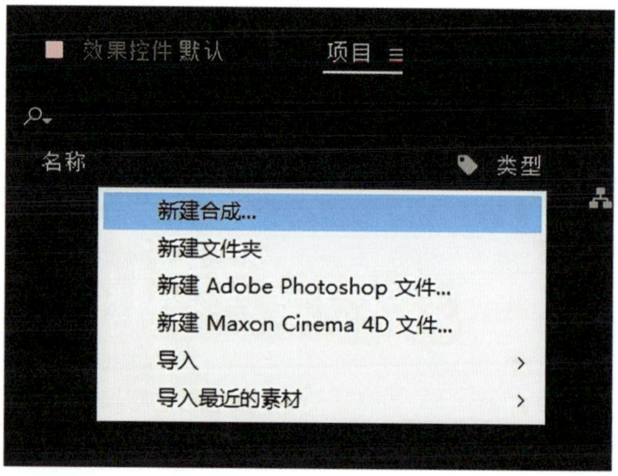

图8-47 新建合成

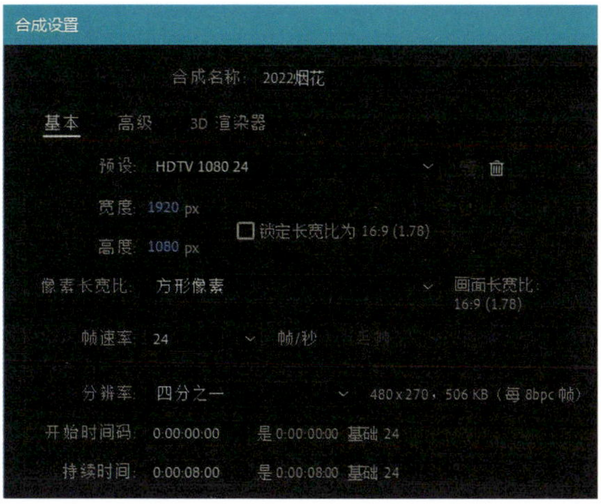

图8-48　合成设置

在“时间轴”面板中，右击选择“新建”/“文本”，如图8-49所示，在“合成”面板打出2022字样，在“时间轴”面板中选择“2022”图层，在“字符”面板设置字体系列为“Microsoft PhagsPa”，字体样式为“Bold”，大小为150像素，其他设置默认不变，如图8-50所示。

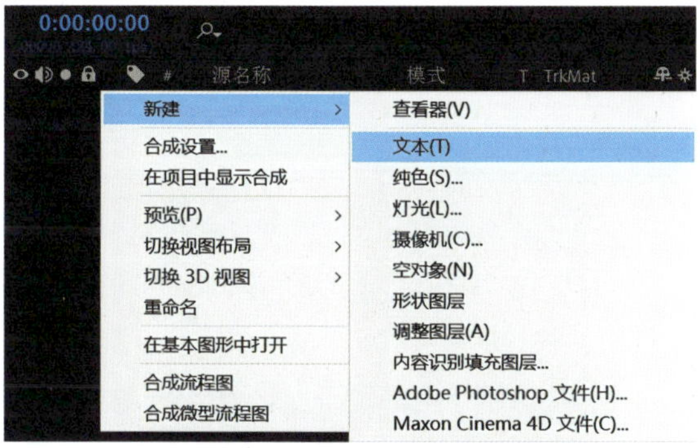

图8-49　新建文本

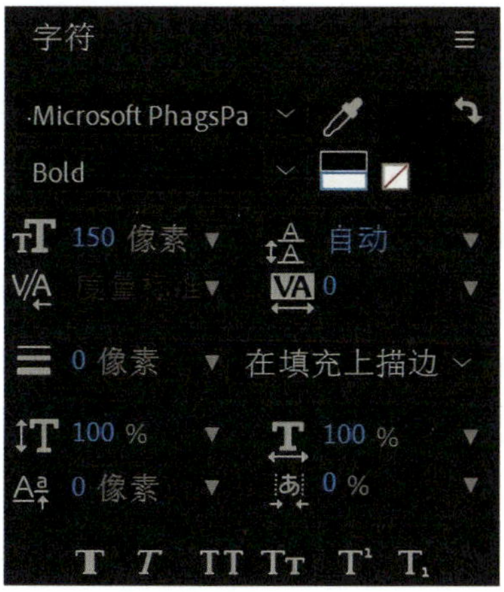

图8-50　设置字符面板

在“时间轴”面板中，打开“2022”图层中的“变换”，将“位置”调整为（795.0，540.0）。

在“时间轴”面板中，右击“2022”图层，单击“预合成”，如图8-51所示。设置“新合成名称”为“文字”，单击“确定”按钮，如图8-52所示。

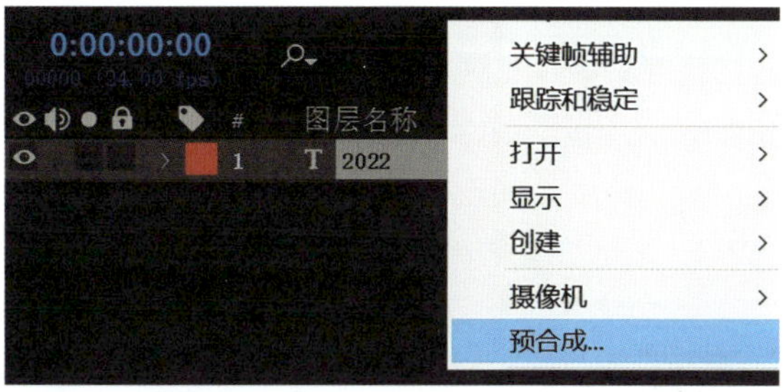

图8-51　预合成

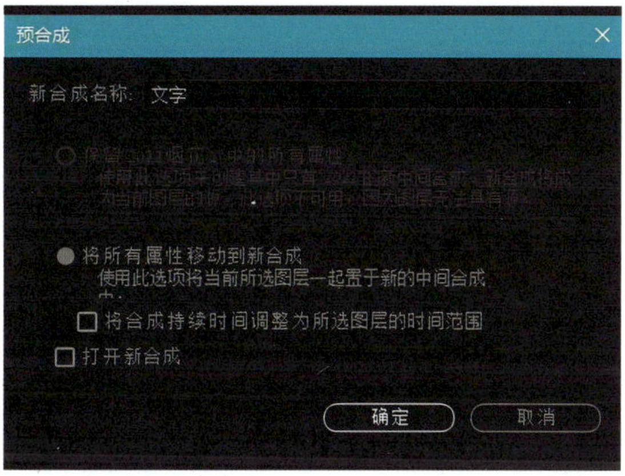

图8-52　设置预合成

在“效果和预设”面板中搜索“色调”，如图8-53所示，并将该效果拖曳至“文字”图层上，在“效果控件”面板中修改“将白色映射到”为“黑色”，如图8-54所示。其他设置默认不变。

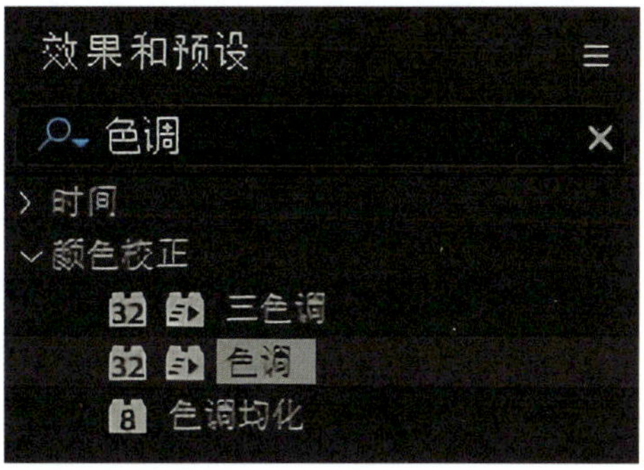

图8-53　搜索效果

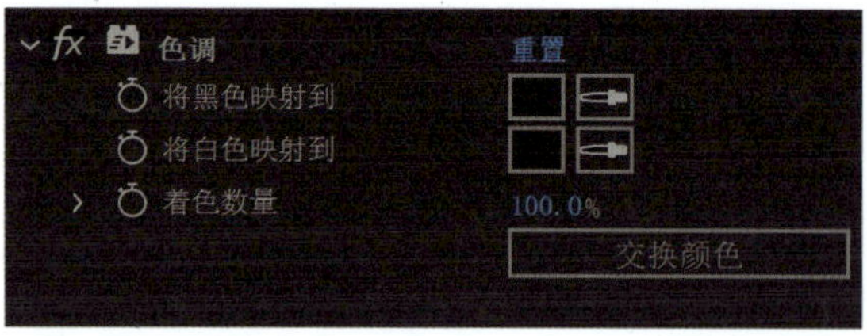

图8-54　设置色调

在“时间轴”面板中，右击“文字”图层，单击打开该文本图层下方的“图层样式”/“描边”，如图8-55所示。在“时间轴”面板点击“文字”图层中的“描边”，设置“颜色”为“白色”，“大小”为2.0，如图8-56所示。

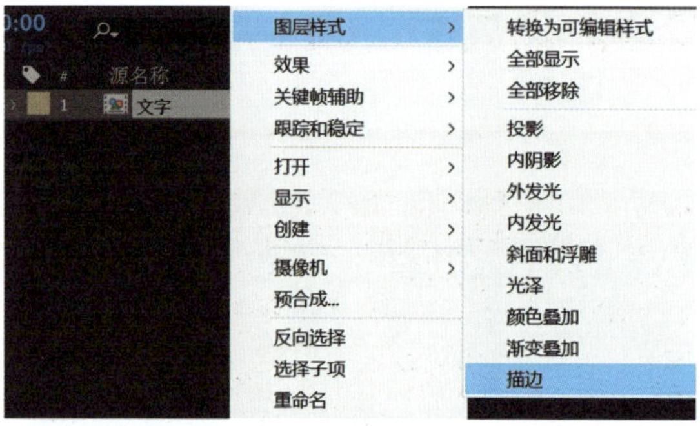

图8-55　设置描边

图8-56　调整参数界面

在“时间轴”面板中，选择“文字”图层，复制图层（快捷键Ctrl+D），将上层图层重命名为“文字2”，单击“文字”图层，设置“轨道遮罩”为“亮度遮罩“文字2””，如图8-57所示。

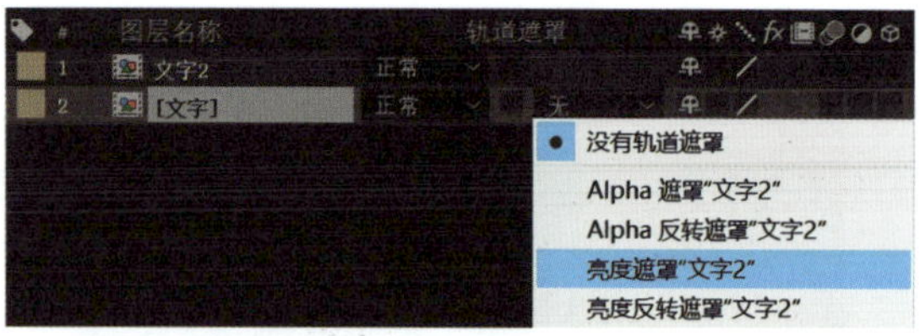

图8-57　设置亮度遮罩

在“时间轴”面板中，全选两个文字图层，右键单击“预合成”，设置“新合成名称”为“粒子”，如图8-58所示。

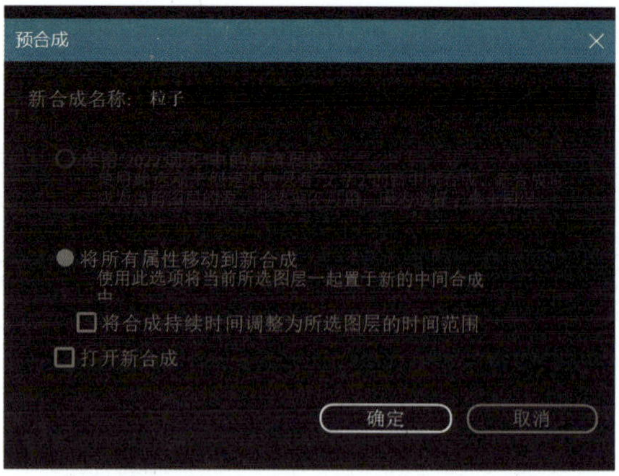

图8-58　设置预合成

在“效果和预设”面板中搜索“CC Pixel Polly”，如图8-59所示，并将该效果拖曳到“粒子”图层，在“效果控件”面板，设置“Force”为14，“Gravity”为0.1，“Direction Randomness”为2.0%，“Speed Randomness”为10.0%，“Grid Spacing”为1，“Object”选择“Square”，其他设置默认不变，如图8-60所示。将“时间指示器”拖动至起始位置，单击“Force”前的时间变化秒表按钮，再将“时间指示器”移到2秒处，将“Force”修改为0。

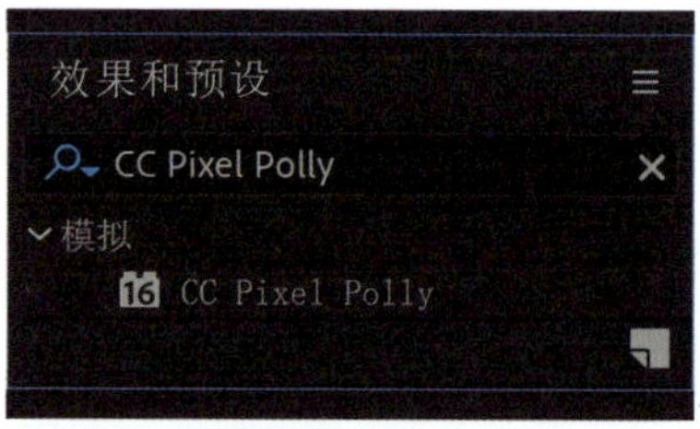

图8-59　搜索效果

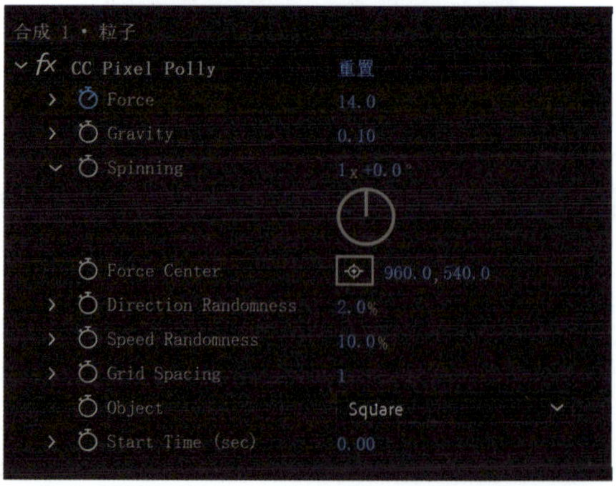

图8-60　调整参数

在“时间轴”面板中，单击“粒子”图层，复制图层（快捷键Ctrl+D），将上层图层重命名为“粒子2”。在“时间轴”面板选择“粒子2”图层，将“时间指示器”拖动至起始位置，在“效果控件”面板中，修改“Force”为30.0，“Gravity”为0.13，“Direction Randomness”为0%，“Speed Randomness”为0%，“Grid Spacing”为2，其他设置默认不变，如图8-61所示。

在“效果和预设”面板中搜索“色调”，并将该效果拖曳到“粒子2”图层，在“效果控件”面板中修改“将黑色映射到”为“白色”，其他设置默认不变，如图8-62所示。

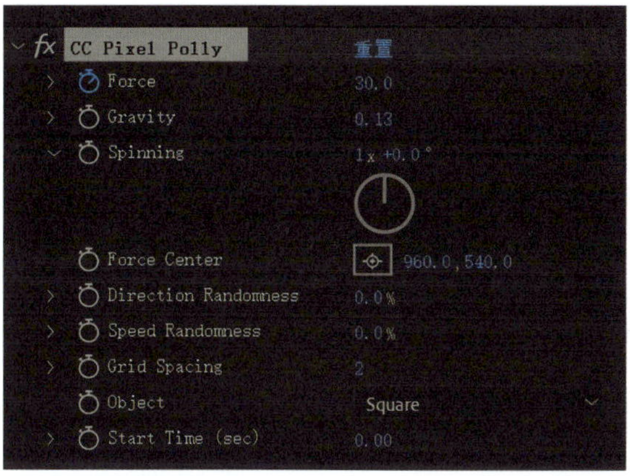

图8-61　调整参数

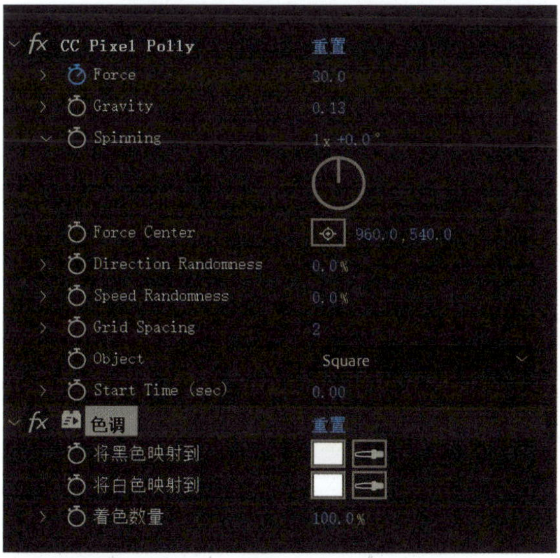

图8-62　设置色调

在“时间轴”面板中，全选两个“粒子1”和“粒子2”图层，右键单击“预合成”，设置“新合成名称”为“模糊”，如图8-63所示。在“效果和预设”面板中搜索“径向模糊”，将该效果拖曳到“模糊”图层，将“时间指示器”拖动到起始位置，在“效果控件”面板，单击“数量”前的时间变化秒表按钮，设置“数量”为190，再将“时间指示器”移到15帧处，设置“数量”为0，“类型”为“缩放”，其他设置默认不变，如图8-64所示。

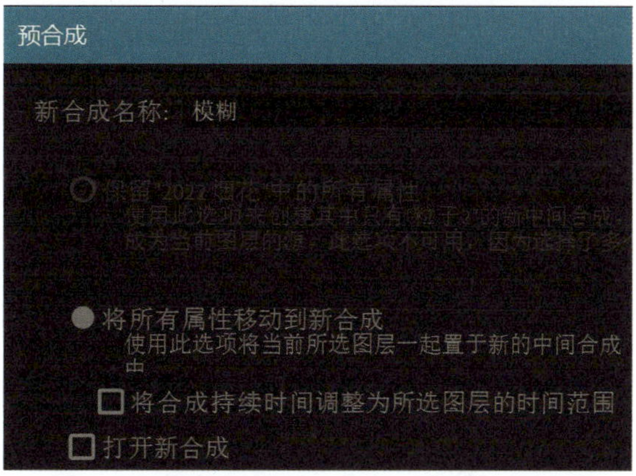

图8-63　预合成设置

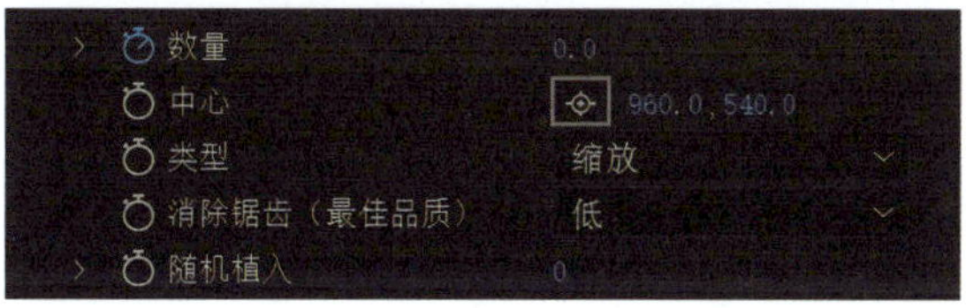

图8-64　调整参数

在“时间轴”面板中，选择“模糊”图层，打开“缩放”面板（快捷键S），单击“缩放”前的时间变化秒表按钮，再将“时间指示器”拖动到起始位置，设置“缩放”为0。打开关键帧面板（快捷键U），框选“模糊”图层后的第二个关键帧，右键单击“关键帧辅助”/“缓入”，如图8-65所示。

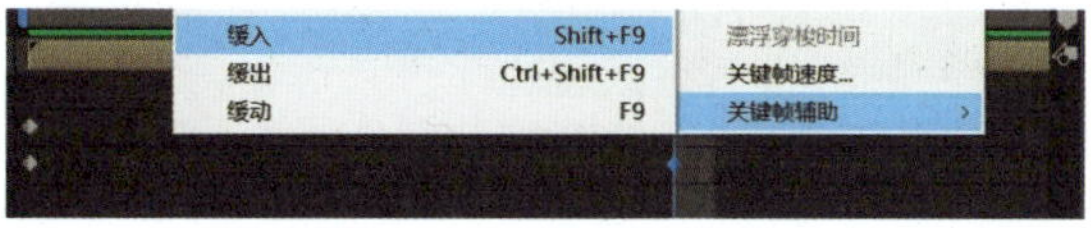

图8-65　设置缓入

在“时间轴”面板中，选择“模糊”图层，右键单击“预合成”，设置“新合成名称”为“发光”，勾选“将所有属性移动到新合成”，勾选“将合成持续时间调整为所选图层的时间范围”，如图8-66所示。

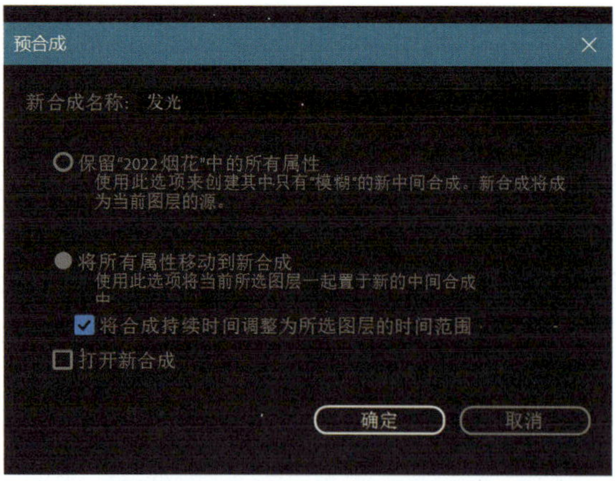

图8-66　预合成设置

在“时间轴”面板中，整体拖动图层，将起始位置与16帧位置对齐，如图8-67所示，在“效果和预设”面板中搜索“CC Force Motion Blur”，并将该效果拖曳到“发光”图层，设置“Motion Blur Samples”为8，“Shutter Angle”为3600，其他设置默认不变，如图8-68所示。

在“时间轴”面板中，选择“发光”图层，打开“不透明度”面板（快捷键T），将“时间指示器”移到16帧，单击“不透明度”前的时间变化秒表按钮⏱，设置“不透明度”为0%，再将“时间指示器”移到22帧处，设置“不透明度”为100%，再将“时间指示器”移到1秒20帧处，设置“不透明度”为0%，如图8-69所示。

在“时间轴”面板中，选择“发光”图层，复制图层（快捷键Ctrl+D），将上层图层重命名为“发光2”。整体拖动“发光2”图层，将起始位置与8帧位置对齐。

在“时间轴”面板中，选择“发光2”图层，打开关键帧面板（快捷键U），选中所有关键帧并删除。打开缩放面板（快捷键S），将“时间指示器”移到8帧，单击“缩放”前的时间变化秒表按钮⏱，设置“缩放”为0%，再将“时间指示器”移到17帧处，设置“缩放”为100%，如图8-70所示。

图8-67　拖动图层

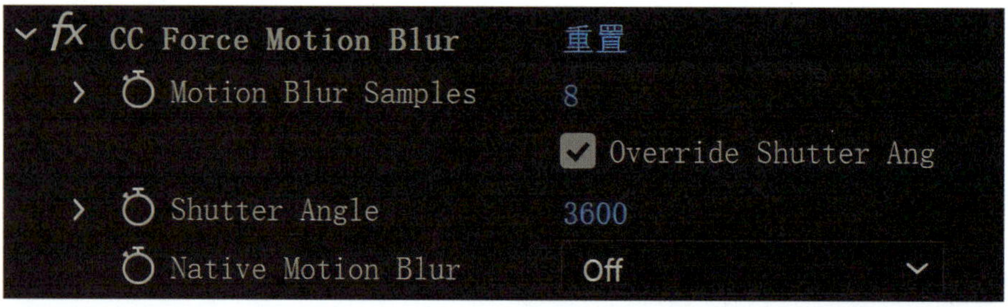

图8-68　调整参数

图8-69　设置不透明度关键帧

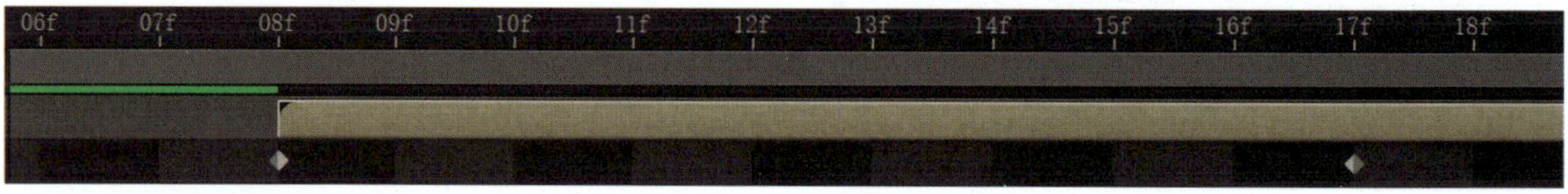

图8-70　设置缩放关键帧

在“时间轴”面板中，右击选择“新建”/“纯色”，在弹出的“纯色设置”面板中设置“名称”为“分形杂色”，单击“确定”按钮，其他设置默认不变。在“效果和预设”中搜索“分形杂色”效果，并将其拖入到“分形杂色”图层。

在“效果控件”面板中设置“对比度”为1400，“复杂度”为20，其他设置默认不变，如图8-71所示。在“时间轴”面板中点击“分形杂色”图层中的“变换”，设置“缩放”为5，如图8-72所示。

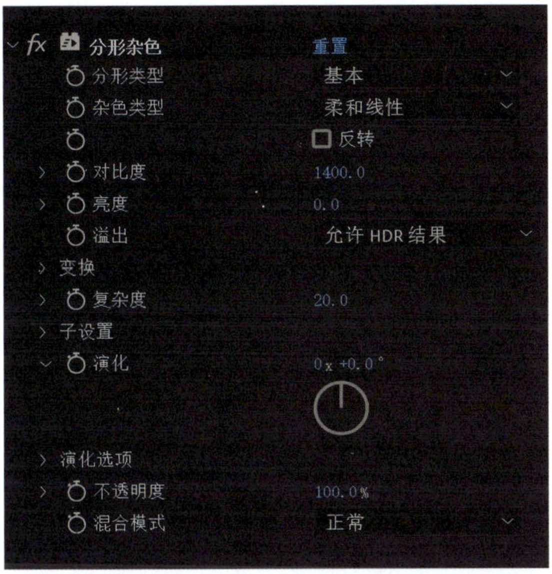

图8-71　调整参数

图8-72　设置缩放

在“时间轴”面板中，点击“分形杂色”图层中的“效果”/“分形杂色”/“演化”，按住“Alt”键，点击“演化”前的时间变化秒表按钮，输入表达式“time*50”，如图8-73所示。将“时间指示器”移到8秒处，在“时间轴”面板中点击“分形杂色”图层中的“效果”/“变换”/“偏移（湍流）”前的时间变化秒表按钮，保持数值不变；将“时间指示器”移至8帧处，设置“偏移”为（1500.0，540.0）。

将“时间指示器”移至1秒20帧处，在“时间轴”面板中点击“分形杂色”图层中的“效果”/“分形杂色”/“亮度”，单击“亮度”前的时间变化秒表按钮，设置“亮度”为730，再将“时间指示器”移至6秒处，设置“亮度”为-900。

在“时间轴”面板中选择“发光2”图层，将“轨道遮罩”设置为“亮度遮罩“分形杂色””，如图8-74所示。

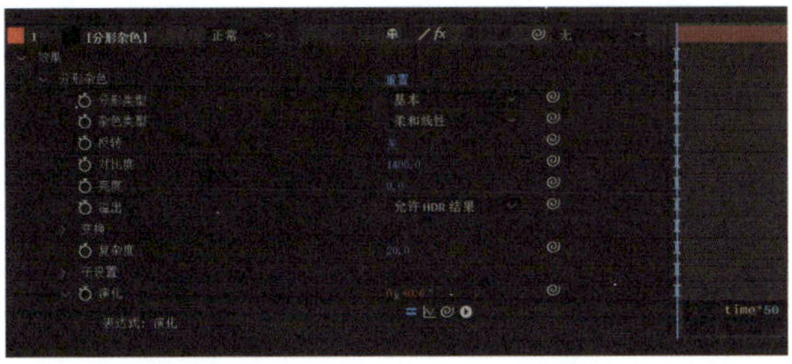

图8-73　输入表达式

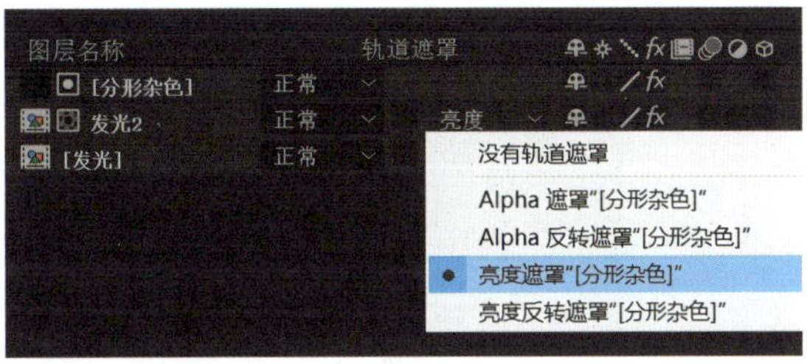

图8-74　设置亮度遮罩

在“时间轴”面板中，选择“新建”/“调整图层”，重命名为“发光特效”。将“发光特效”图层拖至图层最上层，在“效果和预设”中搜索“色调”效果，并将其拖入“发光特效”图层，在“效果控件”面板中设置“将黑色映射到”为“白色”，“将白色映射到”设置为黑色，其他设置默认不变，如图8-75所示。

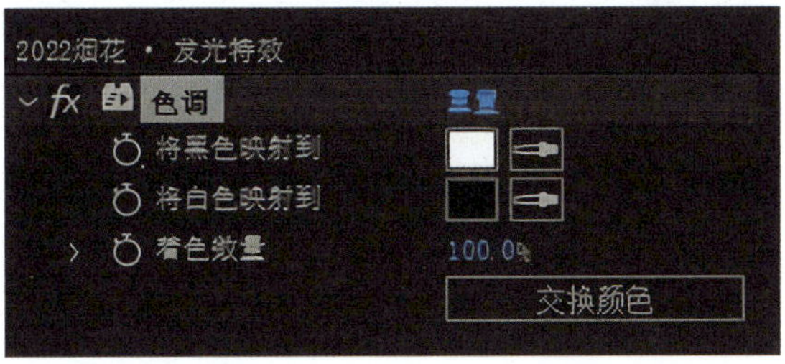

图8-75　设置色调

在“效果和预设”中搜索“发光”效果，选择“风格化”/“发光”，并将该效果拖曳至“发光特效”图层，设置“发光阈值”为50%，“发光半径”为37%。

将“时间指示器”拖动至起始位置，单击“发光强度”前的时间变化秒表按钮，设置“发光强度”为0，再将“时间指示器”移到1秒处，设置“发光强度”为1，如图8-76所示。

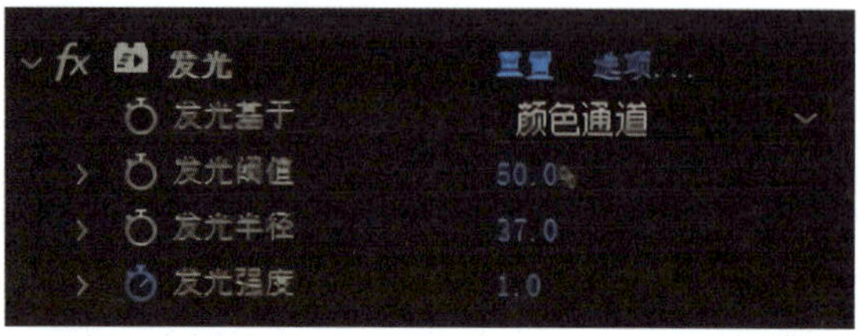

图8-76　调整参数

单击“时间轴”面板中的“发光特效”图层，按快捷键“Ctrl+D”2次，复制两层“发光特效”图层，如图8-77所示。

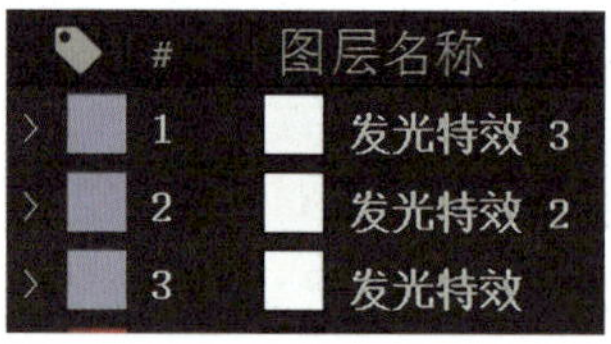

图8-77　复制图层

在“效果控件”面板中设置“发光特效2”/“将黑色映射到”设置为“818300”，“发光半径”为600，如图8-78所示。

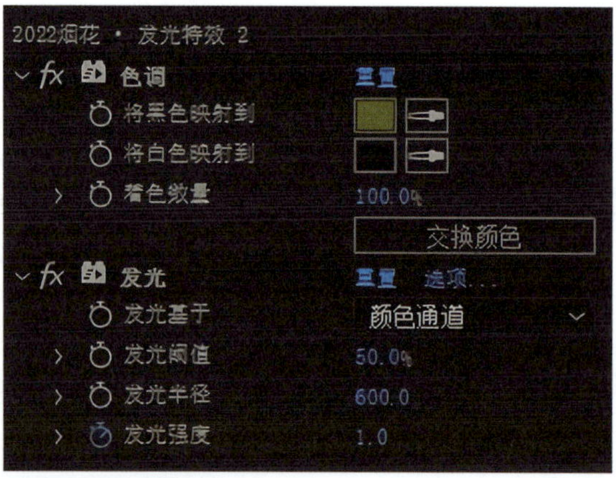

图8-78　调整参数

设置“发光特效3”/“将黑色映射到”设置为“FF9000”，“发光半径”为200，将“时间指示器”移到1秒处，设置“发光强度”为0.5，如图8-79所示。

同时选中“发光特效”“发光特效2”“发光特效3”图层，打开关键帧面板（快捷键U），框选1秒处的3个关键帧，右击选择“关键帧辅助”/“缓出”，如图8-80所示。

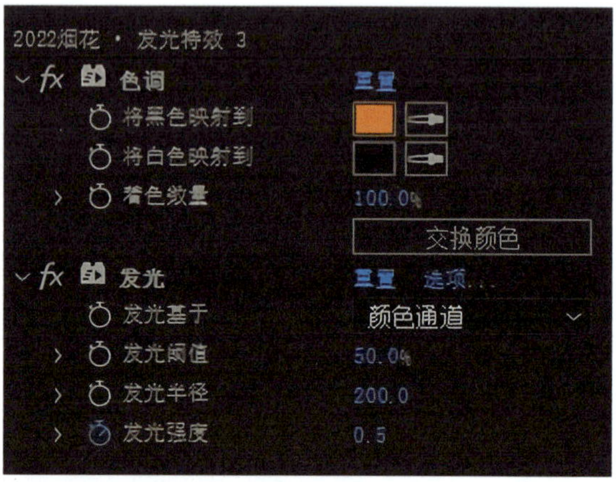

图8-79　调整参数

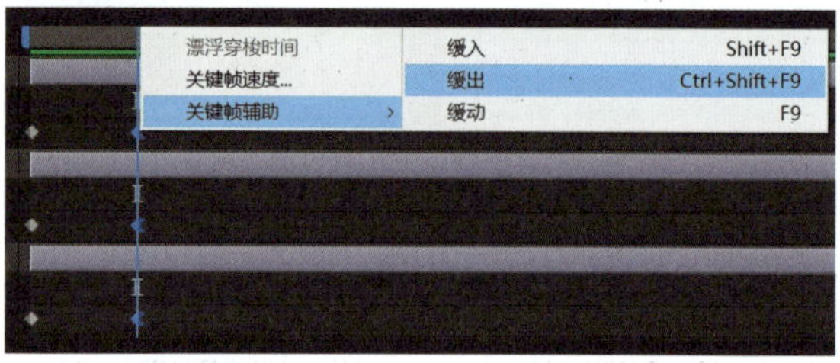

图8-80　设置缓出

选中“时间轴”面板，使用“渲染队列”快捷键Ctrl+M。单击“输出模块”的“无损”，在弹出的“输出模块设置”面板中设置“格式”为AVI，单击“确定”按钮。

单击“输出到”后面的文字，在弹出的“将影片输出到”窗口中设置文件保存路径，“名称”为“烟花.avi”，设置完成后单击“保存”按钮完成此操作。在“渲染队列”面板中单击“渲染”按钮。待听到提示音时，导出操作完成。

打开PR，选择“新建项目”，在“菜单栏”面板中选择“文件”/“新建”/“项目”，在“新建项目”面板中设置“名称”为“迪士尼烟花2022”，在“项目”面板中右击选择“导入”，如图8-81所示，导入素材“迪士尼烟花.mp4”和“2022烟花.avi”。先将“迪士尼烟花.mp4”拖入到时间轴中，再将“2022烟花.avi”拖入到“迪士尼烟花.mp4”上方，如图8-82所示。

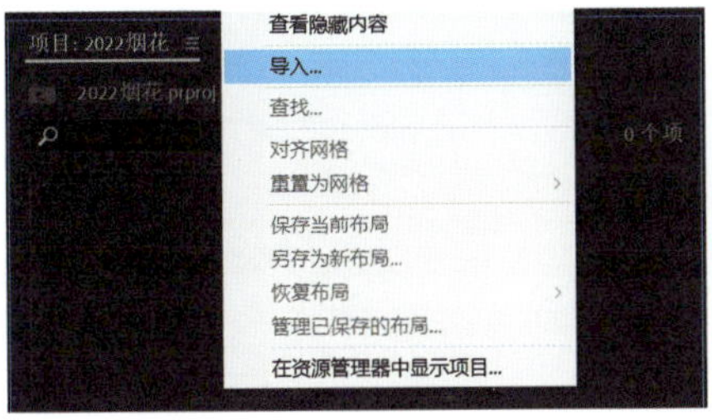

图8-81　导入素材

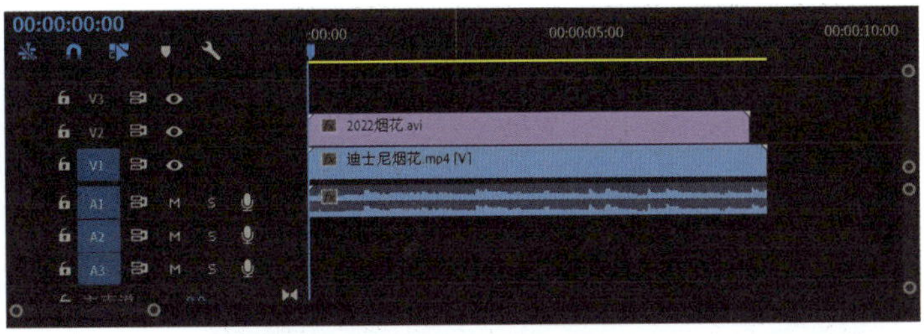

图8-82　将素材拖入时间轴

在“时间轴”中选择“烟花.avi”图层，在“效果控件”面板中修改“位置”为（410.0，155.0），“缩放”为65.0，“混合模式”选择“滤色”，其他设置默认不变，如图8-83所示。

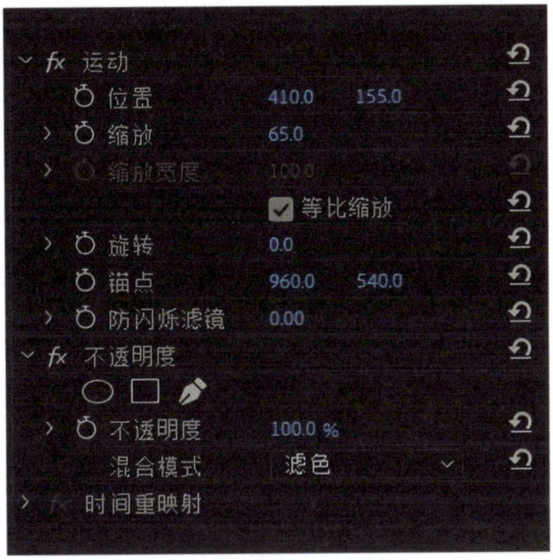

图8-83　调整参数

将“2022烟花.avi”图层的开头拖至02:15处，在“时间轴”面板中选择“2022烟花.AVI”图层，使用“剃刀工具”（快捷键C）单击剪切掉“2022烟花.avi”图层的多余部分，如图8-84所示。在“时间轴”面板中选择“2022烟花.avi”图层，按住“Alt”键，向上拖动复制一层，如图8-85所示。

导出视频（快捷键Ctrl+M），在弹出的“导出设置”面板中设置“格式”为“H.264”，“预设”为“匹配源-高比特率”，“输出名称”为“迪士尼

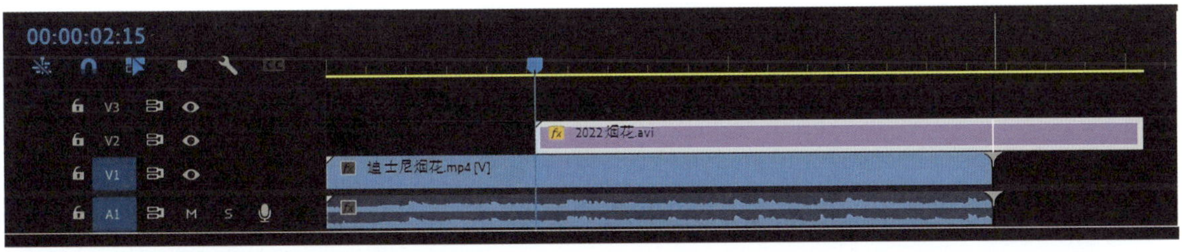

图8-84　拖动并剪切图层

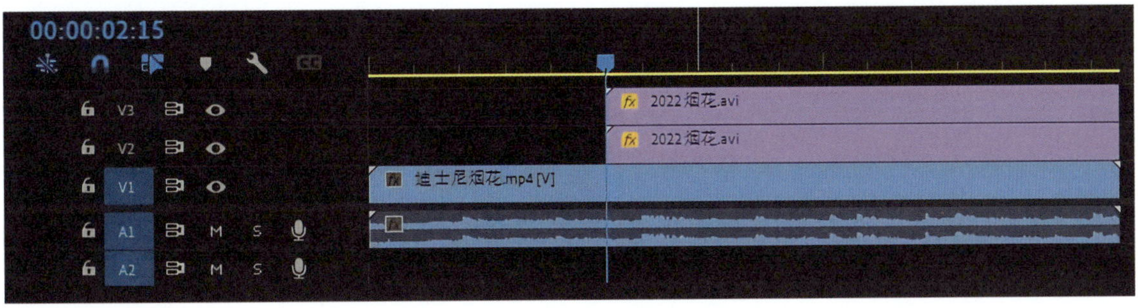

图8-85　复制图层

烟花2022”，其他设置默认不变，单击“确定”按钮导出视频，如图8-86所示。

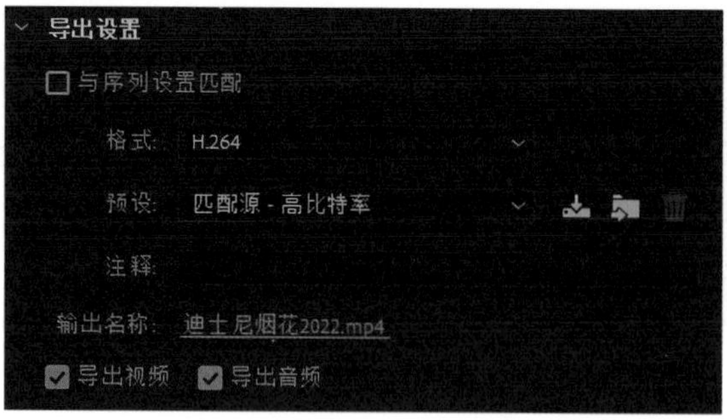

图8-86　导出视频

本章总结

本章认识了短视频在影视后期制作过程中的特征，并通过两个实例对短视频后期制作的实际操作进行演示。

课后作业

运用本章所学知识，制作一个短视频，题目自拟。

思考拓展

通过本章的介绍，思考：在短视频的后期制作中如何加强内容策划与创意，优化剪辑与特效，精细音频处理与配乐，注重字幕与文案的表现，以及团队协作和沟通。这些思路和方法将有助于提升短视频制作的质量和影响力。

课程资源链接

课件

附录　常用快捷键

PR常用快捷键

PR常用快捷键			
播放/暂停	空格键	全选工具	A
撤回	Ctrl+Z	新建序列	Ctrl+N
删除文件	Delete/退格键	保存文件	Ctrl+S
选择工具	V	导出视频	Ctrl+M
剃刀工具	C		
PR编辑快捷键			
还原/撤回	Ctrl+Z	波纹删除	Shift+Delete
重做	Ctrl+Shift+Z	副本	Ctrl+Shift+/
剪切	Ctrl+X	全选	Ctrl+A
复制	Ctrl+C	取消全选	Ctrl+Shift+A
粘贴	Ctrl+V	查找	Ctrl+F
粘贴插入	Ctrl+ Shift+V	编辑原始资源	Ctrl+E
粘贴属性	Ctrl+Alt+V	新建文件夹	Ctrl+/
清除	Delete		
PR字幕快捷键			
新建字幕	Ctrl+T	右对齐	Ctrl+Shift+R
左对齐	Ctrl+Shift+L	制表符设置	Ctrl+Shift+T
居中	Ctrl+Shift+C	模板	Ctrl+J
PR文件快捷键			
新建项目	Ctrl+Alt+N	采集	F5
打开项目	Ctrl+P	此采集	F6
关闭项目	Ctrl+Shift+W	导入	Ctrl+I
关闭	Ctrl+W	导出媒体	Ctrl+M
保存	Ctrl+S	退出	Ctrl+Q
另存为	Ctrl+Shift+S		

PR工具箱快捷键			
选取	V	钢笔工具	G
手形	H	横排文字工具	Ctrl+T
缩放	Z	画笔工具	Ctrl+B
旋转	W	仿制图章工具	Ctrl+B
统一摄像机工具	C	橡皮擦工具	Ctrl+B
锚点	Y	Roto笔刷工具	Alt+W
矩形工具	Q	操控点工具	Ctrl+P
PR序列快捷键			
新建序列	Ctrl+N	默认音频转场	Ctrl+Shift+D
渲染工作区效果	Enter	提升	;
匹配帧	F	提取	‘
剪切	Ctrl+K	放大	=
所有轨道剪切	Ctrl+Shift+K	缩小	-
修整编辑	T	吸附	S
延伸下一编辑到播放指示器	E	序列中下一段	Shift+;
默认视频转场	Ctrl+D	序列中上一段	Ctrl+Shift+;

AE常用快捷键

AE工具箱快捷键

选取工具	V	钢笔工具	G
手形工具	H	横排文字工具	Ctrl+T
缩放工具	Z	画笔工具	Ctrl+B
旋转工具	W	仿制图章工具	Ctrl+B
统一摄像机工具	C	橡皮擦工具	Ctrl+B
锚点工具	Y	Roto笔刷工具	Alt+W
矩形工具	Q	操控点工具	Ctrl+P

AE时间轴窗口图层快捷键

锚点	A	音频波形	L+L
位置	P	蒙版羽化	F
缩放	S	蒙版形状	M
旋转	R	蒙版不透明度	T+T
不透明度	T	时间重映象	R+R
音频级别	L	显示所有关键帧属性	U

AE文件快捷键

新建	Ctrl+Alt+N	导入文件	Ctrl+I
打开	Ctrl+O	导入多个文件	Alt+Ctrl+I
退出	Ctrl+Q		

AE合成快捷键

新建合成	Ctrl+N	添加到渲染列队	Shift+Ctrl+/
合成设置	Ctrl+K	效果控件	F3 or Shift+Ctrl+T
预览	Space		

AE时间轴快捷键

切换至前一帧	J	设置Timeline入点	[
切换至后一帧	K	设置Timeline出点	]
设置工作区域开始	B	剪辑层的入点	Alt+[
设置工作区域结束	N	剪辑层的出点	Alt+]
设置工作区为选择的层	Alt+Ctrl+B	切换时间轴最大/最小单位	;
选择层中所有可见关键帧	Alt+Ctrl+A		

续表

AE图层快捷键			
新建纯色图层	Ctrl+Y	新建预合成	Shift+Ctrl+C
纯色设置	Shift+Ctrl+Y	复制图层	Ctrl+D
新建调整图层	Alt+Ctrl+Y		

参考文献

[1] 陆绍阳. 视听语言[M]. 3版. 北京：北京大学出版社，2021.

[2] 尹敬齐. Premiere Pro CC 2020 影视制作项目教程. [M]. 北京：机械工程出版社，2020.

[3] [美]丽莎．弗里斯玛（Lisa Fridsma），布里．根希尔德（Brie Gyncild）. Adobe After Effects2020经典教程（M）. 武传海译. 北京：人民邮电出版社，2021.

[4] 杨力. After Effects CC从入门到精通[M]. 北京：中国铁道出版社，2014.

[5] 王洪丰. After Effects CC影视特效设计与制作案例课[M]. 北京：清华大学出版社，2015.

[6] 邢彩凤. After Effects影视特效合成制作[M]. 北京：北京交通大学出版社，2015.

[7] 宋晓均，张春梅. 中文版Premiere影视制作从入门到精通[M]. 北京：清华大学出版社，2014.

[8] 蔡冠群，聂竹明. 中文版Premiere Pro CC视频编辑实例教程[M]. 北京：清华大学出版社，2015.

[9] 应杰，许小荣. After Effects影视特效与电视栏目包装实例精粹[M]. 北京：机械工业出版社，2009.

[10] 尹小港. 新编After Effects CC标准教程[M]. 北京：海洋出版社，2014.

[11] ACAA专家委员会，DDC传媒，张天骐，等. ADOBE AFTER EFFECTS CC标准培训教材[M]. 北京：人民邮电出版社，2015.

[12] 刘红娟，张振. After Effects CC中文版从新手到高手[M]. 北京：清华大学出版社，2015.

[13] 李昱，周进. 数字影视后期制作高级教程[M]. 北京：中国青年出版社，2001.